Ullstein Sachbuch

D1721684

Zum Buch:
Theo Löbsack nimmt in dem vorliegenden Band das Thema seines Werkes *Versuch und Irrtum. Der Mensch: Fehlschlag der Natur* von 1974 wieder auf. Er fragt, ob es Anzeichen dafür gibt, die seine damalige These widerlegen oder bestätigen. In den Fehlentwicklungen in Wirtschaft, Politik und industrieller Produktion sieht er sich in seiner Theorie bestärkt. Der Mensch ist nicht angepaßt, ist nicht fähig, sich zu behaupten, da sein Hirn vor hunderttausend Jahren sozusagen stehengeblieben ist. Der Autor sieht immer neue Zeichen dafür, daß die Fähigkeiten des menschlichen Großhirns von der Kompliziertheit der von ihm geschaffenen Probleme überfordert sind wie ein untauglicher Computer von einer schwierigen Systemanalyse.

Zum Autor:
Theo Löbsack wurde 1923 in Thale am Harz geboren. Er studierte Naturwissenschaften in Halle/Saale und Jena und promovierte 1948 mit einer hormonphysiologischen Arbeit.
Als Wissenschaftspublizist wurde er u. a. mit dem Theodor-Wolff-Preis und der Wilhelm-Bölsche-Medaille ausgezeichnet. Seit 1958 ist er freiberuflich als populärwissenschaftlicher Autor tätig. Weitere Titel des Autors: *Versuch und Irrtum. Der Mensch: Fehlschlag der Natur* (1974), *Die Flucht der Milchstraßen* (1980), *Die manipulierte Seele* (1981) und *Magische Medizin* (1982).

Theo Löbsack

Die letzten Jahre der Menschheit

Vom Anfang und Ende des
Homo sapiens

Ullstein Sachbuch

Ullstein Sachbuch
Ullstein Buch Nr. 34312
im Verlag Ullstein GmbH,
Frankfurt/M – Berlin

Ungekürzte Ausgabe

Umschlagentwurf:
Theodor Bayer-Eynck
Alle Rechte vorbehalten
Mit freundlicher Genehmigung der
C. Bertelsmann Verlags GmbH, München
© 1983 C. Bertelsmann Verlag GmbH,
München
Printed in Germany 1986
Druck und Verarbeitung:
Clausen & Bosse, Leck
ISBN 3 548 34312 0

Februar 1986

CIP-Kurztitelaufnahme
der Deutschen Bibliothek

Löbsack, Theo:
Die letzten Jahre der Menschheit:
vom Anfang u. Ende d. Homo sapiens /
Theo Löbsack. – Ungekürzte Ausg. –
Frankfurt/M; Berlin: Ullstein, 1986.
 (Ullstein-Buch;
 Nr. 34312: Ullstein-Sachbuch)
 ISBN 3-548-34312-0

NE: GT

»Die schlechte Prognose ist immer auch eine gute Prognose, weil unter Umständen einzig sie überlebensfähig macht.«

Bernd Guggenberger

Inhalt

Mensch als Evolutionsprodukt – Wo stand die Wiege der Menschheit? –
Vom Baum herab aus purer Neugier? – »Männchenmachen« macht's
möglich – Der große anatomische Verwandlungsakt in der Steppe – Als
die Hände frei wurden – »pebble-tools«, Entwicklungshilfen für das
Großhirn – Die Sprache als Motor – Ein verräterisches kleines Grübchen – Was die Erbsünde wirklich war – Damals, als das Gehirn nicht
mehr weiterwuchs.

III. Anatomie eines Zeitzünders 75

Die komplizierteste Materieform im ganzen Universum, das Gehirn –
Weiß die linke Hälfte, was die rechte tut? – Das »nichtsprechende
Selbst« – Mit dem Gehirn das Gehirn ergründen? – Wie die Nervenzel-
len funktionieren – Reger »Funkverkehr« im zentralen Nervensystem –
Gedanken, Gefühle, Begreifen und Erkennen, das Gedächtnis – Was
leistet das begriffliche Denken? – Wenn der Frühmensch Lanzen spitzte
– Großhirn und kulturelle Evolution – Ein Farbfleck auf der Schimpan-
senstirn – Intelligenz, was ist das? – Die beschädigte Persönlichkeit –
»Dr. Jekyll und Mr. Hyde« als Kronzeugen – Wie das richtige Denken
zustande kam – Erbe oder Umwelt: John Eccles beantwortet eine alte
Frage – Das Tier in uns – Gefährliches Neugierverhalten – Handeln
wie unter einem Zwang? – Das Menschenhirn als ungebärdiger Treibsatz.

IV. Die Ursachen des Urverhaltens 101

Homo sapiens mit dem Erbe seiner Urahnen – Damals in der Steppe –
Neue Sinneseindrücke für den Australopithecus – Der verkümmerte Geruch – Wie die Sprache die Sozialisierung vorantrieb – Auch im Dunkeln läßt sich zuhören – Die Wechselwirkung mit dem Gehirn – Die
Werkzeugmacher und ihre Methoden – Wie nützlich konnten Steinge-
räte sein? – »feedback« im Großhirn – Wohnungsnot macht erfinderisch
– Was der Steinzeitdame gefiel – Die problemlösenden Denkprozesse –
Arbeitsteilung bei der Jagd – Auch Wölfe jagen nach einem Plan,
aber . . . – Das gezähmte Feuer – »Magie der Flammen« schon zur Altsteinzeit? – Die Rolle der Frauen damals und heute – Kindestötung als
Bevölkerungsbremse? – Rasch wuchs das Großhirn – Kam der Mut erst
mit dem Seßhaftwerden? – Ein typisch menschliches Verhaltensprinzip
entsteht.

V. Störfaktor Mensch 126

Altruismus als getarnte Selbstsucht – Die egoistischen Erbanlagen – Um zu überleben, dürften wir nicht sein, wie wir sind – Rudolf Bilz beweist: Der moderne Mensch kommt von seinen Urahnen nicht los – Abgründiges zum »Anstoßnehmen am Außenseiter« – Der Überwachungszwang – Wildheitsrelikte sogar auf dem Bürostuhl – Was den Neurastheniker mit dem Pavian verbindet – Des Hofnarren Gonella unheimlicher Tod – Mit dem Bärenfell unter dem Smoking – Immer wieder: Das Gehirn liefert die Antriebe – Vom Speer zum modernen Waffenarsenal – Die schmutzige Jagd – Pestizide und wehrlose Robbenbabys – Butterberge und Halden unverkaufter Autos – Wir kapitulieren vor der Konsumwerbung – Was man im Wohlstandskehricht alles findet – 400 000 Spezialisten für die Werbung – Vater Rhein als »Kloake Europas« – Was wäre, wenn die Torrey Canyon Herbizide an Bord gehabt hätte? – Warum ein See umkippen kann – Saurer Regen macht unsere Wälder kaputt – Die gefährdeten Kleinkinder – Was Robert Koch schon vom Lärm wußte – Geisteskrank durch Krach – 250 000 Tonnen Salze versickern jährlich im Grundwasser – Der Mensch ist schuldlos.

VI. Ethik als Gehirnprodukt 152

Eine geistige Exzessivbildung? – Wenn jeder nur noch an sich selber denkt – Wo die Moral abzubröckeln beginnt – Zwei Begriffe, und was sie bedeuten – Wenn Menschen zu Sachen werden – Dr. Stones hoffnungsvolle Perlenketten – Was Entwicklungshilfe anrichten kann – Inhumane Folgen humaner Taten – Die »Epimetheische Ethik« – Hubert Markls Rezept: die »Überlebensethik« – Sind wir zur Hilfe verdammt? – Das Erbkrankenproblem und die Verantwortung für kommende Generationen – Genetische Manipulation ist noch kein Weg – Ein Papst beruft sich auf den lieben Gott.

VII. Die Spielarten des Aussterbens 171

Warum sterben Tiere aus? – Dem Brontops fehlte der Zahnarzt – Die Stunde der Gespenstermakis – Vorteilhaft und riskant zugleich: die Spezialisierungen – Von der wundersamen Verwandlung des Urpferdchens

– Was die Fußballschuhe mit den Pferdezähnen zu tun haben – Das Dollosche Gesetz – Je weniger speziell, desto anpassungsfähiger – E. D. Cope durchschaut ein Geheimnis – Die Zweckmäßigkeit von Organen am Beispiel des Spechtschnabels – Wie die Mungos auf Jamaika hausten – Das große Sterben der Langohren – Was uns die Saurier-Friedhöfe lehren – Unter Urzeit-Echsen zerbrachen Eierschalen – Massentod vor 63 Millionen Jahren: ein Meteoriten-Einschlag auf der Erde? – Wenn die Natur mal was erfand, hält sie lange daran fest – Das orthogenetische Prinzip – Warum die Wale Lungen haben – Manche Organe werden immer größer – Steigen Sie mal in eine mittelalterliche Rüstung . . . – Das Größenwachstum hat Vorteile, aber nicht nur – Ein Begriff wird wichtig: die Wachstumsallometrie – Woran die Säbelzahnkatzen scheiterten – Ein Reptil mit einem superlangen Hals – Wird sich der Hirscheber selbst erdolchen? – Die Brüllorgien der Brüllaffen – Auch das Großhirn ist ein Exzessiv-Organ – »Wir können auch sagen, warum . . .« – Wie der Untergang des Menschen aussehen könnte.

VIII. Unerbittliche Prognose 194

Wieviel Lebensraum brauchten die ersten Menschen? – Als der Gegendruck der Umwelt wuchs – Offene und geschlossene ökologische Systeme – Von Bachforellen und dem Ärger der Hobbygärtner – Großtiere, von Indianern ausgerottet – Unsere Erde wurde zum geschlossenen System, aber wir tun, als sei sie es nicht – Sieben Probleme machen uns zu schaffen – Was die Heuschrecken dem Menschen voraus haben – Was wäre, wenn die Kernverschmelzung kommt? – Drei Tonnen Sprengstoff auf jeden Erdenbürger – Das Kreuz mit den Analphabeten – Sprechblasentexte ersetzen die Kultursprache – Die Parlamentsabgeordneten und ihr Ökologieverständnis – Der Fall Herbert Gruhl – Mikroelektronik, eine zweischneidige Sache – Das Danaer-Geschenk der Freizeit – »Wir sind so beschaffen, daß wir etwas tun müssen . . .« – Überwacht und kontrolliert – Werden wir zu Handlangern unserer Apparatewelt? – Aurelio Peccei warnt: »Wenn jetzt nichts geschieht . . .« – »Kein Gedeck am großen Gastmahl der Natur« – Die Vermehrung begann, als der Mensch seßhaft wurde – Hermann Joseph Mullers Vision – Wenn das Gemeinwohl kein Wohl mehr ist – »Ich habe Dinge gesehen, über die ich am liebsten geweint hätte . . .« – Überleben um den Preis der Menschlichkeit? – Global 2000 als letzte Warnung – »Die Zeit zum Handeln geht zu Ende«.

IX. Das hilflose Gehirn 226

Lauter »hausgemachte« Probleme des Menschen – Die gefährlichen Optimisten – Sind die Umweltschützer »Spinner«? – Ernst Bieris Rede in Köln: »Wer die Wohlstandsgesellschaft verketzert, hat Schuld . . .« – Statistische Lügen, die keine waren – Von Panikmachern, Pessimisten und Weltuntergangspropheten – »Schauergeschichten verkaufen sich gut« – Noch ein Indiz: Nur nicht zweifeln an der Krone der Schöpfung – Eine Achillesferse des Gehirns – Früher war alles einfach – Das Beispiel vom Luftballon mit den dünnen Stellen – Papst Johannes Paul II. gegen Empfängnisverhütung – Psychologiestudenten spielen Bürgermeister – Das Gehirn versagt vor komplizierten Wirkungsnetzen – »Wer dachte schon an DDT in der Muttermilch?« – Dietrich Dörner erkennt: Das Gehirn ist ein schlechter Zeitreihen-Trend-Analysator – Rabiate Entscheidungen in Notsituationen – Was uns fehlt, sind höhere kognitive Fähigkeiten – Der Turmbau zu Babel und die illusorische Weltregierung – Zauberlehrling Mensch.

X. Die Erde nach dem Menschen 240

Die Frage, wann der Untergang beginnt – Sauerstoffmangel und Kohlendioxid-Überschuß auf der menschenleeren Erde – Verödung, Verkarstung, Versteppung – Nur robuste Arten überleben – Die verarmte Tier- und Pflanzenwelt – Radioaktiver Müll wird lange strahlen – Weitverbreitete Erbschäden – Entwickelt sich ein neues intelligentes Wesen?

Literaturhinweise 246

Register 250

Vorwort

Mehr als zwölf Jahre sind seit dem ersten Entwurf meines Buches *Versuch und Irrtum – Der Mensch: Fehlschlag der Natur* vergangen. Nach seiner Veröffentlichung im Frühjahr 1974 hat es mehrere Auflagen erlebt, auch eine Taschenbuch-Ausgabe und eine Übersetzung ins Holländische sind erschienen. Außer verhaltener Zustimmung hat der Band heftige Kritik und üble Autorenschelte herausgefordert. Der Saarbrücker Dozent Wolfgang Kuhn erklärte, das Buch lasse als Zukunftsprognose nur leerer Hoffnungslosigkeit Raum, einem »grauenhaft sinnlosen Nihilismus progressiver Selbstvernichtung«. Der Pessimist, so Kuhn, sei der einzige Mist, auf dem nichts wachse.

Offenbar stellt man provozierende Thesen auch in unserer toleranten Gesellschaft (ist sie dies wirklich?) nicht ungestraft auf. Mir war jedenfalls zumute, als hätte ich meine nackten Arme in einen Ameisenhaufen gesteckt. Noch immer erträgt es der Mensch offensichtlich nicht, wenn man ihm die Krone der Schöpfung abspricht und ihm sein baldiges stammesgeschichtliches Ende voraussagt. Trotz Darwin und Haeckel haben wir die Konsequenzen aus der Evolutionstheorie noch immer nicht begriffen. Wir sind eine eitle Gesellschaft geblieben, die nichts so übelnimmt wie einen Angriff auf ihre Selbstgefälligkeit.

Immerhin gab es auch Kritiker, die ohne Scheuklappen urteilten. Rolf Denker notierte in der *Frankfurter Allgemeinen Zeitung*, daß die »ganz großen Gedanken« heute nicht mehr von Philosophiepulten aus gesprochen, sondern von Wissenschaftlern produziert würden, zu denen auch die wenigen fähigen Wissenschaftspublizisten zählten. »In seinem neuen Buch«, schrieb Denker, »schlägt Löbsack mit aller journalistisch ausgestatteten Dramatik als ein Ludwig Klages redivivus der Menschheit ihr Großhirn um den Kopf. Seine These ist ebenso simpel wie in ihren argumentativen Folgen furchtbar. Indem der Mensch sein Schicksal nicht dem blinden Mechanismus der Natur überließ, sondern sich mit stolz aufgerichtetem Gang seinem Großhirn anvertraute, entschied er sich langfristig für sein eigenes Verhängnis. Mit Maschinen, Medizin und Moral überlistete er die Natur. Er nahm die ganze Erde in Besitz, trotzte ein immer längeres und sich üppig vermehrendes Leben den widrigsten Umständen ab und regelte wider alle Natur mit entwickelter Moral das Zusammenleben in menschlichen Großgebilden, wie sie moderne Staaten mit ihren Bündnissystemen sind. Die Tiere weit hinter sich lassend ... setzte er alle natürlichen Regulationsmechanismen und Ausleseprinzipien außer Kraft, mit dem schrecklichen Ergebnis, daß das begrenzte System Erde nun zu klein ist für alle ...«

Georg Kleemann von der *Stuttgarter Zeitung* klagte: »Theo Löbsack hat resigniert wie alle naturwissenschaftlich allzu Gebildeten. Er weiß zuviel über die Gefährdung des Menschen in dieser Weltsekunde. Natürlich wird viel herumgeschimpft werden an diesem Buch. Niemand lacht ungestraft den Heiligen Vater namens Johannes aus, der da in heiliger Einfalt gesagt hat: ›Habt keine Angst davor, viele Kinder zu bekommen. Die Welt ist von Gott nicht geschaffen worden, um ein Friedhof zu sein, der Herrgott segnet die großen Suppentöpfe!‹ Und niemand zweifelt ungestraft am lieben Gott, der alles bestens geplant hat. Und auf solchen Zweifel läuft Löbsacks Gedankengang ja hinaus: Das menschliche Großhirn, sagt er, kann zwar herrliche Symphonien komponieren, die Relativitätstheorie entwickeln und eine Mondfähre bauen, aber es ist gar nichts mehr wert, wenn wir von ihm verlangen, es solle gefälligst das Überleben des Menschen auf dieser Erde sichern.«

»Keine besonders angenehme Weltanschauung« war Pessimismus für den inzwischen verstorbenen *Welt*-Mitarbeiter Friedrich Deich. Das Buch, schrieb er, sei freilich von zwin gender Logik. Es sei konzipiert unter Verwendung einer großen, fast erdrückenden Menge von Material aus der Biologie. Es erinnere an jene Zeit, da Jean Jacques Rousseau die Preisfrage der Akademie von Dijon: »Hat die Kultur den Menschen gebessert?« mit »Nein« beantwortete.

Den Bezug zum Religiösen nahm sich Manfred Linz im *Norddeutschen Rundfunk* vor, als er kommentierte: »Die Menschheit hat das brutale, aber arterhaltende biologische Gesetz entschärft oder sogar in sein Gegenteil verkehrt. Die Folge davon sind jetzt schon vier Milliarden Menschen und eine nicht mehr aufzuhaltende Vermehrungslawine, ein beängstigender Verfall der Erbsubstanz, eine immer geringere Widerstandskraft gegen Seuchen. Mitverantwortlich für diese Entwicklung sind vor allem Sitte und Moral der Menschheit, und hier besonders die christliche Verpflichtung zur Nächstenliebe. Denn diese fragt nicht nach den langfristigen biologischen Konsequenzen einer Hilfeleistung, sondern gibt dem aktuellen Schutz des Lebens Vorrang. Sie schützt *alles* Leben, auch das schwache, auch die überzähligen Esser, auch das kranke Erbgut. Die Dauerfolgen überläßt sie Gott. – Erstaunlich ist nun, daß Theo Löbsack dies alles ohne Anklage vorbringt. Er macht dem Christentum keinen Vorwurf, er stellt fest. Er ruft seine Leser nicht auf, ihr Verhalten zu ändern, um eine Katastrophe zu verhindern. Für ihn ist die Situation bereits aussichtslos.«

Demgegenüber sah Jürgen Dahl im *Westdeutschen Rundfunk* die ganze Niedertracht des Buches darin, daß es für alle Formen von Glauben und Religion nur wohlfeilen Spott habe und offenbar übersehe, daß in allen Kulturen dieser »Aberglaube« die dauerhaften Prinzipien in Tabus formuliere und als Pflichten befestige, die auch der ökologischen Stabilisierung dienten. Es sei die ausgemachte Arroganz des aufgeklärten Europäers, daß er sich selbst noch angesichts der Trümmer seiner Welt für »den Menschen« schlechthin, die Heiligen Kühe Indiens hingegen für ausgemachten Blödsinn halte.

Selbst ein Freund wandte sich ab: »Zum Glück«, so schrieb

er in einem 1980 erschienenen Buch, »ist diese nihilistische Auffassung« (vom Großhirn als gefährlichster Errungenschaft der Evolution, d. Verf.) »nicht allzuweit in die öffentliche Meinung vorgedrungen.« Das traf nun freilich nicht zu, wie die Buchauflagen erwiesen.

Auch der Schweizer Fernseh-Moderator André Ratti war mit dem Buch »keineswegs einverstanden«. In einem Fernseh-Interview fragte er den Verfasser unter anderem, ob er mit seiner These Beifall von der richtigen Seite bekommen werde, was wiederum den Zürcher Mikrobiologen Bert Zink zu kritischen Bemerkungen über die fragwürdige Regie dieser Art Fernseh-Interviews veranlaßte.

Dpa-Rezensent Friedrich Rethmeyer verwies auf die Buch-These, nach der das Großhirn des Menschen mittlerweile zu einem Katastrophenorgan geworden sei, dem es nicht mehr gelingen wolle, seine eigenen Werke unter Kontrolle zu halten. Als Leser sah Rethmeyer sich auf einen riesigen Wasserfall zutreiben, so zwingend und logisch seien die Argumente des Buches. »Löbsack«, schrieb er, »hat den Mut, sogar den Luxus der christlichen Moral und Ethik in Frage zu stellen.« Das Buch sei dennoch ein heilsamer Schock.

Das *Heidelberger Tageblatt* schließlich fand: »Ein düsteres Bild wird da entworfen. Es wäre indessen zwecklos, vor ihm die Augen zu verschließen. Es gibt tatsächlich kein aktuelleres Buch, kein erregenderes Thema als das hier angeschnittene.«

Was die Kritiker damals als sensationell, niederträchtig oder mutig bezeichnet haben, war ein zwar neuer, aber doch einfacher Gedanke, nämlich, daß der Mensch drauf und dran ist, an seinem Großhirn zu scheitern, und zwar bald – vielleicht schon nach wenigen Generationen.

Die in jahrelanger intensiver Recherchierarbeit ermittelten Fakten für das Buch ließen keine Wahl. Tatsächlich ist es wie unter einem Zwang geschrieben worden. Die optimistische Leier, die wir so lange gehört hatten, wenn es um den Homo sapiens ging, sie klang mir in zunehmend kläglichen Dissonanzen im Ohr.

Wohin hat es geführt und wohin wird es weiter führen, wenn wir eine tunlichst unbekümmerte Geisteshaltung an den Tag legen? Hätten wir nicht allen Grund, bedachtsamer zu leben? Stehen nicht die Zeichen gerade als Ergebnis der dem Optimisten eigenen, frischfröhlichen und zuversichtlichen Lebenshaltung so schlecht? Natürlich hätte das Buch auch einen anderen »Tenor« haben können. Mit Leichtigkeit! Man hätte auf die unendliche Güte Gottes verweisen, auf die christlichen Tugenden vertrauen oder auf die Humanitas schlechthin setzen können. Leider spricht aber alles dagegen, daß aus solchem Glauben konkrete Hilfe erwächst oder daß wir es beim lieben Gott gar mit einer festen Burg zu tun hätten. Gläubiger Optimismus kann tödlich sein, wenn der Optimist bestimmte Gegebenheiten nicht wahrhaben will und statt dessen Illusionen folgt, um dann die Zeit zu verpassen, die vielleicht noch bleibt.

Auch die westlichen Wirtschaftsordnungen tun hier das ihre. Selbst realistisch denkende Zeitgenossen setzen auf die angeblich bewährte freie Marktwirtschaft. Sie verweisen auf die Selbstheilungskräfte des Marktes, auf das segensreiche Wirken von Angebot und Nachfrage, mit denen allfällige Krisen noch immer zu meistern seien.

Das mag zeit- und teilweise sogar berechtigt sein. Welche Auswüchse aber jenes freie Kräftespiel treiben kann, dokumentieren nicht nur Butter- und Fleischberge aus profitorientierter oder subventionierter Überproduktion. Nicht nur zeigen es Sabotageakte französischer Weinbauern, die gegen ihren Willen importierten italienischen Wein tonnenweise aus gestoppten Güterzügen auslaufen lassen. Nicht nur macht es der ins Meer geschüttete brasilianische Kaffee deutlich, der die Preise stabil halten soll. Es zeigt sich auch in der Kraftwagenschwemme, die immer neue Straßen zu bauen zwingt – ein Teufelskreis, der unsere Naturlandschaft zunehmend vernichtet und den zu durchbrechen erst einmal verheerende Arbeitslosigkeit mit sich brächte.

Aber auch die sozialistische Planwirtschaft hat ihre Mängel, wie die häufigen Mißernten in den östlichen Ländern zeigen. Wenn der Antrieb zur eigenen Leistung fehlt, dann »läuft« offenbar nichts mehr, und mitnichten wird das Paradies gewonnen.

All dies und vieles andere klagen weitsichtige Leute seit langem an. Auch fehlt es nicht an düsteren Prognosen, die aufzuwärmen oder zu vermehren freilich nicht der Sinn dieses Buches ist. Statt dessen wird zu zeigen sein, daß dem Menschen gar keine andere Wahl bleibt, als seinen eingeschlagenen Weg fortzusetzen und sein stammesgeschichtliches Ende zwangsläufig anzusteuern.

Dieses Schicksal des Homo sapiens war schon das Thema von *Versuch und Irrtum*. Inzwischen ist viel geschehen, das die Prognose von damals zu bestätigen scheint. Manch neuer Tatbestand ist offenkundig geworden, den es anthropologisch zu deuten gilt. Anthropologisch – also aus menschheitsgeschichtlicher Sicht deshalb, weil unsere Art nicht erst seit dem Seßhaftwerden unserer Vorfahren lebt. Unsere Geschichte ist ein paar Millionen Jahre alt. Aber die längste Zeit, in der sich menschliches Wesen prägte, haben wir unter ganz anderen Lebensumständen und mit einer ganz anderen Lebensweise zugebracht als heute. In vieler Hinsicht haben wir uns zwar verändert. Wir sind »zivilisierte« Wesen geworden. Doch unter dem elegantesten Smoking steckt noch immer das Bärenfell, und mit ihm folgen wir noch immer auch Verhaltensweisen, die einst über Millionen Jahre nützlich, heute aber verhängnisvoll für uns geworden sind.

Wie schon *Versuch und Irrtum* versucht auch das vorliegende Buch, den Menschen einmal nicht als Geschöpf Gottes zu sehen. Es ist eigentlich nur für Leser geschrieben worden, die eine derartige Wahrheit ertragen können. Selbst unter jenen aber wird es manchen geben, den der Band ratlos macht. Man wird sich sagen: Wenn die Menschheit vor ihrem stammesgeschichtlichen Ende steht, wenn es keine Hoffnung mehr gibt – dann können wir uns ja gleich alle aufhängen . . .

Aber deshalb zu dem schweigen, was offenkundig ist? Sollten wir nicht wissen, wie es um uns steht? Noch hat der

Menschheits-Holocaust nicht begonnen. Ein paar Generationen bleiben uns noch – aber dann wird es ernst.

Für ihre kritische Durchsicht des Manuskripts und manche wertvolle Anregung danke ich meiner Frau.

Zugunsten eines flüssigen Stils wurde bei den zitierten Personen auf die Angabe akademischer Titel verzichtet. Die in Klammern gesetzten Ziffern verweisen auf die Titel im Literaturverzeichnis.

Theo Löbsack
Daisendorf, im Herbst 1982

I.
Das überforderte Gehirn

Überschaut man das Treiben des Menschen auf der Erde in den letzten hundert Jahren, so ist kaum zu übersehen, daß viele seiner Aktivitäten seine Lebensgrundlagen zusehends schmälern. Dabei geht doch sein ganzes Tun und Lassen auf Denkergebnisse seines Gehirns zurück, also auf jenes Organ, das ihm andererseits das Leben meistern hilft.

Spielen wir ein bißchen mit dem Gedanken, dann ergibt sich zunächst, daß wir Menschen gewissermaßen in zwei Welten leben. Die eine, das ist die Welt der überkommenen Dinge, die Welt von einst, soweit sie sich erhalten hat, es ist das Universum mit seinen Gesetzen, es ist die Erde mit ihren natürlichen Gegebenheiten, die Land- und Wasserverteilung, es sind die Pflanzen und die Tiere, es ist das Wetter, das Klima.

Die andere, die zweite Welt, das sind die vom Menschen erzeugten Dinge, die er in die vorgegebene Welt mehr oder weniger geschickt zu integrieren versucht hat. Es sind seine Bauten und die Umweltveränderungen, es sind seine Einflüsse schlechthin, mit denen er die Natur überformt, abgeschafft oder ersetzt hat, und es ist nun zunehmend die Frage, ob wir in der von uns errichteten und veränderten Welt auf die Dauer existieren können, oder ob wir die ursprüngliche Welt letzten Endes doch noch brauchen, um zu überleben.

Mehr als durch Umweltveränderungen wird die Zukunft des Menschen heute durch seine eigene stürmische Vermehrung belastet. Immer mehr Menschen verlangen nach Brot, Gütern und Dienstleistungen, brauchen Schulen und Arbeit, wollen ein Dach über dem Kopf haben und Wohlstand erreichen – eine Entwicklung, die auf einem begrenzten Planeten unweigerlich einem Punkt zutreibt, an dem ein schmerzliches »Zurück auf den Teppich des Möglichen« einsetzen muß – wenn Schlimmeres vermieden werden soll.

Darum hält der Verfasser die Haltung der katholischen Kirche zur Empfängnisverhütung – ihre Ermunterung zu großem Kindersegen selbst der Menschen in den übervölkerten Entwicklungsländern – für einen der gefährlichsten Einflüsse auf das Geschehen unserer Zeit. Aber auch unabhängig davon zeigt sich in vielen Teilen der Welt, daß es dem Menschen nicht mehr gelingen will, die Bevölkerungszahl in einem angemessenen Verhältnis zu den verfügbaren Siedlungsräumen und Nahrungsquellen zu halten. Schon hier hätten wir einen Hinweis für ein Versagen des Großhirns, wenn man so will, denn die Bevölkerungsexplosion hat ihre Ursachen im wesentlichen in der praktischen Anwendung medizinischer Erkenntnisse und ethischer Grundsätze als spezifischer Leistungen dieses Organs.

Dies aber nur als Beispiel – wir kommen darauf zurück. Ich möchte in diesem einleitenden Kapitel erst einmal die Thesen zusammenfassen, um die es vor neun Jahren ging und die soviel Aufsehen erregt haben. Sie bilden den Hintergrund für das alarmierende Geschehen seither und für zahlreiche neue Indizien, die bestätigen, daß die damals ebenso gewagte wie geschmähte Hypothese über das Großhirn des Menschen nicht aus der Luft gegriffen war. Vielmehr deutet alles darauf hin, daß die Dinge ihren vorhergesagten Lauf nehmen. Dieses Buch will zeigen, warum.

Auf den ersten Blick hin muß die Behauptung, der Mensch solle demnächst abgewirtschaftet haben, natürlich ganz unsinnig klingen. Man denke nur an unsere Erfolge in Technik und Medizin. Wir schützen uns heute gegen nahezu alles, was unsere Vorfahren noch dahinraffte. Wir haben eine hochentwickelte pharmazeutische Industrie und klimatisierte Hochhäuser, wir fliegen in Überschallmaschinen, bauen Kernkraftwerke, wir erobern den Meeresgrund. Wir können auf dem Mond landen und ferngelenkte Erkundungssysteme Millionen Kilometer weit zum Saturn schicken. Unsere Ärzte haben gelernt, Nieren und Herzen zu verpflanzen, sie können dem menschlichen Körper ein paar Dutzend Ersatzteile einverleiben – was sollte uns eigentlich passieren?

Andererseits hat uns die geistige Ursprungsstätte all dieser Errungenschaften, das Gehirn, auch Fragwürdiges beschert. Bevölkerungsproblem, Umweltverschmutzung, Gefährdung der Erbanlagen, Atombombe, Rüstungswettlauf, politische, wirtschaftliche und soziale Krisen – all das sind Produkte dieses Organs. Der Nobelpreisträger Max Born hat einmal gesagt: »Es scheint mir, daß der Versuch der Natur, auf dieser Erde ein denkendes Wesen hervorzubringen, gescheitert ist.«

Ist also der Mensch ein Fehlschlag unter den Lebewesen? Ist er eine Fehlentwicklung, die in eine Sackgasse geführt hat? Blicken wir zurück. Als unsere frühesten Vorfahren vor ein paar Millionen Jahren vom Baumleben im Urwald zum Leben in der freien Steppe übergingen, waren sie noch nicht an die Anforderungen ihrer neuen Umgebung angepaßt. Für den Urmenschen gab es streng genommen keine »ökologische Nische«, in die er sich rasch hätte hineinfinden können. Er mußte sich seine Umwelt nach seinen Bedürfnissen selber schaffen. So tat er, was er konnte, um den Naturkräften zu trotzen und den neuen Siedlungsraum für seinen Bedarf »passend« zu machen. Erst waren es Höhlen und Felsüberhänge, heute sind es Großstädte, Industrieanlagen und komplizierte soziale Systeme, die ihm Schutz und Geborgenheit bieten sollen.

Dabei war ihm sein rasch sich entwickelndes Gehirn zunächst ein nützlicher und immer gegenwärtiger Helfer. Nicht nur hatte es sich als Überlebensorgan zur Beantwortung von Sinnesreizen bewährt, sondern es war auch so leistungsfähig geworden, daß es den Menschen im Konkurrenzkampf mit den Tieren bestehen ließ. Schließlich schenkte es ihm Erkenntnisse, dank derer er viel mehr vermochte als notwendig war, um jenseits der Urwälder zu überleben.

Mit Hilfe von Wissenschaft und Technik entwickelte der

Homo sapiens einen geradezu unheimlichen Tätigkeitsdrang. Er wühlte die Erde auf, entwässerte weite Landstriche, holzte Wälder ab und erntete auf einst unfruchtbaren Gebieten, er verstellte aber auch seinen Lebensraum mit technischen Konstruktionen, und er leidet mittlerweile an der »schwersten Geißel des Großstadtmenschen«, der Einsamkeit in der Masse.

Dank unserer medizinischen Fortschritte vermehren wir uns auf eine Weise, daß es schon hieß, die Menschheit überziehe die Erde wie ein wuchernder Bakterienrasen den Nährbrei. Mehr und mehr vernichten wir die Natur, die uns hervorgebracht hat, verschmutzen wir Luft und Wasser, treiben wir unbekümmert um den Bedarf künftiger Generationen Raubbau an den verbliebenen Rohstoffen und hantieren seit kurzem mit der gefährlichsten Energieform, der Kernenergie.

Die Ausgestaltung unserer selbstgeschaffenen ökologischen Nische nahm so beängstigende Formen an, daß uns das Ergebnis unseres Tatendranges heute schon fast zu erdrücken droht. Das war kein bloßes »Wohnlichmachen« mehr, das waren blanke Überschußreaktionen. Das Großhirn, so scheint es, kann die zunehmend komplizierter werdenden Probleme des »Sich-Einrichtens« und des Zusammenlebens großer Menschengruppen immer weniger meistern und sinnvoll steuern.

Eine der Triebfedern für diese Entwicklung ist sicherlich die erblich verankerte Verpaarung von Gefühlen mit einem bestimmten Verhalten gewesen, eine Kombination, die irgendwann in einer stammesgeschichtlich frühen Epoche in unserem Gehirn eingetreten sein muß. Es ist eine Art Verkoppelungstrick der Natur, ein Phänomen, das vielleicht sogar schon auf die Tiere zurückgeht. Zwei Beispiele: Die Flucht gelingt besser, wenn dem Flüchtenden die Angst im Nacken sitzt. Der Kampf führt eher zum Sieg, wenn den Kämpfer die Wut anstachelt.

Sieht man einmal vom Orgasmus als der »Lustprämie der Natur« für zweckmäßiges Fortpflanzungsverhalten ab, so trat bei uns Menschen eine besonders folgenreiche Verbindung eines Gefühls mit einem Verhalten auf. Es ist die Beschäftigung mit dem Werkzeug schlechthin, mit technischen Hilfen, mit Geräten und Verfahren, die uns in die Lage versetzen, die Natur zu beherrschen, während sie zugleich lustvolle Befriedigung schenken.

Man beobachte einmal einen leidenschaftlichen Bastler oder betrachte die wie gebannt blickenden Zuschauer an einer Baustelle in der Stadt, wenn dort ein Greifbagger die Anwendung der Hebelgesetze demonstriert. Da sieht man, wie tief uns die Besessenheit im Blute sitzt. Meist sind es übrigens Männer, die da stehen, auch hierin erweist sich augenscheinlich ein Unterschied der Geschlechter.

Die Lustempfindung beim Basteln und Erfinden entschied sicherlich das Schicksal des Menschen mit. Das fing beim Faustkeil an und endete vorerst – immer unter der Regie des Gehirns – bei den Kernkraftwerken, die große Energiemengen bereitstellen und damit einen neuen weltweiten Industrialisierungsschub mit allen Problemen des Rohstoff-Verbrauchs und der Umweltbelastung einleiten, angesichts ihres Gefahrenpotentials aber große Bevölkerungsteile auch bedrohen. Gerade im Zeichen der Ölverknappung werden in aller Welt jetzt neue Kernkraftwerke fieberhaft gebaut und werden die Risiken hingenommen, die sie mit sich bringen. Es dürfte vermutlich nur eine Frage der Zeit sein, bis ein neuer großer Unfall, vergleichbar jenem von Harrisburg (USA) im Jahre 1979, oder ein noch schwererer, ein weiteres Zeichen setzen wird.

Ermöglicht wurde die stürmische Entwicklung aber auch durch die sogenannte kulturelle Evolution. Sie war es, die den Menschen über die rein biologische Stufe hinausgehoben und »vorangebracht« hat und die ihn insofern auch vom Tier unterscheidet. Indem er aufrecht gehen lernte, bekam er Arme und Hände frei für den Werkzeuggebrauch, und indem sein Großhirn sich mächtig entwickelte, brauchte er auf die Herausforderungen des Lebens nicht mehr nur mit Instinkthandlungen zu reagieren, sondern konnte mehr und mehr planvoll, vorausschauend, nach gedanklich vorher durchgespielten Möglichkeiten handeln.

Den mächtigsten Anstoß erhielt die kulturelle Evolution damit, daß der Mensch sprechen lernte. Mit der Sprache erwarb er die Fähigkeit, das, was er sah und hörte, roch und schmeckte, was er tun oder lassen wollte, mit bestimmten Lautfolgen zu kennzeichnen. Aus solchen Lauten wurden später Wörter und Sätze. Das mag vor 500 000 Jahren begonnen haben, vielleicht auch schon viel früher, zur Zeit des *Homo habilis* vor drei Millionen Jahren.

Der Grund, weshalb wir über die zeitlichen Anfänge der Sprachentwicklung so wenig wissen, liegt darin, daß so wenige Knochenfunde aus jener Epoche vorliegen. Vor allem fehlen die zur Beurteilung der Sprachfähigkeit so wichtigen Knorpel- und Weichteile der Kopfregion, denn sie haben sich über so lange Zeiträume nicht erhalten können. Jedenfalls konnte der Mensch mit der allmählich vervollkommneten Sprache Gegenstände, Eindrücke, Vorgänge, Farben und Formen, Tätigkeiten und Empfindungen gewissermaßen etikettieren und die Lautfolgen zur gegenseitigen Verständigung und Belehrung der Kinder immer wieder benutzen. So gewann der schon zum »fortgeschrittenen Denken« befähigte Mensch einen weiteren Vorteil. Er war jetzt im Gegensatz zum Tier beim Daseinskampf, beim zweckmäßigen Verhalten in der Natur nicht mehr nur auf seine ererbten Fähigkeiten angewiesen und auf das, was er im individuellen Leben an Erfahrung sammelte, sondern er konnte Wissen und Erfahrungen auch unabhängig davon durch mündliche Überlieferung von den bereits Lebenden erwerben.

So wurde die Sprachverständigung zu einer sekundären Form der Vererbung, zu einer neuen evolutiven Kraft. Die »Tradition«, die zweite, die »soziale Vererbung«, begann. Eine übergreifende, die Begrenztheit der Erfahrungen und Verhaltensmuster der Einzelindividuen übersteigende Kultur konnte entstehen mit all ihren Möglichkeiten wie Glaubensformen, philosophischen Schulen, politischen und wirtschaftlichen Systemen, mit Sitten und Gebräuchen.

Zurück aber zu unserem Problem. Es besteht darin, daß nicht nur die technologische Betriebsamkeit, sondern auch das Sprechen- und Denkenkönnen den Menschen zu einem letztlich gegen sich selber gerichteten Treiben angeregt haben, ja, wohl unausweichlich anregen mußten.

Da ist zunächst die Tatsache, daß es dem Menschen gelang, sich dem Auslesegesetz der Natur oder – populär gesagt – dem »Kampf ums Dasein« weitgehend zu entziehen. Das Auslesegesetz ist eines der grundlegenden Prinzipien, nach denen sich das Leben auf der Erde zu seiner heutigen Vielfalt entwickelt hat und nach denen es sich unter den wandelbaren Umweltverhältnissen auch erhält. Um das zu verstehen, muß man dreierlei wissen.

Erstens. Die meisten Lebewesen erzeugen viel mehr Nachkommen, als notwendig wären, um ihre Art zu erhalten.

Zweitens. Diese Nachkommen sind untereinander nicht alle gleich. Sie unterscheiden sich in meist geringfügigen erblichen Abweichungen, die sie im Wettbewerb der Artgenossen um die besseren Fortpflanzungschancen in ihrer Umwelt mehr oder weniger geeignet machen.

Drittens. Die erblichen Abweichungen oder Mutationen ergeben sich ungezielt und zufällig durch verschiedene Einflüsse, darunter energiereiche Strahlen, Stoffwechselvorgänge, Wärme und anderes. Außerdem entstehen neue Merkmalskombinationen durch die Verbindung unterschiedlicher Erbanlagenbestände bei der geschlechtlichen Fortpflanzung. Die meisten all dieser Änderungen sind nachteilig oder neutral, einige wenige aber bringen ihren Trägern auch Vorteile im Konkurrenzkampf um das bessere Fortkommen, bedeuten also letztlich größere Vermehrungschancen. So setzen sich die Erbanlagen der besser Angepaßten allmählich unter der strengen Auslese der Umweltverhältnisse gegen die weniger geeigneten Artgenossen durch und können schließlich auch neue Rassen und Arten bilden, die besser an ihre Umwelt angepaßt sind als ihre Vorgänger. Gegebenenfalls können sie nach dem gleichen Prinzip auch neue Umwelten, neue ökologische Nischen, besetzen.

Ich möchte dies hier nicht weiter ausführen und auch nicht auf andere Evolutionsfaktoren eingehen wie Isolation, Separation oder Radiation. Wir werden auf das Wichtigste noch zurückkommen. Auch ist das Evolutionsgeschehen heute noch nicht in allen seinen feineren Zusammenhängen erforscht. Es wäre aber töricht, daraus schließen zu wollen, die Abstammungslehre sei prinzipiell verfehlt oder revisionsbedürftig. Vielmehr wollen wir fragen: Wie hat der Mensch in das Zusammenspiel von Mutation und Auslese eingegriffen, wie hat er das Auslesegesetz für seine Spezies durchbrochen, wie hat er es unwirksam gemacht?

Er hat es getan, erstens natürlich, indem er sich dank seiner »Großhirn-Intelligenz« den ihn bedrohenden Naturkräften weitgehend entzog. Wir schützen uns gegen Hitze, Kälte und Hunger, indem wir Häuser bauen, Kleider tragen und Nahrungsvorräte anlegen. Seit einigen Jahren machen wir das Auslesegesetz aber noch auf eine viel raffiniertere Weise unwirksam. Dazu gehört, daß wir die natürliche Mutationsrate erhöht haben. Was heißt das?

Erinnern wir uns: Einflüsse wie energiereiche Strahlen, Chemikalien, Wärme und andere können das Erbgut verändern. Man kann abschätzen, daß es bei allen Lebewesen unter natürlichen Umständen in einer bestimmten Zeitspanne zu einer bestimmten durchschnittlichen Zahl von Mutationen kommt, also zu Erbänderungen, die dann der Umwelt gewissermaßen zur Prüfung auf ihren Auslesewert, auf ihre Tauglichkeit für ihre Träger vorgezeigt werden. An diese »Mutationsrate« sind die Arten gewöhnt oder angepaßt. Zwischen Mutationsrate und Selektion besteht eine Art Gleichgewichtszustand, auf dem es beruht, daß zwar immer wieder nachteilige Merkmale auftreten, diese aber nie überhand nehmen können, weil ihre Träger im Konkurrenzkampf gegen die unveränderten oder vorteilhaft veränderten Individuen unterliegen.

Auch für den Menschen hat diese Regel früher einmal in vollem Umfang gegolten. Mehr und mehr sind wir nun aber dabei, das Gleichgewicht in Frage zu stellen. Wir stören es zum Beispiel dadurch, daß wir die erbändernden Einflüsse durch den massiven Einsatz energiereicher Strahlen und bestimmter Chemikalien vermehren. Wir benutzen die Strahlen heute in der medizinischen Diagnostik und Therapie, wir verwenden in zunehmendem Maße radioaktive Isotope und gehen mit zahlreichen Chemikalien um, die sich als erbändernd, als »mutagen«, erwiesen haben. So ist zu erwarten, daß Mutationen beim Menschen gegenwärtig und zukünftig häufiger auftreten als früher, also auch nachteilige Erbänderungen öfter vorkommen werden als einst.

Würde der so erhöhten Mutationsrate eine schärfere Auslese entsprechen, so wäre – biologisch gesehen – alles wieder im Lot. Denn dann würde das Zuviel an schädlichen Veränderungen durch geringere Fortpflanzungschancen der Betroffenen wieder wettgemacht. Tatsächlich ist aber gerade das Gegenteil der Fall. Wir ermöglichen die Fortpflanzung des Menschen heute auch in jenen Fällen, in denen sie ihm wegen einer Erbkrankheit normalerweise versagt bleiben würde, und zwar aus humanitären Gründen ganz bewußt mit den Möglichkeiten der modernen Medizin.

Hier sind wir beim dritten Eingriff des Menschen in den natürlichen Gang der Dinge, mit dem er das Ausleseprinzip unterlaufen, entschärft, ja mit dem er es nahezu völlig außer Kraft gesetzt hat.

Dieser dritte Eingriff geht zwar vordergründig auf die Medizin, letztlich aber auf unsere Ethik und die Moralbegriffe zurück. Ich will versuchen, dies mit wenigen Sätzen zu erklären. Dank unserer fortschrittlichen Heilkunst nehmen wir dem Tod heute immer häufiger die Entscheidung darüber ab, wann er ein Menschenleben auslöschen darf. Mit potenten Arzneien und chirurgischen Kunstgriffen überlisten wir den Knochenmann, und es gelingt uns insbesondere auch, früher todgeweihte Erbkranke weiterleben zu lassen, so daß sie heiraten und Kinder haben können.

Um hier kein Mißverständnis aufkommen zu lassen: Es ist selbstverständlich, daß wir erbkranken Menschen helfen müssen wie jedem anderen Kranken auch, solange wir für uns in Anspruch nehmen, Menschen zu sein und menschlich zu handeln. Dies freilich bedeutet, daß wir in diesen Fällen auch die negativen Auswirkungen des humanen Handelns, also die mit ihm geförderte Verbreitung von Erbleiden in Kauf nehmen müssen.

Die Folgen des von unserer Ethik her unausweichlichen Handelns lassen sich heute schon an der Statistik ablesen. Man vergegenwärtige sich hierzu die steigenden Zahlen mancher Erbkrankheiten. Sie sind zwar teilweise auch als Ergebnis besserer Diagnosemöglichkeiten zu deuten, gehen aber auch darauf zurück, daß früher todgeweihte Erbkranke heute überleben, daß sie größere Heiratschancen haben und ihre Anlagen weitergeben können. Erwähnt seien die erblichen Formen der Zuckerkrankheit, die sich seit der Entdeckung des Insulins vervielfacht haben, die erbliche Verengung des Magenausgangs (Pylorusstenose), die man chirurgisch beheben kann, eine Reihe behandelbarer Enzym-Mangelkrankheiten, der Augenkrebs (Retinoblastom), die Lippen-Kiefer-Gaumenspalte, die erbliche Hüftgelenksverrenkung und viele mehr.

Wieder auf das Großhirn bezogen: Mit Hilfe seiner Denkergebnisse hat der Mensch die Balance zwischen den schädlichen Neumutationen und der dabei relevanten Sterberate aufgehoben und damit auch das Gesetz unterhöhlt, das seine eigene Entwicklung seit der Zeit der Menschwerdung ermöglicht hat.

Verhältnismäßig neu in diesem Zusammenhang ist ein Verdacht, den meines Wissens erstmals der Heidelberger Genetiker Friedrich Vogel ausgesprochen hat [72]. Er hat auf das Immunsystem des Menschen hingewiesen, also die Gesamtheit der körperlichen Abwehrkräfte gegen Infektionskrankheiten. Dieses Abwehrsystem ist genetisch verankert wie andere Erbeigenschaften auch. Wie wir wissen, starben bis vor etwa zwei Jahrhunderten noch fast die Hälfte aller Neugeborenen an Krankheiten dieses Typs. Es fand damals also noch eine scharfe Auslese in Richtung auf starke, funktionstüchtige, leistungsfähige Immunsysteme statt, da die meisten Kinder durch ihren frühen Tod daran gehindert wurden, ihre nachteiligen Anlagen weiterzuvererben, während Kinder mit starken Immunsystemen überlebten. Wahrscheinlich muß man sogar davon ausgehen, daß die Abwehrsysteme des Menschen erst unter dem Druck dieser Auslese zu ihrer späteren Vollkommenheit ausgeformt worden sind.

Im Gegensatz zu früher überleben heute unter dem Schutz der Hygiene, der Antibiotika, der Sulfonamide und Impfstoffe rund 95 Prozent aller Kinder und kommen ins fortpflanzungsfähige Alter. Unter ihnen sind auch nahezu alle jene mit erblich schwachen Abwehrsystemen. Sie überleben und können ihrerseits Kinder zeugen, weil Heilverfahren verfügbar sind, die ihnen die Infektionsabwehr abnehmen.

Das heißt, die Auslese wird auch auf diesem Wege mehr und mehr entschärft. Sie wird unwirksamer, sosehr wir andererseits die Fortschritte der Medizin begrüßen. Friedrich Vogel hat sicher zu Recht die Befürchtung geäußert, daß die Immunsysteme als Folge davon im Laufe weniger Generationen gänzlich wirkungslos würden, daß sie sich auflösen und dann so rasch nicht wieder neu gebildet werden könnten. Künftige Generationen würden also erblich immer »abwehrschwächer« sein und folglich auch immer stärker abhängig von Arzneien und »Prothesen«. Entsprechende Medikamente und medizintechnische Hilfsgeräte müßten dann stets in hinreichender Menge und Wirksamkeit greifbar sein, wenn es nicht zu einer Katastrophe kommen soll.

Zusammengefaßt: Damit, daß wir das Auslesegesetz für den Menschen gleich von mehreren Angriffsrichtungen her entkräftet haben, ist unser Leben zwar angenehmer geworden. Wir haben es verlängert, haben Tod und Krankheiten vielfach den Stachel genommen, doch geschah dies alles zu einem hohen Preis. Der Preis ist ein steigender Krankenstand, ist der allmähliche Verfall jener Abwehreigenschaften, die den Menschen vor Krankheiten schützen, und es ist eine zunehmende Anfälligkeit auch gegen alltägliche Infektionen und Allergien, der mit immer neuen Schutzmaßnahmen, mit Arzneien und Impf-Seren begegnet werden muß.

Wir können diese Entwicklung nicht umkehren oder ungeschehen machen, und wir feiern sie auch als Sieg des menschlichen Geistes. Nur müssen wir zugeben: Wir haben keinen humanen Ersatz für das brutale, im biologischen Sinn aber zweckmäßige Wirken des Auslesegesetzes gefunden. Auch der Glaube an eine göttliche Vorsehung, die diese Entwicklung zum Guten wendet, kann und wird hier nicht helfen.

Letzten Endes hat der medizinische Fortschritt auch das Bevölkerungsproblem verursacht. Der Zusammenhang ist deutlich. Mit Hilfe unserer Medikamente und Heilverfahren verlängern wir einerseits das durchschnittliche Lebensalter, so daß es immer mehr ältere Menschen gibt. Außerdem sorgen wir dafür, daß möglichst wenige Säuglinge sterben.

Weltweit gesehen schlägt sich dies derzeit in einem Zuwachs von täglich weit über 200 000 Erdenbürgern nieder. Das ist mehr als die Einwohnerzahl einer Stadt wie Freiburg. Wenn die Weltbevölkerung also heute um Freiburg zunimmt, so wächst sie morgen um Saarbrücken, übermorgen um Braunschweig, am folgenden Tag um Basel, und alle sechs oder sieben Tage um die Einwohnerzahl von München.

Um das Bevölkerungsproblem richtig zu verstehen, muß man den Zuwachs dynamisch sehen. Das heißt, es ist ein Unterschied, ob sich in einer bestimmten Zeitspanne eine Zweimilliarden-Bevölkerung oder eine Sieben-Milliarden-Bevölkerung vermehrt. Eine kleine Lawine läßt sich unter Umständen noch stoppen, bei einer großen aber werden katastrophale Folgen unausweichlich sein.

Außerdem – und auch das ist hinlänglich bekannt – vermehrt sich die Erdbevölkerung nicht überall gleich stark. In den hochentwickelten Ländern stagnieren oder steigen die Bewohnerzahlen nur langsam gegenüber einem um so stürmischeren Wachstum in anderen Teilen der Welt. Zunehmend schlecht ausgebildete, zu differenzierten Einsichten in die Gesellschaftsprobleme weniger befähigte Erdenbürger werden daher an Einfluß gewinnen und die Bewohner der hochzivilisierten Länder mit ihren Problemen immer drängender konfrontieren.

Schließlich ist es wahrscheinlich ein Trugschluß, daß mit zunehmendem Wohlstand in den heutigen Entwicklungsländern die Geburtenrate dort automatisch und genügend rasch absinken werde. Zahlen dazu nannte schon der Fischer-Weltalmanach von 1974 anhand von zehn Entwicklungsländern. Aus ihnen geht hervor, daß mit dem Wachstum des Bruttosozialprodukts die Geburtenrate zunächst eher steigt als sinkt. Beispiele sind Kuweit und Sierra Leone. In Kuweit lag das Bruttosozialprodukt Anfang der siebziger Jahre bei rund 5000 Dollar je Bewohner. Mitte der Siebziger lag es schon bei rund 11 000 Dollar. In Sierra Leone dagegen liegt es bei 157 Dollar. Während hier, in Sierra Leone, die Geburtenrate nur 1,6 Prozent beträgt, erreicht sie in Kuweit mit seinem viel größeren Wohlstand 9,8 Prozent. Dies sei hier nur deshalb erwähnt, um die allzu hochfliegenden Erwartungen mancher Optimisten zu dämpfen, die darauf verweisen, daß sich Entwicklungshilfe grundsätzlich als bremsender Faktor bei der Bevölkerungsvermehrung auswirke. Entwicklungshilfe dürfte eigentlich nur dort geleistet werden, wo zugleich auch eine wirksame Geburtenkontrolle gewährleistet werden kann.

Gefährlich am derzeitigen Bevölkerungswachstum ist vor allem seine offenkundige Unaufhaltsamkeit. Normalerweise versucht der Mensch, Krisen durch rationale Gegenmaßnahmen zu bewältigen. Die Verantwortlichen beschließen Gesetze und Verordnungen und bekommen die Lage früher oder später meist wieder in den Griff.

Verstandesmäßige Mittel versagen jedoch gegenüber einem biologischen Trieb, der zu den stärksten bei allen Lebewesen zählt. Noch nie hat staatliche Macht eine absolute Kontrolle über das Vermehrungsverhalten der Bürger ausüben können und wird es wahrscheinlich auch nie ausüben, denn ob das chinesische Experiment gelingt (Bestrafung der Kinderreichen) und ob es auf andere Länder übertragbar sein wird, ist äußerst unwahrscheinlich. Millionen von Elternpaaren müßten sich alle kollektiv im selben Sinne verhalten, sie müßten übereinkommen, etwa nur noch durchschnittlich ein oder zwei Kinder zu haben – eine völlig irreale Wunschvorstellung. Und dies müßte dann auch noch zu einer Zeit geschehen, da die Bevölkerungspyramiden in den unterentwickelten Ländern mit ihrem derzeit hohen Anteil an jungen vermehrungsfreudigen Jahrgängen für die kommenden Jahrzehnte Schlimmes befürchten lassen.

Noch ein Punkt bleibt zu erwähnen. Immer wieder lesen und hören wir die Thesen notorischer Optimisten, die mit einem gewissen Frohlocken verkünden, die Erde könne zehn, fünfzehn, ja zwanzig und noch mehr Milliarden Menschen ernähren. Ich frage mich manchmal, ob diese Propheten eigentlich wissen, wovon sie reden. Ob sie sich auch nur den Schatten einer Vorstellung von der Vermehrungspotenz derartiger Menschenmassen machen und sich vorstellen können, wie »menschenwürdig« das Gedränge auf unserem Planeten dann noch wäre. Ob sie sich klar darüber sind, welches Ausmaß an Umweltbelastung, welche Einschränkungen des Freiheitsraumes für den einzelnen und welche entnervenden Kämpfe um einen angemessenen Anteil am Bruttosozialprodukt es unter den Bedingungen einer solchen Pferchung geben würde. Es wäre, mit einem Wort, ein unerträgliches Leben, dem alle Merkmale des Humanen fehlten, ein Leben, das sich niemand wünschen kann und das man deshalb auch nicht herbeireden sollte.

Schließlich ist da das wachsende Analphabetentum in der Welt. Geht man von heute verfügbaren Erhebungen aus, so gibt es etwa drei Milliarden erwachsene Erdenbürger, von denen etwa eine Milliarde Analphabeten sind. Das bedeutet: Ungefähr jeder dritte Erwachsene auf der Erde kann weder lesen noch schreiben. Ein Mensch aber, der sich umweltfreundlich verhalten oder nicht allzu viele Kinder bekommen sollte, braucht dazu plausible Motive. Er sollte also ansprechbar, zugänglich, informierbar und überzeugbar sein. Er sollte Zusammenhänge verstehen können, die über den täglichen Nahrungserwerb und die Freuden des Ehelebens hinausgehen. Solche Informationen zu vermitteln ist aber schwierig, wenn der Betreffende nicht lesen und schreiben kann und wenn dazu bei ihm vielleicht noch der Gedanke kommt, sich durch möglichst viele Kinder im Alter am besten versorgt zu wissen. Je rascher jedenfalls die Bevölkerungen in der Dritten Welt wachsen, um so schwerer wird es, dem Analphabetentum zu begegnen und den Kindern eine angemessene Schulausbildung zu ermöglichen.

Überschaut man das Bevölkerungsproblem auf seine Auswirkungen hin, so sind die Folgen vor allem Hunger, soziale Spannungen, Gewalt, Krankheiten, wirtschaftliche Depressionen und Arbeitslosigkeit. Hier muß auf die wohl härteste Begleiterscheinung hingewiesen werden, den Hunger. Für ihn haben wir in den letzten Jahren Beispiele in der afrikanischen Sahelzone, in Bangla Desh und auch in südamerikanischen Dürregebieten erlebt, von Krisengebieten infolge kriegerischer Verwicklungen in Vietnam, Kambodscha und Thailand zu schweigen. In manchen Gegenden Afrikas, wie etwa Teilen Äthiopiens, scheint der Hunger schon zum Dauerzustand geworden zu sein. Allein im Sahel wurden in den frühen siebziger Jahren Zehntausende von Toten geschätzt als Folge einerseits der Zusammenpferchung in den riesigen Sammellagern der von der Dürre heimgesuchten Menschen, zum andern aber auch wegen der unzureichenden und problematischen Hilfeleistungen von außen. Es gehört nicht viel Phantasie dazu, sich die Sahelkatastrophe oder das Kambodscha-Elend als Modellfall für ein zukünftiges, weit umfangreicheres Geschehen vorzustellen, in dessen Verlauf wesentlich mehr Menschen dahingerafft würden oder gar ein weltweites Desaster eingeleitet wird.

Ein dritter Trend, der als Denkergebnis des Gehirns in eine gefährliche Richtung weist, ist das Beschleunigungsphänomen des technischen Fortschritts mit seinen Folgen.

Versetzen wir uns einmal 500 000 Jahre in unserer Geschichte zurück. Damals lebte in Europa der Heidelberger-Mensch, von dem wir dank des »Unterkiefers von Mauer« wissen. Der »Heidelberger« arbeitete noch mit primitiven

Steinwerkzeugen. Mit ihnen tötete er Tiere, schnitt er Äste ab und spitzte Lanzen zu, schabte er Fleisch von den Knochen und zerkleinerte er seine Beute. Vielleicht baute er sich mit ihrer Hilfe auch schon primitive Tierfallen und Unterkünfte – das wissen wir nicht.

Was wir aber wissen, ist, daß sich die Lebensweise der Menschen damals über Jahrtausende, ja über Jahrzehntausende hinweg kaum verändert hat. Die Funde offenbaren, daß die Werkzeugtypen der Frühmenschen über lange Zeiträume nahezu gleichgeblieben sind.

Verglichen mit den riesigen Zeitspannen von ehemals sind wir, sind die letzten vier Generationen in den Industriestaaten aus einer Zeit der Ölfunzeln und Pferdedroschken förmlich hineinkatapultiert worden in eine Gegenwart mit schnellen Autos, Kernkraftwerken, Fernsehen, Computertechnik, Weltraumfahrt und waffenstarrender Aufrüstung. Und wieder sind es Denkprozesse des Großhirns gewesen, die diesen Entwicklungsschub ermöglicht haben.

Was hier interessiert, ist aber nicht so sehr das, was die industrielle Revolution den Menschen an Segnungen gebracht hat, sondern es sind die biologisch-medizinischen Konsequenzen, die sich aus ihr ergeben. Es stellt sich die Frage: Kann der *Homo sapiens* die überstürzte Industrialisierung und Technisierung mit allen ihren Folgen vor allem auch für seine Psyche langfristig verkraften? Dazu ein paar Anmerkungen.

Wenn vor zwei oder drei Generationen ein junger Mensch bei uns noch hoffen konnte, sein Leben nach einem in aller Ruhe im Familienrat gefaßten Plan zu gestalten, so erlebt er heute von der industriellen Entwicklung her bestimmte, rasch sich wandelnde Verhältnisse, die einen planvollen Lebensablauf kaum noch durchzuhalten erlauben. Der Amerikaner Alvin Toffler hat darauf hingewiesen, daß der (vom Großhirn diktierte!) Veränderungsdrang des Menschen und das damit verbundene Beschleunigungsphänomen des technischen Fortschritts zu einer gefährlichen Desorientierung führen können, weil die Maßstäbe, an die wir uns in unserer

Jugend halten konnten, immer rascher ungültig werden und fortwährend neuen Maßstäben weichen müßten. In immer kürzeren Abständen, betont Toffler, erlebten wir heute tiefgreifende Veränderungen, und doch sollten wir diese Veränderungen verarbeiten und uns immer neu an sie anpassen [71].

Unter dem Streß dieser technokratischen Krise, wenn man sie so nennen darf, hat sich auch unser Verhältnis zur Natur gewandelt. Vieles von dem einst natürlichen Respekt vor den Wäldern, den Flüssen, vor Naturerscheinungen, Tieren und Pflanzen ist uns verlorengegangen, ein Respekt – von Ehrfurcht zu schweigen –, den frühere Generationen noch viel stärker empfunden haben als wir Heutigen. Ludwig Klages sah in den »Geistesträgern« schon im Jahr 1913 den Feind und Zerstörer des Lebens: »Die Höhe der Wissenschaft sei zugegeben, wie wenig sie auch vor jeder Anfechtung sicher ist; die der Technik steht außer Zweifel. Was aber sind davon die Früchte?« An anderer Stelle kritisierte er: »Die Mehrzahl der Zeitgenossen, in Großstädten zusammengesperrt und von Jugend auf gewöhnt an rauchende Schlote, Getöse des Straßenlärms und taghelle Nächte, hat keinen Maßstab mehr für die Schönheit der Landschaft, glaubt schon Natur zu sehen beim Anblick eines Kartoffelfeldes und findet auch höhere Ansprüche befriedigt, wenn in den mageren Chausseebäumen einige Stare und Spatzen zwitschern« [33].

Das brutale Untertanmachen, ja Unterjochen der Natur, die staatlich verordnete Landschaftszerstörung, der hemmungslose Straßenbau, die fabrikmäßige Erzeugung von Nutztieren und deren Produkten, die fortschreitende Ausrottung von immer mehr Tier- und Pflanzenarten – all das ist für uns Menschen erschreckend selbstverständlich geworden, vor allem für jene, die nicht mehr in natürlicher Umgebung aufwachsen, sondern schon ihre Kindheit in den Betonwüsten der großen Städte verbringen müssen. Der einst vielleicht noch vorhandene Instinkt für einen behutsamen Umgang, für einen maßvollen Gebrauch der irdischen Güter scheint mehr und mehr zu erlöschen. Das Schlimmste aber ist, daß das Verändern, daß die Eingriffe in die natürliche Ökologie nicht weitsichtig erfolgen, daß sie nicht mehr unter striktem Bewahren des Bewährten vor sich gehen, sondern zunehmend auf kurzfristige Erfolge zielen, daß sie immer öfter blindlings unter rein ökonomischen und politischen Gesichtspunkten geschehen, ohne daß die langfristigen Folgen für den Naturhaushalt und das Wohlbefinden des Menschen dabei bedacht würden.

Was den steuerlos gewordenen technischen Fortschritt betrifft, so müssen wir natürlich auch von der Kernenergie sprechen. Was Otto Hahn im Dezember 1938 veranlaßte, in einer vergleichsweise primitiven Versuchsanordnung Neutronen auf Urankerne zu schießen und dabei Kräfte freizusetzen, die alles damals Vorstellbare übertrafen, war ja zunächst nichts anderes als Wißbegier. Wissenschaftler für etwas anzuklagen, das sie entdecken und das sich später als potentiell verhängnisvoll für die Menschheit erweist, ist müßig. Andererseits ist der Gedanke an den gezielten Beschuß eines Urankerns mittels Neutronen – wie alle mehr oder weniger ambivalenten Errungenschaften des Menschen – die Idee eines menschlichen Großhirns gewesen.

Greifen wir den besonders krassen Fall der Atombombe heraus. Wie immer wir uns drehen, wir kommen nicht um diesen Sachverhalt herum: Es war ein menschliches Organ, dem die Entdeckung von Naturkräften gelang, deren Entfesselung die Menschheit als Ganzes zum erstenmal und geradezu überfallartig tötbar machte. Drücken wir es noch deutlicher aus: Ein menschliches Organ entpuppt sich als Lieferant des Rezeptes für eine Tötungsmaschinerie für eine ganze irdische Spezies, die erst durch dasselbe Organ zu dieser Spezies geworden war. Man mache sich das Makabre allein dieses Tatbestandes einmal bewußt.

Wir wollen hier aber die Möglichkeit eines Atomkrieges nicht weiter verfolgen, obwohl schon dieser Aspekt ein hinreichendes Indiz wäre für den Menschen als Fehlschlag der Natur. Vielmehr soll noch von der zunehmenden psychischen Belastung die Rede sein, die heute weltweit als Folge unserer komplizierter werdenden Lebensumstände und des immer engeren Zusammenrückens der Menschen eingetreten ist.

Es gibt darüber zahlreiche Untersuchungen. Eine von ihnen, eine Fragebogenaktion, haben die Psychiater Kielholz, Walcher und Pöldinger durchgeführt. Die drei haben etwa 10 000 niedergelassene Ärzte in der Schweiz, in Österreich und der Bundesrepublik einschlägig befragt. Aus den Antworten ging übereinstimmend hervor: »Alle Kollegen vertraten die Meinung, daß sowohl psychische Störungen überhaupt als auch Depressionen im speziellen zunehmen.« Walcher führte das Ergebnis auf die »anhaltenden Belastungsfaktoren unserer heutigen, dem unabdingbaren Leistungs- und Erfolgsprinzip unterstellten unbiologischen Lebensweise« zurück [32].

Andere Erhebungen, auch solche aus anderen Ländern, bestätigen diesen Befund. Bekannt ist die Manhattan-Studie aus den fünfziger Jahren, eine Umfrage unter 110 000 Einwohnern des New Yorker Stadtteils Manhattan. Aus ihr ergab sich, daß – je nach dem Bewertungsmaßstab – zwischen 23 und 80 Prozent der Befragten seelisch krank waren.

In der Bundesrepublik leidet nach einer Schätzung von Wolfgang Schmidbauer schon mindestens ein Drittel aller derjenigen Patienten an seelischen Störungen, die heute einen Arzt wegen einer beliebigen Erkrankung aufsuchen. Am härtesten betroffen sind von dieser Entwicklung die Jugendlichen, zumindest soweit sie in den großen Städten und Ballungsgebieten aufwachsen und dort der Reizflut und dem Einfluß der Massenmedien voll ausgeliefert sind. Sie sehen sich in einer Situation, in der sie sowohl fortgesetzt stimuliert, als auch gleichzeitig in ihrem Tätigkeitsdrang behindert werden. Verhalten sie sich auf eine Weise, zu der sie etwa durch Filme aus der Sexualsphäre oder durch harte »Western« ermuntert werden, so werden sie für dieses Verhalten von derselben Gesellschaft bestraft, die ihnen diese Filme vorsetzt und aus denen der Staat auch noch Steuern zieht. Wir dürfen uns eigentlich nicht wundern, wenn es immer mehr nervöse, angstneurotische Schulversager unter den Kindern gibt, wenn Alkoholismus, Rauschgiftsucht, Kriminalität und Selbstmorde unter den Jugendlichen zunehmen.

Alle diese psychischen Erkrankungen und Leiden gibt es bei wildlebenden Tieren nicht. Es müssen ihnen spezifisch menschliche Ursachen zugrunde liegen. Es müssen Gründe sein, die entweder im Lebenslauf der Betreffenden zu suchen sind oder sich aus der fortschreitend unnatürlicher, artifizieller, technischer werdenden Umwelt des Menschen herleiten, oder aus beidem.

Möglicherweise mitverantwortlich ist auch die wachsende Spannung zwischen einer als unbefriedigend empfundenen Arbeit einerseits und einer Freizeit, die von vielen doch nicht wirklich sinnvoll genutzt werden kann. Es ist bezeichnend, daß uns ein ständig wachsendes Repertoire an Möglichkeiten geboten wird, die freie Zeit auszufüllen, und immer mehr Konsumenten sich mit wahrer Besessenheit auf diese Möglichkeiten stürzen, so daß hier und da schon das Hobby zur Belastung für die Familienmitglieder oder Nachbarn wird. Viele dieser unbewußt Verführten können es gar nicht eilig genug haben, die mühsam gewonnenen Vorteile der Technisierung – wo sie es sind – wieder ins Gegenteil zu verkehren und aus der Freizeit eine »besetzte Zeit« zu machen.

Das, was wir »Muße« nennen, scheint zugleich immer weniger gefragt, geschweige denn erlebbar zu sein, und auch hier dürfte einer der Gründe liegen, warum sich die Psychiater und Seelsorger heute so vielen schwer faßbaren Krankheitsbildern im Vorfeld der Psychosen und Neurosen gegenübersehen.

Beispiele dafür, wie der Mensch durch seinen sogenannten technischen Fortschritt, seine umweltverändernden Aktivitäten die Grundlagen seiner Existenz aufs Spiel setzt, gibt es viele. Erinnert sei an den Raubbau an unersetzlichen Rohstoffen, die zum großen Teil zur Produktion ungezählter, aber völlig entbehrlicher Waren verschwendet werden. Erinnert sei an die Verschmutzung der Meere, die Dezimierung des pflanzlichen und tierischen Lebens (während es doch gerade darauf ankäme, eine möglichst große Vielfalt von Lebensformen zu erhalten!), an die Gefährdung der atmosphärischen Ozonschicht und die zunehmend zu einem unkalkulierbaren Risiko sich auswachsende Nutzung der Kernenergie.

Obwohl die sogenannten Sachzwänge für das scheinbar Unausweichliche dieses menschlichen Treibens sprechen, sollte man erkennen, daß es das menschliche Großhirn ist, dem wir zwar Kunst und Wissenschaft und manche erhebende Erkenntnis verdanken, das aber letztlich auch den Keim dafür gelegt hat, daß wir uns in immer problematischere Lebensumstände hineinverstricken. Hat man dies erst erkannt, so ist der nächste Gedanke fast zwingend. Es drängt sich nämlich nun förmlich auf, das menschliche Großhirn mit bestimmten Organen oder exzessiven Merkmalen gewisser Tierarten zu vergleichen, die früher einmal auf der Erde gelebt haben und denen diese Merkmale zum Verhängnis geworden sind. Andere Arten, die heute noch leben, aber ähnliche Merkmale aufweisen, scheinen kurz vor dem Aussterben zu stehen.

Biologen, die mit Evolutionsfragen vertraut sind, ist bekannt, daß nahezu alle stark spezialisierten Arten sehr empfindlich gegenüber Umweltveränderungen sind, wobei die Umwelt hier im weitesten Sinn zu verstehen ist, also einschließlich Klima, Nahrungsangebot, Feinden, Lebensraum und so weiter. Zu diesen Spezialisten gehören bestimmte Bewohner von Korallenriffen, hochempfindliche Fische zum Beispiel, die schon von einer geringen Änderung des Salzgehaltes im Meerwasser an ihrem Lebensnerv getroffen würden. Ein Beispiel für das Gegenteil, also für einen besonders robusten Erdbewohner, wäre die weltweit heimische Ratte. In ihrer Umwelt müßte schon sehr Einschneidendes geschehen, bevor sie kapitulierte.

Oft nun lassen sich die Spezialisten unter den Tieren an äußeren Merkmalen erkennen, darunter auffallende Körpergröße im Vergleich zu ihren nächsten stammesgeschichtlichen Verwandten, auch an extrem ausgebildeten Körperteilen wie langen Stoßzähnen, Fühlern, Schwanzfedern oder Geweihen. Zu den bekanntesten Vertretern solcher Spezies zählten und zählen die Saurier, die eiszeitlichen Riesenhirsche, der Herkuleskäfer, der Hirschkäfer, die Wildschweingattung *Babirussa* auf Celebes mit ihren langen, zum Wühlen unbrauchbar gewordenen Hauern und die ausgestorbenen Säbelzahnkatzen, deren lange, gebogene Zähne es ihnen selbst bei weit aufgerissenem Maul immer schwerer machten, die Beute zu packen. Auch bestimmte übertriebene Verhaltensweisen gehören hierher, von denen wir noch sprechen werden.

Immer dann, wenn die betreffenden Organe oder wenn das Verhalten dieser Tiere die Gesamtbilanz positiver und negativer Eigenschaften zum Schädlichen hin verschob oder verschiebt, waren oder sind auch ihre Tage gezählt gewesen, weil ihnen die Anpassung an die Umweltverhältnisse auf die Dauer nicht mehr gelang und weil die stammesgeschichtliche Entwicklung sich nicht umkehren läßt.

Auch dafür, daß das menschliche Großhirn ein solches überspezialisiertes oder Exzessivorgan ist, spricht einiges. Der Mensch ist ebenfalls relativ groß im Vergleich zu seinen nächsten Verwandten, den Menschenaffen, wenn man einmal vom Gorilla absieht. Andererseits ist der Mensch zumindest bis in seine jüngste Vergangenheit dabei gewesen, auch den Vorsprung des Gorillas noch einzuholen. Im Zuge der Akzeleration hat seine durchschnittliche Körpergröße allmählich zugenommen. Auch *sein* Gehirn ist das größte innerhalb der Primatengruppe. Seine Fähigkeit zur Abstraktion, seine imaginären Kräfte und seine technischen Möglichkeiten zur Umweltveränderung gehen weit über den zum Überleben auf der Erde notwendigen Bedarf hinaus.

Das entscheidende, das Überleben des Menschen bedrohende Merkmal scheint jedoch die Eigenschaft des Großhirns zu sein, als sozusagen ruheloser Motor seine Träger zu überschießenden, luxurierenden Eingriffen in den Lebensraum und anderen Aktivitäten anzutreiben, die mehr und mehr – weltweit gesehen – unkoordiniert und steuerlos stattfinden und die vielerorts bereits auf eine Gefährdung oder Zerstörung der Lebensgrundlagen hinauslaufen. Bezeichnend ist es zugleich, daß seit Jahrzehnten alle Warnungen vor dieser Entwicklung fruchtlos geblieben sind und nur hier und da unbedeutende Erfolge im Sinne einer Mäßigung sichtbar wurden.

Der Grund dafür dürfte wiederum in der funktionellen Eigenart jenes Organs liegen, das den Menschen veranlaßt, sich selbst dann nicht mit dem Erreichten zu begnügen, wenn es sich bewährt hat, sondern nach fortgesetzter Veränderung zu streben, nach einem »immer mehr und nie genug«, und nicht zuletzt nach einer ständigen, wie er meint, »Verbesserung« seiner Lebensumstände.

Ich habe daher 1974 einen Gedanken ausgesprochen, der sich meiner Meinung nach zwingend aus diesen Prämissen ergibt: Da der Mensch die natürliche Auslese überspielt hat und dem Kampf ums Dasein seiner biologischen Vorfahren entrinnen konnte, werden ihn zwar Mechanismen zu Fall bringen, die nur bedingt Parallelen zu den historischen Beispielen aus dem Tierreich zulassen. Doch wird sich der Mensch zunehmend als unfähig erweisen, jene Umwelt- und Lebensverhältnisse zu beherrschen, die sein Großhirn in den letzten hundert Jahren hervorgebracht hat, die es weiter hervorbringt und deren Kontrolle ihm jetzt mehr und mehr entgleitet. Wenn er aus diesen Gründen möglicherweise schon bald in eine ernste Überlebenskrise gerät, so nicht, weil ihm überlegene Konkurrenten erwachsen wären oder natürliche Umweltänderungen ihn bedrohten, sondern weil er sich mit seiner Massenvermehrung, seiner erbbiologischen Schwächung, seinen vielfach törichten Eingriffen in die Naturhaushalte, der Eskalation seiner Waffenarsenale – kurz, weil er sich durch seine selbstgeschaffenen Umweltverhältnisse sukzessiv in eine tödliche Gefahr für sein Überleben begeben hat. Mit einem Satz: Er wird am Exzessivverhalten seines Großhirns scheitern.

Warum eine Alternative zu dieser Entwicklung so schwer vorstellbar ist, das hat seine Gründe in der Geschichte. Nach allem, was gerade die jüngere Vergangenheit des Menschengeschlechts erkennen läßt, kann man schwerlich darauf hoffen, daß menschliche Gehirne zu einer kollektiven Selbstbesinnung bereit oder sogar nur fähig wären – betont sei: zu einer kollektiven. Wahrscheinlich sind die menschlichen Großhirne damit schlicht überfordert.

Um der Lage noch Herr zu werden, müßten wir geradezu asketische Einschränkungen in fast allen Lebensbereichen auf uns nehmen können, die völlig im Gegensatz stehen zu den ererbten Verhaltensmustern, die unsere Großhirne uns unablässig diktieren und denen wir nicht entrinnen können. Dazu gehörte auch ganz Vordergründiges, wie etwa, daß endlich weitblickende Ökologen in die Parlamente der Staaten gewählt würden statt überwiegend Politiker, die ihrer Herkunft nach vor allem Wirtschaftler, Juristen, Beamte und redegewandte Persönlichkeiten von zumeist geisteswissenschaftlicher Ausrichtung sind.

Eine weltweite Umkehr von der uns innewohnenden Mentalität würde übermenschliche Ausnahmenaturen erfordern und nicht Menschen, wie sie die Erde nun einmal bevölkern: jene in ihrer überwiegenden Mehrzahl kurzsichtig und egoistisch handelnden, auf raschen Erfolg und Profit bedachten Zeitgenossen. Es würde sozusagen Wesen von einem anderen Stern voraussetzen und nicht einen *Homo sapiens*, der sich trotz seines anspruchsvollen, selbsterteilten Attributs mit seinem Geistesorgan außerstande sieht, die wachsende Komplexität seiner selbstgeschaffenen Verhältnisse zu beherrschen und in gemeinschaftlicher Anstrengung so zu steuern, daß seine Art menschenwürdig überlebt.

Das führt auch zur Frage nach der Verantwortung der Wissenschaftler, die ja nicht zuletzt in Notsituationen immer wieder angerufen werden. Doch was bliebe dem Wissenschaftler zu tun? Er könnte es sich nach dem Gesagten leicht machen und erklären, bei solcher Prognose bliebe nur Resignation. Es bliebe, den Kopf in den Sand zu stecken und den Karren laufen zu lassen, denn nach ein paar Jahrhunderten sei ohnehin alles vorbei. Er könnte freilich auch sagen, man möge die Beschwörung einer apokalyptischen Zukunft als einen letzten verzweifelten Versuch zur Mobilisierung noch vorhandener Vernunftsreserven verstehen.

Denn in jedem Fall scheint ja noch eine Galgenfrist zu bleiben, was immer geschehen mag, und wo Zeit gewonnen werden kann, kann unter Umständen auch Rat kommen, Rat vielleicht gerade von Wissenschaftlern, denen bestimmte langfristige Entwicklungen vertrauter, oder sagen wir, besser vorstellbar sind als anderen. Ich will das nicht völlig ausschließen, wenn dazu auch ein Wunder geschehen müßte.

Doch die Wissenschaftler befinden sich in einem bemerkenswerten Dilemma. Einerseits wird ihnen vorgeworfen, sie gewännen Erkenntnisse, von denen eine Bedrohung der Menschheit ausgehe. Zum anderen würde es aber ihr Selbstverständnis schmälern und die ihnen und uns allen gegebenen Möglichkeiten beschneiden, wollten sie ihre Wißbegier als integralen Bestandteil menschlichen Wesens leugnen und sozusagen in eine geistige Kastration einwilligen.

Wer auch würde von ihnen verlangen, daß sie ihr Suchen nach Erkenntnis der Wahrheit, ihre Fragen nach Ursache und Wirkung und nach Zusammenhängen einstellten und statt dessen erklärten, auf dem derzeitigen Stand des Wissens verharren zu wollen. Selbst wenn alle Wissenschaftler den politischen Realitäten und Rivalitäten auf diesem Planeten zum Trotz so dächten, so wäre eine solche Haltung zwar vielleicht noch nobel, aber doch zugleich absurd, da sie ja das Nichtvorhandensein von Eigenschaften voraussetzte, die nun einmal zum menschlichen Wesen gehören.

Auch die Wissenschaft wird also dem Menschen kaum helfen können, wenn es darum geht, ihn zu einem auf lange Sicht »überlebensgerechten« Verhalten zu bewegen. Wie sollte es auch einer vom »Großhirnwesen Mensch« geschaffenen Institution gelingen, im Bereich des menschlichen Verhaltens jene Grundmuster auszulöschen und durch andere zu ersetzen, die die Entwicklung des Menschen über lange Zeiträume unter gänzlich anderen Voraussetzungen erfolgreich geleitet haben!

II.
Von der Ursuppe zum Menschen

Wenn wir die Natur als Lehrerin und die armen Menschen als Zuhörer betrachten, so scheint es, als säßen wir alle in einem großen Hörsaal. Wir wären auch imstande, der Lehrerin zuzuhören und sie zu verstehen, trotzdem interessieren wir uns mehr für die Plaudereien unserer Mitschüler als für das, was die Lehrerin sagt.

Dieser hier sinngemäß zitierte Ausspruch stammt von Georg Christoph Lichtenberg, einem blitzgescheiten Physiker und Philosophen, der gegen Ende des 18. Jahrhunderts in Göttingen gelebt und gelehrt hat. Was er scharfsinnig erkannte, kennzeichnet ziemlich genau eine anscheinend unausrottbare menschliche Schwäche, nämlich, daß wir uns allzugern vor an sich notwendigen Einsichten verschließen und uns statt dessen viel lieber mit angenehmen Dingen beschäftigen, zumal dann, wenn uns Denkanstrengungen abverlangt werden.

So mögen es viele auch als Zumutung empfinden, den Menschen als ein Lebewesen zu begreifen, das nicht nur mehr Unheil auf der Erde angerichtet hat als jede andere Kreatur vor ihm, sondern dessen Tage jetzt gezählt sind. Denn haben wir nicht auch Grund zum Stolz? Haben wir nicht viel geleistet? Sind wir nicht das Nonplusultra der Schöpfung?

Und doch deutet vieles darauf hin, daß wir auf der Höhe unseres Ruhms zu fatalen Gefangenen eines Körperorgans geworden sind, das demnächst für unser Verschwinden von der Erde sorgen könnte: unseres Gehirns. Als sei das, was wir da in unserer knöchernen Schädelkapsel mit uns herumtragen, eine verhalten schmorende Zeitbombe, die unweigerlich dem Tage X entgegentickt.

Wer so abfällig von seinem edelsten Körperteil denkt, muß Gründe dafür nennen. Warum sollte uns dieses Organ bedrohen? Was sollte es so gefährlich machen? Vorab jedoch werden wir zu fragen haben: Wie ist der Mensch zu seinem Gehirn gekommen? Welche Umstände ließen das große verschlungene Knäuel mit seinen rund 12 oder 14 Milliarden Nervenzellen zu jenem kapitalen Ausmaß anschwellen, das wir nun bei uns vorfinden? Dabei wird eine fast vier Milliarden Jahre umfassende Zeitspanne ins Auge zu fassen sein, denn wir müssen erklären, wie das Leben auf der Erde entstanden ist, und nach welchen Gesetzen die Lebewesen und ihre Organe zustande gekommen sind, also letztlich auch das menschliche Gehirn.

Soviel ist heute gewiß: Pflanzen, Tiere und der Mensch sind nicht durch einen übernatürlichen Schöpfungsakt in sechs Tagen geschaffen worden. Nach allem, was verläßlich bekannt ist, hat sich das Leben nach und nach aus unbelebter Materie gebildet, um allmählich die verschiedenen Umwelten in ungezählten Erscheinungsformen zu besiedeln. Es hat immer höher organisierte Tier- und Pflanzenarten hervorgebracht und schließlich seine höchste Entwicklungsstufe im heutigen Menschen erreicht, im *Homo sapiens.*

Der Schauplatz dieser »Evolution« ist die Erde. Vor vier Milliarden Jahren etwa, rund 600 Millionen Jahre nach ihrer Entstehung aus dem Sonnensystem, sah sie freilich noch äußerst ungastlich aus. Zwar hatte sich die Erdoberfläche schon soweit abgekühlt, daß die Gesteine erstarren konnten, doch war die Erdkruste noch immer heiß genug, um den unaufhörlich niederrauschenden Regen sofort wieder verdampfen zu lassen. Zu jener Urzeit gab es noch keine Atmosphäre wie heute, vor allem fehlte der freie, nicht an andere Elemente gebundene Sauerstoff. Ein stickiges, giftiges Gasgemisch mit den Hauptbestandteilen Ammoniak, Kohlendioxid, Wasserdampf und Methan umwölkte den damals noch gar nicht »blauen Planeten«. Gewitter tobten, Blitze zuckten vom Himmel. Auch die schützende Ozonschicht gab es noch nicht. Ungehindert strahlte ein hartes ultraviolettes

Sonnenlicht auf die Erde herab. Blitze und ultraviolettes Licht aber sind Energielieferanten, die chemische Reaktionen auslösen können. Das sollte noch wichtig werden.

Wie konnte in einer solchen Umwelt Leben entstehen? Daß es damals geschehen sein muß, beweisen bestimmte Anzeichen für Lebensvorgänge, die von Wissenschaftlern des Mainzer Max-Planck-Instituts für Chemie in 3,8 Milliarden Jahre alten grönländischen Sedimentgesteinen gefunden worden sind. Schon zu dieser Zeit – oder doch nicht sehr viel später – muß es primitives Leben auf der Erde gegeben haben.

Wie es zustande gekommen sein könnte, darüber hat sich schon im Jahre 1953 der Amerikaner Stanley Miller den Kopf zerbrochen. Er stellte einen bemerkenswerten Versuch an. In einer Glasapparatur mischte er kleine Mengen jener Gase, die sich in der vermuteten Uratmosphäre befunden haben. In das Gasgemisch hinein ließ er elektrische Funken als Blitz-Ersatz zucken. Nach einer Weile untersuchte er, was sich in seinem Glasbehälter zusammengebraut hatte. Es war überraschend genug. Miller fand die Urbausteine jener Eiweiß-Moleküle, die wir heute als Bestandteile der lebenden Zellen kennen, sogenannte Aminosäuren. Mit seinem Experiment konnte er nicht weniger als 17 von insgesamt 20 im lebenden Eiweiß vorkommende Aminosäuren hervorbringen. Bei späteren Versuchen ließen sich auf diese Weise mehrere andere Substanzen erzeugen, die man heute in den Nukleinsäuren wiederfindet, den Trägern der Erbanlagen in den Zellkernen [31, 50, 55].

Die Chemiker wollten aber noch mehr wissen. Sie fragten: Wie konnten die ursprünglich entstandenen, einfachen chemischen Bausteine zu den kompliziert gebauten Molekülen der Eiweiße und der Nukleinsäuren zusammentreten? Und wie entstanden schließlich die ersten lebens- und vermehrungsfähigen Zellen?

Was die Aminosäuren betrifft, so sind zwar zahlreiche bekannt, aber nur zwanzig von ihnen kommen im »lebenden« Eiweiß vor. Eine Erklärung dafür fand der Chemiker James

Lawless von der amerikanischen National Aeronautics and Space Administration [29]. Er sagte sich, irgend etwas muß dafür gesorgt haben, daß bestimmte Aminosäuren aus dem großen allgemeinen Angebot »bevorzugt«, andere aber »benachteiligt« worden sind. Lawless fand auch eine Antwort darauf, was die Auswahl bewirkt haben könnte. Stark nickelhaltiger Ton nämlich, wie er zur Urzeit der Erde an den Meeresküsten abgelagert worden ist, nachdem sich die Erde weiter abgekühlt hatte, kann Aminosäuren binden und ihre Vereinigung zu Eiweißmolekülen fördern – allerdings gilt das nur für eben jene zwanzig »Säuretypen«. Alle anderen Aminosäuren, die sonst noch in den Urzeitmeeren existierten, wiesen diesen Vorzug nicht auf. Sie blieben für den Ton sozusagen uninteressant. Lawless schloß dies aus Experimenten, bei denen er nickelhaltigen Ton im Labor mit verschiedenen Aminosäuren benetzte und beobachtete, was geschah. Sein Kommentar: »Das Schwermetall Nickel wirkt wie ein kleiner Magnet auf die Grundbausteine des Lebendigen.«

Eine ähnliche »Kupplerrolle« spielt – merkwürdig genug – auch zinkhaltiger Ton. Während aber das Nickel offenbar eine Vorliebe für die eiweißbildenden Aminosäuren hat, kann Zink jene anderen Moleküle »verkuppeln«, die die zweite wichtige Gruppe lebenswichtiger Verbindungen bilden: die Nukleinsäuren. Von ihnen wissen wir inzwischen, daß sie die Informationsträger für die Baupläne der Lebewesen sind, daß sie, mit anderen Worten, die Erbanlagen oder Gene formen.

Es blieb nun zu fragen, wie die Nukleinsäuren mit den Eiweißen, den Proteinen, zusammengekommen sind. Wie brachte es die Natur fertig, aus beiden Stoffgruppen kleine selbständige Systeme zu schaffen, die mit ihrer Umgebung Stoffe austauschten, die dabei Energie gewinnen, wachsen und sich vermehren konnten?

Eine mögliche Antwort darauf lieferte der Chemiker Sidney Fox von der Universität von Miami. Er vermutet, zunächst einmal seien aus einfachen Eiweißmolekülen größere und komplizierter aufgebaute entstanden, die dann später zusammentraten und Vorläufer lebender Zellen bildeten. Das könnte in der Nähe tätiger Vulkane geschehen sein. Um seine These zu stützen, rekonstruierte er im Labor das sehr heiße und trockene Kleinklima, wie es etwa am Hang eines Vulkans nach einem Lavaausbruch herrscht. Sind einfache Eiweißmoleküle in der Nähe, so bilden sie kleine Tröpfchen, die eine Art Stoffwechsel zeigen, die wachsen und wieder zerfallen können und sich sogar teilen, ähnlich wie Bakterien.

Fox fand noch mehr: Diejenigen Tröpfchen nämlich, die am lebhaftesten Moleküle aus ihrer Umgebung aufnahmen und andere wieder abgaben, die also ihren »Stoff rasch wechselten«, hielten sich auch am längsten, bevor sie wieder zerfielen. Wenn sie sich teilten, kamen zwar noch keine originalgetreuen Kopien ihrer selbst zustande (wie bei den lebenden Zellen), doch glaubt Fox auf der richtigen Spur zu sein. Er ist überzeugt, daß es zuerst primitive Vorformen des Lebens in Form solcher Eiweißtröpfchen gab und die »Erblichkeit« der Strukturen erst später mit den hinzutretenden Nukleinsäuren entstand. Wenn er recht behält, wäre das Huhn vor dem Ei dagewesen ...

Andere Wissenschaftler halten allerdings auch eine umgekehrte Reihenfolge für möglich. Für sie hat es zuerst Nukleinsäuren gegeben, also jene Zellbestandteile, die sich selbst verdoppeln, die die Synthese der für den Körper wichtigen Aufbaustoffe steuern und das Rezept für das Funktionieren der Stoffwechselvorgänge speichern können wie der Computer eine Konstruktionsanweisung.

Lassen wir die Prioritätsfrage beiseite, fragen wir nach dem weiteren Verlauf des Geschehens. Gehen wir davon aus, daß es irgendwann vor 3,5 bis 3,8 Milliarden Jahren zu den ersten vermehrungsfähigen Lebenseinheiten gekommen ist. Wie war die Lage? Wahrscheinlich hatten diese Urlebewesen damals keine Not zu leiden. Sie schwammen ja in einer nahrhaften Brühe. »Schmackhafte« Kohlenstoff-Verbindungen umgaben sie, denen ihrerseits keine Zerstörung drohte, denn der einzige Feind, den sie zu fürchten gehabt hätten, fehlte ja noch im Meer wie in der Uratmosphäre: der chemisch aggressive Sauerstoff. So blieben auch die Nährstoffe erhalten und verfügbar. Sie ermöglichten es den lebenden Zellen, sich im Urozean zu vermehren, bis »alles aufgefressen« war, was für den Stoffwechsel taugte. Die Zellen vermehrten sich so lange, bis der Ozean, wie der deutsche Biologe Hubert Markl es ausdrückt, »von gelösten Nährstoffmolekülen so leergefegt war, wie er es bis zum heutigen Tage geblieben ist« [41].

Diese Situation hätte beinahe schon den Schlußstrich unter die Geschichte des Lebendigen gesetzt, und das zu einer Zeit, als das Leben kaum begonnen hatte. Ein »Aus« wegen Nährstoffmangels wäre eingetreten, wenn nicht ein bemerkenswertes Ereignis die Rettung im letzten Augenblick gebracht hätte.

Einige Nachkommen jener ersten Lebewesen, so müssen wir heute vermuten, verfielen damals auf den Trick, aus den schon »verstoffwechselten«, also energieärmeren Abfallprodukten der Lebensprozesse wieder Brauchbares herzustellen. Und besonders jene unter ihnen schafften das mit Bravour, die dafür das Sonnenlicht als unerschöpflichen Energiespender benutzten. Sie erwiesen sich als erfolgreiche Überlebenskünstler und verdrängten bald die primitiveren Lebensformen, aus denen sie hervorgegangen waren. Ihr Trick war die Photosynthese. Er bestand darin, mit Hilfe des Sonnenlichts aus dem Kohlendioxid und Wasser organische Substanzen herzustellen, darunter Zucker und Stärke. Damit lieferten sie freilich nicht nur neue Nährstoffe für andere Lebensformen wie Bakterien, sondern sie produzierten auch Sauerstoff, der bis dahin in chemisch nicht gebundener Form im Wasser und in der Uratmosphäre fehlte.

Ein neues Drama bahnte sich an. Denn einmal in der Luft, zerstörte der Sauerstoff durch »Oxydation« alle jene Substanzen, dank derer die Vorstufen des Lebens erst hatten entstehen können. Außerdem vernichtete er zahllose Lebewesen, die sich entweder selbst als hilflos gegen seine Attacken erwiesen, oder die auf sauerstoffempfindliche Nährstoffe angewiesen waren. Markl drückt es so aus: »Die erste große Umweltvergiftung durch Sauerstoff hatte ... eine katastrophale Vernichtungswelle anaerober (auf Sauerstoffabwesenheit spezialisierter, d. Verf.) Lebewesen zur Folge: der aerobe Holocaust.«

Überleben konnten in dieser Zeit also nur die dem Sauerstoff trotzenden Mikroben, die es irgendwie verstanden, mit dem gefährlichen »O_2« fertig zu werden. Kein noch so unwahrscheinlicher Zufall hätte seither, also seit der Zeit vor vielleicht 3,5 Milliarden Jahren, nochmals »Leben« aus nicht belebten Vorstufen hervorbringen können. Denn diese Chance bestand nur, solange es keinen freien Sauerstoff in der Erdatmosphäre gab. Was seit der Zeit des Sauerstoff-Einbruchs auf der Erde noch weiterleben wollte, mußte sich mit ihm arrangieren oder ihn zur eigenen Energiegewinnung umfunktionieren.

Aus diesem Druck der Umstände gingen, wie man heute zu wissen meint, die ersten Lebewesen mit echten Zellkernen hervor, wahrscheinlich einzellige Grünalgen, später die ersten tierischen Lebewesen, die ihren Stoffwechsel dadurch in Gang hielten, daß sie andere Organismen verspeisten.

Nach all diesen Erkenntnissen kann man feststellen: Das Leben entstand keineswegs »zufällig«. Denn abgesehen von den geschilderten kennen die Biochemiker noch Vorgänge wie die Autokatalyse und Ausleseprozesse innerhalb chemischer Systeme, die nahezu zwangsläufig unter den damals gegebenen Bedingungen zu den ersten primitiven Organismen führen mußten [50]. Hinzu kommt, daß es in der »Ursuppe« auch Bakterien noch nicht gab, die die ersten organischen Verbindungen sofort wieder zersetzt hätten, bevor sie sich zu größeren und stabileren Einheiten zusammenschließen konnten.

Spätestens zu der Zeit nun, da die ersten vermehrungsfähigen Verbindungen von Nukleinsäuren mit Proteinen existierten, muß es auch schon zu einer Art vorzeitlichem Kampf ums Dasein bei diesen primitiven Lebensformen gekommen sein. Die jeweils beständigsten chemischen Systeme werden dadurch Vorteile gehabt haben, daß sie sich lebhafter als andere mit Aufbaustoffen aus ihrer Umgebung versorgen konnten. Damit entzogen sie den reaktionsträgeren Systemen in ihrer unmittelbaren Nähe gewissermaßen die Nahrung. Sie hungerten sie aus. Sie wuchsen und vermehrten sich auf deren Kosten. Das Getriebe ihres Stoffwechsels erwies sich als erfolgreicher und konnte sich durchsetzen. Den anderen, weniger stoffwechselfreudigen Verbindungen wurde also die Existenzgrundlage geschmälert. Sie zerfielen rascher in ihre Bestandteile, die wiederum den erfolgreicheren als »Nahrung« dienten. So kam – in Jahrmillionen – die Auslese der Geeignetsten in Gang.

Unterdessen sorgten die Nukleinsäuren mit ihrer »Erbinformation« und der Fähigkeit zur Selbstverdopplung dafür, die bewährten Erfolgsrezepte zu bewahren und auch weiterzugeben, so daß auch die »Nachkommen« wieder die gleiche Überlebensstrategie anwenden konnten. Das war wichtig und notwendig, weil unter gegebenen Umständen, sagen wir in einem See oder am Meeresgrund, das Angebot an Aufbaustoffen und die sonstigen Umweltbedingungen ebenfalls gleichblieben. Würden in einer gleichbleibenden Umwelt die Vertreter einer Art mit immer wieder anderen Eigenschaften geboren werden, so hätten sie wenig Überlebenschancen gehabt. Denn die gleichgebliebene Umwelt wäre für »Abweichler« ein ungewohntes Terrain, womöglich ein gefährliches Milieu gewesen, dem sie sich nicht gewachsen gezeigt hätten. Umgekehrt hätten permanent »gleichbleibende« Lebewesen in einer sich ändernden Umwelt schwer zu kämpfen gehabt (wir werden noch darüber sprechen, wie sich die Natur gegen solche Fälle wappnet).

Hier liegt vielleicht schon der tiefste Grund jener Probleme, mit denen wir heutigen Menschen uns herumplagen. Machen wir einmal den gewagten Sprung in die Gegenwart: Indem wir mit Hilfe der Technik – eines Gehirn-Produkts – unsere Umwelt- und Lebensverhältnisse fortwährend und mit wachsender Geschwindigkeit verändern, stören wir immer nachhaltiger das harmonische, weil in langen Zeiträumen entstandene Eingespieltsein des Menschen auf seine gewohnte Umwelt. Es ist durchaus möglich, daß gerade in diesen Jahrzehnten die Anpassungsfähigkeit des biologischen Wesens Mensch an seine fortgesetzt veränderten Umweltverhältnisse jene Grenzen erreicht, die ihm von der Natur gezogen sind. Weder würde er eine hausgemachte Klimaänderung, noch eine Sauerstoffabnahme in der Atemluft, noch erhöhte Radioaktivität, noch allzu große Bevölkerungsdichte oder Nahrungsnot auf die Dauer schadlos verkraften, um nur einige Beispiele zu nennen.

Wir wollen aber nicht vorgreifen, sondern bei der Erbinformation bleiben. Sie ist bekanntlich als »genetischer Code« im chemischen Aufbau der Nukleinsäuren enthalten, und dieser Code bleibt von Generation zu Generation unverändert. Er garantiert die »Konstanz der Arten« (eine Katze bringt immer nur Katzen hervor, ein Apfelbaum Apfelbäume). So überzeugend uns die Natur dieses Prinzip demonstriert, so ganz hundertprozentig korrekt werden die Erbrezepte doch nicht immer weitergegeben. So nützlich es nämlich für ein Lebewesen und für die Erhaltung der Art auch sein mag, an einem einmal bewährten Bau- und Funktionsplan festzuhalten – es kann auch Nachteile haben. Heute wissen wir, daß die Arten nicht konstant sind, sondern sich verändern können, wenn auch nur allmählich und in ganz kleinen Schritten. Und wir wissen auch, worin der »Sinn« der Sache liegt.

Denn die Umwelt, in der eine Tier- oder Pflanzenart lebt, muß nicht für alle Zeiten gleichbleiben. Klimaschwankungen, ein sich wandelndes Nahrungsangebot, veränderte Boden- oder Wasserbeschaffenheit, auch der Vorstoß der Arten über ihre anfänglichen Verbreitungsgrenzen hinaus in Neuland – mit all dem muß ja gerechnet werden. Wenn sich die Nachkommen einer Art über lange Zeiträume wie ein Ei dem andern gleichen würden, so hätten sie es in einer veränderten Umwelt schwer gehabt oder wären vielleicht sogar ausgestorben. Treten aber gelegentlich »Abweichler« vom arttypischen Merkmalsbild auf, die mit den gewandelten Umweltverhältnissen zufällig besser zurechtkommen, so können sie sich behaupten, vermehren und die Art oder Gattung vor dem Aussterben bewahren.

Wie funktioniert dieser Trick?

Während der Selbstverdoppelung der Nukleinsäure-Moleküle, dann also, wenn die Erbinformation weitergegeben werden soll, gibt es immer wieder einmal kleine Unregelmäßigkeiten. Das heißt, die chemisch verschlüsselte Schrift verändert sich dann ein bißchen. Kleine Fehler können sich einschleichen. Beispielsweise können einzelne »Buchstaben« herausfallen und falsche sich an deren Stelle setzen. Der so veränderte »genetische Code« bewirkt dann bei den Nachkommen kleine, wiederum erbliche Merkmalsabweichungen, soweit der entstandene »Fehler« nicht lebensbedrohlich ist. Wäre er dies, würde das Lebewesen gar nicht erst geboren.

In einer gleichbleibenden Umwelt bringen solche Veränderungen keine oder nur ganz geringe Vorteile mit sich. Viel eher werden sich Merkmalsänderungen hier schädlich auswirken. Denn die unveränderten Individuen sind ja bereits das Ergebnis eines langen Anpassungsprozesses an eben jene Umwelt. Darum würden Abweichler vom bewährten Merkmalsbild kaum bessere Fortpflanzungschancen gewinnen. Daß dagegen bei einer Umweltveränderung die »Abartigen« größere Überlebenschancen erhalten, läßt sich an einem einfachen Beispiel demonstrieren.

Unter den Wasserflöhen in einem Teich sind einige mit dem zufällig entstandenen Merkmal »äußerst kältefest«. Solange die durchschnittlichen Wassertemperaturen gleich bleiben, haben diese Sonderlinge kaum Chancen, sich besser zu behaupten als ihre normalempfindlichen Artgenossen. Wird das Teichwasser jedoch durch Naturvorgänge einmal kälter, so würde dies für die Normalempfindlichen den Tod bedeuten, während die zufällig Kältefesten dank ihrer bis dahin »nutzlosen« Eigenschaft überlebten und die Art erhielten. Die erblichen Abweichler hätten sich als »stille Reserve« für den Fall von Umweltänderungen erwiesen.

Um damit erneut und nicht weniger gewagt auf den Menschen zurückzukommen: Unsere selbstverursachten Umweltveränderungen wären möglicherweise gar nicht so schlimm, wenn uns genügend erbliche Flexibilität gegeben wäre, sie zu verkraften; wenn es beispielsweise genügend Menschen gäbe, die einen Gegenmechanismus zu dem allgemeinen Erbverfall und die zunehmend schwächer werdenden Abwehrsysteme gegen Krankheiten besäßen, wie sie die Errungenschaften moderner Technik und Medizin mit sich bringen. Um die dafür notwendigen erblichen Merkmalsänderungen bereitzustellen, bräuchte die Natur aber viel Zeit. Unsere Eingriffe in die Umwelt, der Erbverfall, die Naturzerstörung und die Menschenvermehrung auf der Erde gehen viel zu rasch und zu nachhaltig vor sich, als daß wir auf einen solchen »genetischen Anpassungsprozeß« hoffen könnten. Er würde viel zu lange dauern, um die Gefahr mit biologischen Mitteln noch bannen zu können.

Die auslesenden Umweltfaktoren wie Temperatur, Feinde, Nahrungsangebot, Salzgehalt bei wasserlebenden Tieren, Wetterfaktoren, geographische Gegebenheiten und andere begünstigen nur die jeweils Geeignetsten, sie dezimieren die weniger Angepaßten oder lassen sie sogar aussterben. Aber in einigen wenigen Fällen, in einem oder zwei Prozent vielleicht, bringt eine Mutation auch einmal einen Vorteil für ein Lebewesen mit sich. Solche neuen Merkmale können zweckmäßiger funktionierende Organe sein. Es kann sich darum handeln, daß ein Tier auf Umweltreize rascher, abgestufter, differenzierter zu reagieren versteht, daß es größer oder kräftiger gebaut ist, schneller fliehen kann, eine bessere Tarnfarbe besitzt oder andere Vorzüge hat. Die Folge ist: Es kann sich erfolgreicher fortpflanzen. Es kann mehr Nachkommen mit den gleichen vorteilhaften Merkmalen hervorbringen als seine unveränderten Artgenossen, die nun allmählich verdrängt werden. Auf diese Weise wandelt sich ganz allmählich das Erscheinungsbild der Arten. Neue Typen entstehen, die den jeweiligen Umwelten besser gerecht werden, die dank neu erworbener Merkmale auch neue

Lebensräume besiedeln können oder andere Arten aus ihrem angestammten Verbreitungsgebiet verdrängen.

Halten wir also fest: Der naturgegebene Vorgang, durch den erbändernde Ereignisse – Mutationen genannt – mit einer bestimmten Häufigkeit auftreten, spielt der Umwelt als prüfender Instanz immer wieder neue Merkmalskombinationen zu, so daß die Auslese langsam, aber sicher für immer besser angepaßte Lebewesen sorgen kann und die weniger Geeigneten gleichzeitig verdrängt. Das geschah nicht nur mit jenen ersten, vermehrungsfähigen Gebilden aus Nukleinsäuren und Eiweißen, damals, als das Leben begann, sondern es geschieht überall, wo Leben ist – von der einzelligen Alge bis hin zu den Menschenaffen. Und es betraf ursprünglich auch uneingeschränkt den Menschen.

Verallgemeinernd läßt sich sagen, daß die heutige Artenfülle auf der Erde im Grunde nichts anderes ist als das Ergebnis des Zusammenwirkens zweier sich ergänzender Vorgänge: dem der richtungslosen und zufälligen Erbänderungen im Bereich der Nukleinsäuren, und dem der anschließenden Auslese unter den erblich unterschiedlichen Lebewesen je nach deren Eignungsgrad in ihrer (sich wandelnden) Umwelt.

Manche Kritiker der Evolutionstheorie sind allerdings auch heute noch nicht in der Lage, sich vorzustellen, daß es »nur« gewissermaßen ziellos wirkende Kräfte gewesen sind, die sowohl das Leben einst entstehen ließen, als auch für die stete Höherentwicklung der Arten zu immer besser angepaßten Formen gesorgt haben. Sie verweisen bei Streitgesprächen gern auf Beispiele für besonders unwahrscheinliche Ergebnisse solchen »Zufalls«, wie etwa die Vielgestaltigkeit des Vogelgefieders, auf die Zweckmäßigkeit der Sinnesorgane, auf die Blütengestalten der Orchideen oder – natürlich – auf das menschliche Gehirn, dem wir abstraktes Denken, Liebesglück und das Wissen vom Zeitablauf verdanken. In seiner Einmaligkeit, so meinen sie, spreche das Menschenhirn allen materialistischen Zufallsthesen von seiner Entstehung Hohn.

In der Tat haben wir hier ein nicht gerade einfach durchschaubares Problem vor uns. Die Frage stellt sich, wie etwa auch das menschliche Auge mit seinen verschiedenen, für sein richtiges Funktionieren unerläßlichen Bestandteilen allein dank der natürlichen Auslese entstanden sein kann. Die Kritiker argumentieren ungefähr so: Wie sollte es möglich sein, daß zufällig und zeitlich nacheinander ausgerechnet jene Erbeigenschaften in der richtigen Reihenfolge aufgetreten sind, die das »sonnenhafte« Organ letzten Endes ausmachen? Da jede Mutation zunächst ein »Fehler« im Erbgefüge ist, wie sollte dann aus lauter Fehlern etwas entstehen, dessen erstaunliches Funktionieren wir jeden Tag aufs neue bewundern können?

Ein weiterer Gesichtspunkt ist, daß jede Erbabweichung für das betreffende Lebewesen vorteilhaft sein muß, wenn sie erhalten bleiben soll. Wo aber hätte der Vorteil eines Linsenkörpers oder einer Iris gelegen, wenn nicht alle anderen, zum Auge gehörenden Bestandteile schon vorhanden gewesen oder gleichzeitig entstanden wären? Muß man also nicht folgern, daß so komplizierte Gebilde wie das Auge oder das Ohr entweder auf einen Schlag dagewesen sind – was der Evolutionslehre widerspräche – oder überhaupt nicht zustande gekommen sein können? Wir können, so hört man gelegentlich von Kritikern Darwins, geradesogut annehmen, daß wir die Räder, Schrauben und andere Bestandteile eines Uhrwerks, die wir in einen Kasten getan haben, durch einfaches Schütteln dazu bringen, sich so zu ordnen, daß sie eine funktionsfähige Uhr werden.

Die Biologen haben diesen Einwand durchaus ernst genommen, aber sie haben ihn auch widerlegen können. Sieht man nämlich genauer hin, so setzt die These der Kritiker stillschweigend voraus, daß stammesgeschichtliche Vorstufen komplizierter Organe noch nicht funktionsfähig waren. Das ist aber nicht der Fall. Auch die Vorfahren des Menschen bis hinab zu den Amphibien und Fischen haben schon Augen. Selbst das »Urwirbeltier«, das Lanzettfischchen, besitzt lichtempfindliche Pigmentzellen. Alle diese Augen-Vorläufer waren und sind ihren Trägern nützlich, obwohl sie einfacher gebaut erscheinen. Man kann also den Einwand, komplexe Anpassungen seien mit der Mutations-Auslese-Theorie nicht zu erklären, mit dem Hinweis auf den langen Prozeß der Vervollkommnung eines Organs entkräften, dessen Vorstufen durchaus ihren – wenn auch abgestuften – Nützlichkeitswert hatten. Der Mutations-Ausleseprozeß, der zu komplizierten Organen führt, vollzieht sich in kleinen Schritten, unter denen auch nutzlose und schädliche sind – die von der Auslese verworfen werden –, deren vorteilhafte aber jeweils kleine Verbesserungen des bestehenden Zustandes bringen und deswegen erhalten bleiben.

Nicht wenigen Kritikern der Evolutionslehre fällt es aber allgemein schwer, den Ablauf jenes Geschehens nachzuvollziehen, das für die Entwicklung neuer und erfolgreicher Eigenschaften bei den Lebewesen ebenso wie für die Artenentstehung verantwortlich ist. Sie übersehen allzuleicht, daß der Zufall bei all den Anpassungen und Zweckmäßigkeiten, also auch bei der Entstehung des menschlichen Gehirns, nur im jeweils ersten Akt eines zumindest zweiteiligen Vorganges wirksam ist. Tatsächlich wäre es völlig ausgeschlossen, daß allein durch Zufall selbst im Zeitraum von Jahrmillionen ein Gebilde wie das einer Algenzelle in noch so kleinen Entwicklungsschritten hätte entstehen können, denn wie sollte der Zufall allein zu immer besseren Anpassungen an die Umwelt führen?

Der Zufall als einziger Regisseur auf der Bühne des Lebens hätte bei der Entstehung von derzeit mehr als 1,5 Millionen meist hervorragend angepaßter Tier- und nahezu 400000 Pflanzenarten tatsächlich auf hoffnungslos verlorenem Posten gestanden. Nur weil nachträglich die Auslese in Gestalt der Umwelt-Gegebenheiten eingreift, nur weil die Umweltfaktoren das vorgegebene »Spielmaterial« der erblich unterschiedlichen Individuen auf seine Eignung hin prüfen und den Bestangepaßten schließlich bessere Vermehrungschancen verschaffen – nur deshalb konnten die zahlreichen Arten entstehen und auch höhere Komplikationsgrade erreichen. Nur deshalb haben wir eine so bunte belebte Welt. Und nur deshalb gibt es auch uns, die Menschen, mit unseren Gehirnen.

Mit diesen Fragen hatte sich im vorigen Jahrhundert auch der große englische Biologe Charles Darwin schon beschäftigt. Die Ergebnisse seiner Beobachtungen veröffentlichte er 1859 in seinem berühmten Werk *Die Entstehung der Arten* [9]. Darwins Theorie von der natürlichen Auslese, inzwischen längst gesichertes Wissensgut unserer Zeit, war damals auf die erbitterte Kritik der Kirche gestoßen. Wer Darwin folge, so erklärten die Theologen, der leugne die Geschichte von Adam und Eva aus der Bibel und stelle sich auf den Standpunkt, daß zottige Affen mit schlechten Manieren die Urahnen des Menschengeschlechtes gewesen seien.

Das war schlechterdings eine Todsünde. Aber es war nicht alles, was der alte Darwin zu hören bekam. Bis in unsere Zeit hinein verkannten und verkennen viele den Ausdruck »Kampf ums Dasein« *(struggle for life)*. Sie verstanden Darwin so, als hätte er behauptet, in der Natur setzten sich die Stärksten durch, indem sie die Schwächeren töteten. Das Mord- und Totschlag-Bild seiner Theorie hielt sich hartnäckig als eines der großen historischen Mißverständnisse, es wurde sogar zum Ursprung der verhängnisvollen Idee vom »Recht des Stärkeren«, das Darwin angeblich nachgewiesen haben sollte.

Richtig ist, daß Darwin den Ausdruck »Kampf ums Dasein« im Sinne eines Konkurrenzkampfes verstanden hatte. Tatsächlich ist der »Wettbewerb der Erbmerkmale« um den jeweils größten Auslesevorteil ein vorwiegend friedliches Geschehen, dessen Ergebnis unterschiedliche Fortpflanzungschancen sind. Diese wieder wirken sich so aus, daß weniger geeignete Individuen einer Art von den besser Angepaßten allmählich ins Abseits geschoben werden und unter Umständen auch aussterben.

Für all das gibt es in der Natur zahlreiche Beispiele. Die Rivalitätskämpfe der Hirsche, die sich mit ihrem Geweih nicht töten, sondern in »Schiebekämpfen« nur ihre Kräfte um die Gunst der weiblichen Tiere messen, die Komment-kämpfe unter Schlangen ohne Einsatz der Giftzähne, die zähnefletschenden Wölfe, deren Aggression sofort erlischt, wenn der Artgenosse am Boden die Unterwerfungsgeste macht – man braucht die Aufzählung nicht fortzusetzen.

Natürlich läßt sich einwenden, das Getötetwerden spiele bei der Auslese der Tauglichsten doch noch eine gewisse Rolle. Beim Angriff eines Bussards auf zwei spielende Junghasen geht es ja durchaus um Leben oder Tod. Wenn der Greifvogel die beiden aus der Luft erspäht hat und zum Angriff ansetzt, mag einer der beiden Hasen den herabstürzenden Vogel um Sekundenbruchteile eher bemerken und gerade noch rechtzeitig hakenschlagend in den Bau entwischen. Der andere dagegen fällt den Fängen des Vogels zum Opfer, weil er um eine Spur unachtsamer war. Findet hier nicht doch ein brutaler Daseinskampf auf Gedeih und Verderb statt?

Es scheint nur so! Denn man muß unterscheiden zwischen dem auslesenden Vorgang in Gestalt des tötenden Bussards und dem Wettbewerb der Erbmerkmale, der sich allein zwischen den beiden Jungtieren abspielt. Der achtsamere Hase überlebt. Er hat damit die Chance, seine vorteilhafte Anlage – die einer größeren Aufmerksamkeit – weiterzuvererben, während der unachtsamere Artgenosse an der Weitergabe seiner Anlagen gehindert wird. Nicht die Hasen kämpfen, sondern die Umwelt führt die Auslese durch.

Dieses Beispiel mag ein weiteres Mißverständnis ausräumen, dem die Entwicklungslehre in der Biologie häufig begegnet. Es zeigt nämlich, daß die Auslese, die Selektion, im Grunde richtungslos oder, wenn man so will, »planlos« wirkt. Denn der einzige Ansatzpunkt, den sie hat, sind ja die ihrerseits richtungslos auftretenden Erbabweichungen (hier die unterschiedlich aufmerksamen Hasen), während der Maßstab, nach dem sie selektiert, wiederum nur die gerade herrschenden Umweltverhältnisse sind (hier der jagende Bussard). Ebensogut könnte das Klima oder das Nahrungsangebot der auslesende Umweltfaktor sein.

So ist zu schließen: Die Lebewesen unseres Planeten sind weder Zufallsprodukte, noch sind sie die Ergebnisse eines erlauchten Planes, der von Anfang an mit dem Ziel bestanden haben könnte, den Menschen als Krone der Schöpfung hervorzubringen, so hilfreich für den Seelenfrieden mancher Menschen diese Vorstellung auch sein mag. Alles deutet vielmehr darauf hin: Wir und mit uns die Welt des Lebendigen sind das Resultat ungezählter Augenblicksentscheidungen, die ohne jede »Voraussicht« erfolgt sind; wir alle sind von Kräften geschaffen worden, die gar nicht anders konnten als für die jeweilige Gegenwart zu wirken. Daß es unter diesen Umständen zur Evolution und zur Höherentwicklung der Arten kam, mag zwar überraschen, ist aber zwangsläufig, wenn man das Prinzip von Mutation und Auslese konsequent durchdenkt. Erstaunlicher mutet an, daß so viele unter uns sich die Zweckmäßigkeit von Verhaltensweisen oder Organleistungen nicht anders als von einem göttlichen, das heißt menschenähnlichen Geist erschaffen denken können, und daß sie der »Materie« so wenig zutrauen.

Um solche Denkschwierigkeiten zu bewältigen, sollte man wissen, daß das Ergebnis »planlos« wirkender Kräfte durchaus den Eindruck eines Planes machen kann, solange nur ein Bezugssystem – die Umwelt – existiert, in das hinein entwicklungsfähige Größen – die Lebewesen – sich immer wieder integrieren müssen oder von der Auslese integriert werden, um nicht auszusterben. Genau dieses Prinzip aber sehen wir auf der Erde verwirklicht.

So gesehen, ist also auch der Mensch ein Evolutions-Produkt. Zahlreiche Merkmale seines Körperbaus und seines Verhaltens zeugen davon. Manches entdecken wir bei uns wieder, das sich schon bei unseren Ahnen im Tierreich, teils schon bei einzelligen Lebewesen bewährt hat. Dazu gehören die Nukleinsäuren in den Zellkernen als Träger der Erbinformation, die Nerven-, Sinnes- und Muskelzellen, der Magen-Darmkanal, das Blutgefäßsystem und vieles mehr. Alle diese Eigentümlichkeiten entstanden im Lauf von Jahrmillionen und wurden weiterentwickelt.

Wahrscheinlich während der Juraperiode vor 150 Millionen Jahren, als die ersten Säugetiere auftraten, begann sich jener Teil des Gehirns zu bilden, der die Menschengeschichte später so nachhaltig prägen sollte: die Vorderhirnrinde. Auch zahlreiche andere exquisite Errungenschaften gehen auf jene Zeit zurück, darunter das beim Menschen später wieder zurückgebildete Haarkleid, die Fähigkeit, die Augen auf »nah« und »fern« einzustellen, die geteilte Herzkammer für Körper- und Lungenkreislauf und die Warmblütigkeit. Mit der letzteren können die Säugetiere ihre Körperwärme unabhängig von der Außentemperatur konstant halten.

Sehr wichtig für die Entwicklung zum Menschen wurde auch die allmählich länger werdende Tragezeit bei den Menschenaffen und die längere Jugendzeit der Tiere. Jene Monate und Jahre, in denen die Alten die Jungen noch schützen und führen, standen jetzt als Lernperiode zur Verfügung. Das erwies sich als vorteilhaft, denn nun konnten die Jungen zunehmend mehr »Kenntnisse« erwerben und Verhaltensweisen annehmen, die über das bloß Ererbte hinausgingen. Hier schon bahnte sich an, was wir heute die »kulturelle Evolution« nennen: eine von der biologischen unabhängige Entwicklung, zu der den späteren Menschen dann endgültig der aufrechte Gang, der Werkzeuggebrauch und die Sprache befähigten.

Leider haben wir darüber noch kein lückenloses Bild. Wir wissen zwar, daß wir affenähnliche Vorfahren gehabt haben, aber wann und wie die Abspaltung der Menschenlinie von diesem Affenstamm vor sich ging und welche Ahnenreihe dann zum *Homo sapiens* führte, darüber breitet sich noch Nebel.

Auch die Frage, wo die Wiege der Menschheit stand, ist unbeantwortet. Nach spektakulären Knochenfunden der letzten Jahre gilt zwar wieder einmal Afrika als favorisierter Kontinent, doch brachten neu entdeckte Kieferknochen in Burma wieder Verwirrung in das Puzzlespiel. Viele Forscher suchen die frühesten Vorfahren des Menschen jedenfalls in

Asien statt in Afrika. Andere meinen, die Frühformen des Menschen könnten durchaus gleichzeitig sowohl in Afrika als auch in Asien entstanden sein. Wir werden also wohl noch eine Weile mit der Ungewißheit leben müssen.

Vor etwa 30 Millionen Jahren lebte im heutigen, damals noch dichtbewaldeten Ägypten ein affenartiges Wesen namens *Aegyptopithecus zeuxis,* das man für den gemeinsamen Vorfahren der Menschenaffen und Menschen hält. Nach Schädelknochenfunden südwestlich von Kairo zu urteilen, hat das Tier nur etwa fünf Kilogramm gewogen und ein Schädelvolumen von 30 Kubikzentimetern gehabt. Die starken Reißzähne der Männchen sollen mehr zu Drohgebärden als zum Beutemachen benutzt worden sein. Der *Aegyptopithecus zeuxis* oder ägyptische Verbindungsaffe habe nach Meinung seines Ausgräbers E. Simons intensive soziale Kontakte unterhalten und sei vermutlich der Vorfahr der Dryopithecinen gewesen, der späteren Vorläufer der Menschenaffen in Afrika [66].

Ziemlich übereinstimmend halten die Fachleute die sogenannten Ramapithecinen für die ursprünglichsten unmittelbaren Vorgänger des Menschen. Aufgrund von Knochenfunden lassen sie sich als noch halb äffische Baumbewohner mit fliehender Stirn denken, die vor etwa 15 bis 8 Millionen Jahren in Afrika und Asien gelebt haben. Wahrscheinlich richteten sie sich nur gelegentlich auf.

Entscheidend für den »Schritt zum Menschen« ist offenbar der Wechsel des Lebensraumes gewesen: Vor mehr als drei Millionen Jahren verließen die noch äffischen Vorfahren des Menschen aus Gründen, die wir nur vermuten können, den schützenden Urwald und drangen in Steppe und Savanne vor. Bezeichnenderweise begann das Großhirn erst danach, seine »menschlichen« Merkmale anzunehmen.

Warum die Vorfahren des Menschen den Urwald verließen, ist nicht bekannt. An und für sich bot ja der Wald gerade den Menschenaffen nicht nur Schutz, sondern während des ganzen Jahres auch reichlich pflanzliche Nahrung, er war ein geradezu idealer Lebensraum.

Vielleicht wich zu jener Zeit der tropische Urwald zurück, die Waldbestände schrumpften, so daß sich der Lebensraum für die Baumbewohner verkleinerte. So mag sich ihr Kampf ums Überleben verschärft haben. Vielleicht sahen sie sich aus diesem Grunde nach einem neuen Lebensraum um. Vielleicht lockte sie als hochentwickelte Primaten auch nur der Vorwitz in die Steppe – erste Regungen eines Neugierverhaltens, das den späteren Frühmenschen dann so stark beherrschen sollte. Offenbar hat jedoch die Steppe diesen Primaten aus einer Sackgasse ihrer Entwicklung herausgeholfen.

Machen wir auch hier einen Sprung in die Gegenwart und vergleichen unsere heutige Situation mit der von damals, so gibt es für die Menschen der übervölkerten Erde keine symbolische Steppe zum Ausweichen mehr. Vielmehr sind wir auf Gedeih und Verderb auf unseren schon weidlich strapazierten und ausgeplünderten Planeten angewiesen. Selbst der Sprung auf einen anderen Himmelskörper bleibt uns versagt, denn zusammen mit unserem Menschenüberschuß müßten wir auch die irdischen Lebensbedingungen in den Weltraum exportieren, was allenfalls den Verfassern von Science-fiction-Romanen gelingt.

Nach einer noch klaffenden Lücke von rund fünf Millionen Jahren traten dann die Australopithecinen auf. Zahlreiche Skelette dieser noch sehr primitiven Vormenschentypen sind in Südostafrika gefunden worden. Sie deuten darauf hin, daß der *Australopithecus* zwischen Menschenaffen und heutigem Menschen gestanden hat. Er könnte ein Zwischenglied gewesen sein, das zu einer Zeit von vor drei bis einer Million Jahren während des frühen bis mittleren Pleistozäns lebte. Der *Australopithecus* besaß stark schnauzenartig vorspringende Kieferknochen und eine fliehende Stirn, aber gegenüber dem Schimpansen hatte er schon ein deutlich vergrößertes Vorderhirn. Das läßt auf bereits gesteigerte geistige Fähigkeiten schließen, denn im Vorderhirn liegen zahlreiche Zentren, in denen kompliziertere Denkvorgänge und eine feinere Verarbeitung von Sinnesreizen möglich sind, darunter der Schläfenlappen und das Stirnhirn.

Der nächste Verwandte des *Australopithecus,* der *Homo habilis* (der »geschickte«), entwickelte sich offensichtlich aus Australopithecinen. Er ging mit Sicherheit bereits aufrecht. Sein Gehirn war etwa halb so groß wie das des heutigen Menschen, doch sein Gebiß ähnelte bereits dem unsrigen. Die Funde lassen auch vermuten, daß der *Homo habilis* schon primitive Steinwerkzeuge anfertigte und verwendet hat.

Der auf ihn folgende *Homo erectus* (der »aufgerichtete«) lebte vor etwa eineinhalb Millionen Jahren. Er unternahm weite Wanderzüge, wahrscheinlich verließ er auch den afrikanischen Kontinent und verbreitete sich über Asien und Europa, noch bevor die großen Eiszeiten einsetzten. Ein Verwandter des *Homo erectus,* der viele hunderttausend Jahre gelebt hat, ohne sich wesentlich zu verändern, dürfte der »Heidelberger« gewesen sein. Von ihm kündet der »Unterkiefer von Mauer«, einem Fundort in der Nähe Heidelbergs.

Ein noch höher entwickelter Frühmensch mit einem Hirnvolumen von 1150 Kubikzentimetern lebte vor etwa 250 000 Jahren in Europa, man hat ihn nach seinem Fundort den »Steinheimer« genannt.

Einen Übergang vom *Homo erectus* zum modernen *Homo sapiens* (dem »weisen«) sehen die Paläontologen neuerdings in einem Fund der amerikanischen Anthropologin Mary Leakey in der Nähe von Laetoli in Tansania. Es handelt sich um einen ziemlich genau 120 000 Jahre alten Schädel, der bereits ein Volumen von 1200 Kubikzentimetern aufweist: ein gewissermaßen ursprünglicher *Homo sapiens,* bei dem nur die fliehende Stirn und die dicken Augenbrauenwülste noch an die primitiveren Vorfahren erinnern. Die dritte Zwischeneiszeit (Riß/Würm), in der dieser Vertreter lebte, war zugleich eine Periode rascher Gehirnentwicklung. Was ging hier vor, daß wir vor rund 100 000 Jahren Individuen finden, die schon das Gehirnvolumen des heutigen Menschen erreicht haben?

Noch nicht sicher verwandtschaftlich einzuordnen ist der Neandertaler, der vor rund 100 000 bis 30 000 Jahren lebte und dessen Schädelform keine Beziehung zu dem »sapiens-

Urtyp« von Laetoli zu haben scheint. Wahrscheinlich muß man den Neandertaler, den *Homo sapiens neandertalensis,* als eine Seitenlinie zum modernen Menschen auffassen.

Der letzte Vertreter, den wir hier nennen müssen, ist der Cro-Magnon-Mensch, der vor 30 000 Jahren auftrat und mit einem Hirnvolumen von etwa 1400 Kubikzentimetern praktisch schon als »moderner Mensch« gilt, als *Homo sapiens sapiens.*

Kehren wir jetzt zurück zu den Anfängen des Menschengeschlechts, in jene Zeit, da unsere Vorfahren den Urwald verließen und das freie Grasland zu besiedeln begannen. Lassen wir dabei die noch offenen Fragen über unseren Stammbaum beiseite, was um so leichter fällt, als das, worüber wir sprechen wollen, von einer so oder so abgelaufenen Aufeinanderfolge bestimmter Vormenschentypen ziemlich unberührt bleibt. Verschaffen wir uns einen großen Überblick über die Vorgänge, die schließlich zum *Homo sapiens* mit seinem riesigen Großhirn führten.

Als Schlüsselfiguren in dem »Schauspiel der Menschwerdung« müssen offenbar die Australopithecinen gelten. Sie, die als erste die Steppe besiedelten, mußten ihre Lebensweise tiefgreifend umstellen. Im Grasland wechselten Perioden der Fülle mit solchen des Mangels an Nahrungspflanzen ab. Da es zeitweise nicht genug Pflanzliches zu essen gab, gingen die Australopithecinen dazu über, auch Tiere zu fangen und zu verzehren – aus den Pflanzenessern wurden die Allesesser.

Auch in der Art, wie er sich fortbewegte, mußte sich der Vormensch an die neue Umgebung anpassen. Da er kein ausgesprochener Schnelläufer war und auch keine »körpereigenen Waffen« wie Krallen oder lange Reißzähne besaß, sah er sich vielen Steppentieren unterlegen. Das mußte ausgeglichen werden. Es geschah erst einmal dadurch, daß er lernte, aufrecht zu gehen. Wollte er im hohen Steppengras Beute fangen, Angreifer entdecken oder sich orientieren, so mußte er sich hochrecken, ähnlich wie Hasen und Kaninchen nach Feinden Ausschau halten. Die neue Umwelt übte also einen sanften Zwang auf die neuen Besiedler aus, aufgerichtet zu gehen, und sie verschaffte denjenigen unter ihnen Auslesevorteile, die »gut zu Fuß« und besonders aufmerksam waren, die außerdem schnell reagieren konnten. Als Ergebnis der Umstellung wird der Vormensch also kräftige Beinmuskeln und schärfere Sinne bekommen haben.

Es muß vor mehr als drei Millionen Jahren gewesen sein, als die Voraussetzungen für die typische Haltung und den Gang des späteren Menschen entstanden. Skelettfunde bestätigen dies auch. Die Anheftungsstelle des großen Gesäßmuskels veränderte sich, so daß nun das Hüftgelenk gestreckt und der Oberschenkel stärker nach rückwärts bewegt werden konnten. Der Fuß wölbte sich und bekam jene federnde, zum Gehen besser geeignete Form. Die große Zehe vergrößerte sich. Die Kniegelenke ließen sich mehr und mehr durchstrecken. Am Hüftgelenk sorgte das *Ligamentum iliofemurale* für die Fixierung des Körpers in der aufrechten Haltung, zu der außerdem die Wirbelsäulenkrümmung beitrug.

Auch innere Organe machten einen Wandel durch. Beim Vierbeiner lasteten die Eingeweide beim Laufen noch auf der vorderen Bauchwand. Beim Aufrechtgeher drückten sie nun auf den Beckenboden, der seinerseits aus der umgewandelten Schwanzmuskulatur hervorging. Das hatte allerdings seine Risiken. Denn die neue Tragfläche für die Eingeweide mußte sowohl die Ausscheidungsöffnungen als auch – beim weiblichen Geschlecht – den Gebärweg offenlassen. Damit ergab sich die Gefahr von »Durchbrüchen« innerer Organe nach unten. Vor allem den Nieren an der hinteren Bauchwand drohte jetzt das »Abrutschen«. Während die Nieren beim Vierbeiner auf den Eingeweiden ruhen, wurden sie beim Aufrechtgeher künftig vom vergrößerten, umgekehrt u-förmigen, auf- und absteigenden Dickdarm gehalten. Zwar entwickelte sich ein derbes Bindegewebe und schützte die »Bruchpforten«, doch kam und kommt es auch heute noch immer wieder einmal zu Pannen wie dem Durchbruch von Eingeweiden als späten Preis für die Vorteile des Aufrechtgehens.

Im aufgerichteten Körper wandelte sich auch das Gehirn in der knöchernen Schädelkapsel um und vergrößerte sich. Einen Beitrag dazu leisteten unter anderem die Augen. Von »erhöhter Warte« sahen die Steppenbesiedler jetzt mehr als früher, es schärfte sich also der Gesichtssinn. Mehr und mehr fanden dabei die Augen zu ihrer späteren, das menschliche Gesicht prägenden Parallelstellung, die auch das dreidimensionale Formensehen möglich macht. Zugleich verbesserte sich die Fähigkeit zur Akkomodation, zur Scharfeinstellung auf einen anvisierten Gegenstand. Entsprechend dieser Veränderungen aber mußten sich die zugehörigen Gehirnabschnitte für die Verarbeitung optischer Reize vergrößern.

Im Gegensatz zu den Augen profitierte die Nase wahrscheinlich nicht. Solange das Riechorgan als wichtigste Orientierungshilfe des Vierfüßers nahe am Boden blieb, hatte es immer zu tun und blieb ein wirkungsvoller Signalgeber. Entsprechend gut entwickelt ist bei bodenlebenden Tieren daher die Verarbeitungszentrale für die Geruchsreize im Gehirn, das sogenannte Riechhirn. Hier trat beim Aufrechtgeher wahrscheinlich sogar eine gewisse Rückentwicklung ein.

Mit den freiwerdenden Armen und Händen dagegen konnte er jetzt viel mehr anfangen. Vor allem erwarb er mit seinen Händen wertvolle Instrumente zum Greifen, zum Tragen, zum Gestalten, wenn er auch den Daumen zunächst noch nicht sehr weit abspreizen konnte. Da Arme und Hände nun nicht mehr zum Hangeln und Klettern im Baumgeäst notwendig waren, standen sie für neue Aufgaben zur Verfügung. Der *Australopithecus* begann, mit Steinen zu werfen, mit Knüppeln und Knochenstücken zu hantieren, alles mögliche zu transportieren und irgendwann auch primitive Werkzeuge und Jagdwaffen herzustellen – wir kommen darauf im nächsten Kapitel zurück.

Man weiß von diesen ersten handwerklichen Versuchen durch erhalten gebliebene, ganz einfach zugeschlagene Steine, die dem Vormenschen offenbar schon vor Millionen

Jahren als Schlag-, Schneid- oder Schabwerkzeuge gedient haben, den sogenannten *pebble-tools*. Mit ihnen wird er damals begonnen haben, Äste, Knochen, Geweihstangen, vielleicht auch Felle und Pflanzenfasern zu bearbeiten. In dieser Zeit bildete sich allmählich auch das äffische »Wehrgebiß« zurück, weil es im selben Maße entbehrlicher wurde, wie der Frühmensch lernte, seine selbstgeschaffenen Geräte auch zur Verteidigung einzusetzen.

Vieles drang in der Steppe auf die Vorfahren des Menschen ein. Der anfangs noch ungewohnte Lebensraum hielt Reizvolles wie Gefährliches für sie bereit. Dem allem mußten sie sich stellen. Ihr Blick schweifte jetzt über weite Grasflächen. Ihr Gehör schärfte sich in der vergleichsweise stilleren Umgebung für noch wesentlich schwächere Geräusche als im Wald. Durch den vielseitigen Gebrauch ihrer Hände entwikkelte sich der Tastsinn. Und das alles blieb nicht ohne Folgen für jenes zentrale Organ, dem alle diese Reize zuflossen, das sie analysierte und mit sinnvollen Handlungen beantworten mußte. Mit einem Wort: Das Großhirn wuchs. Es qualifizierte sich. Bald erwiesen sich diejenigen Steppenbewohner als ihren Artgenossen überlegen, deren Gehirne zusätzliche Zellbezirke für rasche und zweckmäßige Verarbeitung der neuen Eindrücke besaßen.

Allerdings muß man einräumen, daß der Umgang mit primitiven Werkzeugen und die neuen Impulse für die Sinnesorgane *allein* die mächtige Großhirnzunahme noch nicht erklären. Das vermutet auch der amerikanische Zoologe Ernst Mayr, wenn er schreibt [42]:

»Es ist behauptet worden, daß die geschickte Benutzung von Werkzeugen einen starken Selektionsdruck auf die Zunahme der Gehirngröße ausübte, bis das Hirn groß genug war, seinen Träger zu befähigen, solche Gegenstände selber herzustellen. Die Entdeckung einer Kultur der Steinbearbeitung bei Hominiden (Menschenartigen, d. Verf.) mit recht kleinen Hirnen nötigt uns, unsere Vorstellungen zu modifizieren. Es ist jetzt wohl als wahrscheinlich anzusehen, daß die Benutzung von Werkzeugen ein altertümlicher hominider Zug ist ... Gebrauch und vielleicht sogar Herstellung einfacher Werkzeuge erfordern keine bedeutende Zunahme der Hirnkapazität, noch setzten sie eine grundlegende Umkonstruktion der Vorderextremitäten voraus. Arm und Hand änderten sich bemerkenswert wenig von dem Zeitpunkt an, als noch wesentlich mehr nach Ästen gegriffen wurde, bis zu dem Moment, da sie zum erstenmal zum Klavierspiel oder zur Reparatur einer guten Uhr verwendet wurden.«

Für die stürmische Größenzunahme des Gehirns muß man also wohl noch etwas anderes verantwortlich machen, und dieses andere ist sehr wahrscheinlich die Sprache gewesen. Ihre Bedeutung als »Entwicklungshelferin« für das Gehirn läßt sich tatsächlich kaum überschätzen.

Gingen die frühen Ahnen des Menschen auf die Jagd, wollten sie den Angriffen gereizter, vielleicht verwundeter Raubtiere entgehen, so war es natürlich vorteilhaft, wenn sie sich auch über eine gewisse Entfernung hinweg durch Zurufe warnen und verständigen konnten. Auch wenn es galt, in kleinen Gruppen nach einem Plan vorzugehen, Erfahrungen auszutauschen, »Familienrat« zu halten oder sich über die Folgen eines bestimmten Handelns klarzuwerden und sie abzuwägen, war ein akustisches Verständigungsmittel hilfreich, eine Sprache also, die freilich über rein tierische Laute hinausgehen mußte.

Leider sind aus jener Zeit nur wenige Knochenfunde erhalten, die Rückschlüsse auf die Sprechfähigkeit unserer Urahnen vor zwei oder drei Millionen Jahren zuließen. Gerade die hier so wichtigen Kehlkopf- und Rachenknorpel versteinern ja nicht. Immerhin lassen die überlieferten Knochenreste doch manches vermuten. Schädeluntersuchungen zeigen, daß es in der Hals- und Kopfregion jener Vormenschen Merkmale gab, die sich vorteilhaft für das Sprechvermögen ausgewirkt haben dürften. Dazu gehörten die tiefe Lage des Kehlkopfes, die Ovalform der Zahnreihen, das lückenlose Nebeneinander der Zähne, das vom Kehlkopfknorpel getrennte Zungenbein und die gewölbte Form des Gaumens, unter dem sich die entsprechend gut bewegliche Zunge befand.

Vergleicht man die Unterkiefer eines Menschenaffen mit dem der frühen Menschen, so ist der frühmenschliche Zungenraum, jene wannenförmige Vertiefung zwischen der u-förmigen unteren Zahnreihe, viel breiter im Vergleich zu dem der Affen. Die Zunge als wichtigstes Sprechwerkzeug bekam dadurch noch mehr Bewegungsfreiheit. Zusätzlich kam diesem Spielraum zugute, daß ein »Affenhöcker« genanntes Knochenstück im Innenbogen des Affen-Unterkiefers beim Menschen nach außen verlagert ist. In beiden Fällen hält dieser Knochen die beiden Unterkieferhälften zusammen. Beim Menschen bildet er jedoch das typische vorstehende Kinn. Die Zunge bekam auf diese Weise innen noch mehr Platz, den sie zum Sprechen nutzen konnte.

Wenn wir also davon ausgehen können, daß sich dank der anatomischen Voraussetzungen allmählich eine Sprache zu entwickeln vermochte, so wird dies auch im Gehirn nicht ohne Folgen geblieben sein. Tatsächlich gibt eine Stelle am Schädel des *Homo habilis* auch einen Hinweis darauf. Von einem solchen Schädel hat man einen Gipsausguß angefertigt, der in der Schläfenregion ein kleines Grübchen erkennen läßt. Wenn die Zeichen nicht trügen, haben wir es hier mit einem ersten primitiven Sprachzentrum zu tun.

Natürlich wird man sich nun fragen, wie es im frühmenschlichen Gehirn anatomisch und funktionell zu Verbesserungen, zum Qualitätszuwachs gekommen sein könnte. Denkbar wäre hier eine zusätzliche Zellteilung während der embryonalen Entwicklung. Wie bei anderen Körpergeweben auch, so ergibt sich im Gehirn die endgültige Zahl der Nervenzellen nach einer bestimmten Anzahl von Zellteilungen. Jede Teilung verdoppelt die bereits vorhandenen Zellen. Schlösse sich nun an die letzte Teilung in einem bestimmten Gehirnbezirk noch eine weitere an, so entstünden dort auch doppelt so viele Nervenzellen und entsprechend mehr »Verschaltungsmöglichkeiten«. Neue Nervenbezirke für neue Aufgaben wären verfügbar.

Mit dem Übergang vom schützenden Urwalddickicht in die freie Steppe erfolgte der stammesgeschichtlich wichtigste Schritt in Richtung auf den *Homo sapiens.* Die aufrechte Haltung führte zum Werkzeuggebrauch, zu größerer Intelligenz und schließlich zur Sprache. Dabei wurden die Individuen mit besseren, reicher strukturierten Großhirnen von der Auslese gefördert, weil sie den Daseinskampf erfolgreicher bestanden. Der amerikanische Anthropologe W. La Barre meinte einmal scherzhaft: »Die eigentliche Erbsünde des Menschen bestand nicht darin, daß er die Frucht eines Baumes aß. Die Sünde war, daß er vom Baum herabstieg.«

Mit dem wachsenden Gehirn erwarb der werdende Mensch nicht nur seine Sonderstellung im Tierreich. Nach einer stammesgeschichtlich ganz kurzen Zeit befähigte ihn dieses Organ, alle erdenklichen Erdenwinkel zu durchstöbern und großenteils auch zu besiedeln. In der Wüste, den Polargebieten, auf hohen Bergen, auf und sogar unter Wasser – überall faßte er Fuß. Er wurde zum »Kosmopoliten«. Mit seinem forschenden Geist drang er in die submikroskopische Welt der Atome ein, mit seinen Fernrohren und Raumflugkörpern stieß er ins Universum vor. Dank seiner angewandten Technik machte er sich Bereiche zugänglich, die ihm aufgrund seiner körperlichen Beschaffenheit eigentlich hätten verschlossen bleiben müssen.

Vordergründig avancierte der *Homo sapiens* damit zum erfolgreichsten Säugetier, wenn auch dieser »Siegeszug« seinen Preis forderte. Mit seinen wachsenden Ansprüchen, seinem Streben nach immer mehr Besitz, verdrängte er andere Lebewesen oder rottete sie aus. Übermütig geworden durch seine Erfolge im Ringen gegen die lange als feindlich empfundene Natur zerstörte er sie, indem er große Teile der Erdoberfläche zu Industrielandschaften und Kultursteppen verwandelte. Sein Gehirn aber erwies sich bei alledem als getreuer Helfer.

Mehr und mehr dachte der Mensch auch über sein Leben und Sterben nach. Seine Herkunft, der Kosmos, Arbeit und Muße, Kunst, Wissenschaft und Technik, das Verhältnis der

Geschlechter, die Probleme des gesellschaftlichen Lebens und vieles mehr beschäftigten ihn. Ideologien, religiöse Gruppen und soziologische Systeme entstanden, auch zweifelhafte Heilslehren, die er zu verbreiten suchte, und sei es mit Gewalt. Religionskriege und blutige politische Auseinandersetzungen, so weit die Geschichte zurückreicht, zeugen davon, daß den *Homo sapiens* das Zusammenleben mit vielen Vertretern seiner Art vor immer wieder neue Probleme stellt. Der Gegensatz zwischen zwei Gesellschaftssystemen, dem kommunistischen und dem kapitalistischen, hat sich in letzter Zeit sogar derart zugespitzt, daß das Schlimmste zu befürchten steht. Und dies angesichts von Massenvernichtungswaffen, die ausreichen würden, die Menschheit in wenigen Stunden vom Erdball zu tilgen.

Wir können dieses Kapitel nicht abschließen, ohne noch über ein merkwürdiges Geschehen zu sprechen, das vor etwa 100 000 Jahren eingetreten sein muß. Seither nämlich hat sich das menschliche Großhirn nicht wesentlich weiterentwickelt. Das heißt, unsere Kinder kommen heute noch immer sozusagen mit den Gehirnen der Neandertaler zur Welt. Woraus umgekehrt folgt, daß ein Neandertaler, verfügte er über die heutigen Lern- und Bildungsmöglichkeiten, durchaus Facharbeiter oder, wenn er hochbegabt und fleißig wäre, sogar Nobelpreisträger werden könnte.

Warum das Denkorgan sich nicht weiterentwickelt hat, ist nicht geklärt. Es gibt nur Vermutungen. Vielleicht liegt die Ursache darin, daß die jeweils zusammenlebenden Gruppen und Gemeinschaften allmählich größer geworden sind. Das könnte erbbiologische Folgen gehabt haben. Denn je mehr Mitglieder solch ein Clan hatte, um so weniger konnten sich die Anführer mit ihren hervorragenden Erbeigenschaften genetisch verewigen, indem sie die meisten Nachkommen zeugten. Mehr und mehr kamen auch weniger intelligente Männer zum Zuge. Diese Entwicklung könnte den Selektionsdruck in Richtung auf qualifiziertere, eventuell auch größere Gehirne abgeschwächt haben.

Hätte sich das Gehirn weiterentwickelt, so aller Wahrscheinlichkeit nach dort, wo es stehengeblieben war: Die stammesgeschichtlich jüngsten Abschnitte wären weiter ausgebaut worden, die Zentren für die höchsten geistigen Fähigkeiten. Vielleicht hätte der Mensch noch solche Nervenzentren erworben, die ihm bei der Bewältigung seiner heutigen Überlebensprobleme nützlich gewesen wären. Dazu kam es aber nicht mehr. Die Gehirnentwicklung stagnierte. Größere Einsichtsfähigkeit blieb dem Menschen versagt – und das um so mehr, je stürmischer die Bevölkerung wuchs und die hochqualifizierten Mitglieder das Privileg hoher Nachkommenzahlen verloren. »Die soziale Struktur unserer zeitgenössischen Gesellschaft«, so drückt es der amerikanische Zoologe Ernst Mayr aus, »belohnt Überlegenheit nicht länger mit Fortpflanzungserfolg.« Auch dieser Sachverhalt wird uns später noch beschäftigen müssen.

III.
Anatomie eines Zeitzünders

Beschäftigen wir uns mit dem Gehirn als dem eigentlichen Risikofaktor für das Überleben des *Homo sapiens.* Untersuchen wir es auf seine Beschaffenheit. Klopfen wir es auf seine Leistungen ab und sehen wir uns vor allem die riesige Großhirnrinde an, die dachartig alle übrigen, stammesgeschichtlich älteren Gehirnteile überwuchert hat. In diesem »Neocortex« oder »Neuhirn« befinden sich alle für den Menschen typischen Zentren der sogenannten höheren Nerventätigkeit. Hier ist seine Gedanken- und Ideenküche, hier entstehen die Antriebe für sein Handeln.

Beim lebenden Menschen ist das Großhirn ein rosarotes, fest-elastisches, knapp drei Pfund schweres Gebilde. Mit seinen vielfachen Windungen und Falten sieht es aus wie ein unordentlich in einen Koffer gestopfter Teppich. Es ist, soweit wir wissen, die komplizierteste aller Materieformen im ganzen Universum.

Prinzipiell ist das Gehirn ein Körperorgan wie andere auch. Die Überlegung dazu ist einfach. Alle Lebewesen haben zwar ihre typischen Merkmale, doch sind sie in jedem Fall auch »Systeme«, die körperliche Signale und Umwelteindrücke empfangen und auf sie reagieren. Das Organ für diese Umsetzfunktion ist das Nervensystem, bei höheren Tieren und beim Menschen ist es das Gehirn mit seinen verschiedenen Abschnitten, vor allem dem Kleinhirn und der entwicklungsgeschichtlich imponierendsten Errungenschaft, dem Großhirn.

Mit den Maßstäben der Stammesgeschichte gemessen, ist das Großhirn noch sehr jung. Verfolgt man den Stammbaum der Wirbeltiere, so zweigte vor rund 200 Millionen Jahren von den Reptilien her eine Linie zu den Vögeln ab, ein anderer Zweig führte zu den Säugetieren. Manche Anthropologen behaupten, die klassische Gehirnentwicklung habe bei den Vögeln ihren Endpunkt gefunden. Die Säugetiere mit ihrem stürmisch sich vergrößernden Großhirn seien gewissermaßen Abweichler, Dissidenten auf der Lebensbahn. Das kann man sehen, wie man will. Seine gewaltigsten Ausmaße jedenfalls erreicht das Großhirn bei den Menschenaffen und schließlich beim Menschen. Es ist also erst »ein paar Millionen Jahre« alt. Der Riesenwuchs des Großhirns hat viele Vorzüge, aber auch Nachteile mit sich gebracht. Einer ist die Bürde bestimmter Gebrechen, die es bei Tieren nicht gibt, darunter die Geisteskrankheiten.

Grob anatomisch besteht das Großhirn aus zwei kalottenartigen Hemisphären. Ein Verbindungssystem mit vielen Millionen Nervenfasern, das *Corpus callosum* oder der Balken, verbindet die Teilstücke. Man kann davon sprechen, daß die linke Hälfte der rechten übergeordnet sei, weil alles, was uns hier bewußt wird, wegen der ebenfalls dort liegenden »Sprachzentren« auch mitteilbar ist. Die rechte Hälfte ist zwar auch ein hochentwickeltes Gehirn, doch kann es sprachlich nicht wiedergeben, was in ihm vorgeht. Man hat vermutet, in der rechten Hemisphäre existiere ein rätselhaftes anderes Bewußtsein, das im Dunkel bleibe, weil es sich durch die Sprache nicht äußern kann. Der Nobelpreisträger und Gehirnforscher John Eccles sieht in der rechten Hemisphäre gar den Sitz eines »nichtsprechenden Selbst«, von dem wir ebensowenig wüßten wie vom Bewußtsein der Tiere.

Wie arbeitet das Gehirn, dieses Wunderwerk aus Nervenzellen? Welches Geheimnis verbirgt sich hinter dem Bewußtwerden unserer Außenwelt, den Sinnesempfindungen, dem Denken, dem zweckmäßigen Verhalten? Wie kommt es zu einer Muskelbewegung, was regt eine Hormondrüse an, ihre Aufgabe zu erfüllen?

Die Antworten darauf sind, wenn überhaupt, so gewiß nicht leicht zu geben. Vor allem müssen wir uns fragen, ob es überhaupt gelingen kann, das Gehirn zu durchschauen. Für den Versuch zu erfahren, wie dieses Organ funktioniert, verfügen wir ja nur über die gleichen Mittel und Möglichkeiten, die es uns selbst in die Hand gibt: jenes Gewirr aus rund 14 Milliarden hochspezialisierten Zellen, aus Leitungsbahnen, Umschaltpunkten, aus Zentren und anderen Strukturen, die das »große verschlungene Knäuel« in unserem Kopf ausmachen.

Nach einem Grundsatz der Informationstheorie ist für das Verständnis eines Systems immer ein System von wesentlich höherem Komplikationsgrad erforderlich. Unsere Bemühungen müßten also Stückwerk bleiben, und wahrscheinlich bleiben sie es auch. Immanente Erkenntnisgrenzen schieben der Wißbegier einen Riegel vor. Andererseits besteht das Gehirn aus lebenden Zellen, aus Nervenzellen. Sie aber sind Lebenseinheiten, die prinzipiell den gleichen Gesetzen unterliegen wie andere Zellen auch. Nichts grundsätzlich Geheimnisvolles birgt ihre Gestalt und ihre Funktion. Das Erregungsmuster, der Signaltransport in ihnen kann nachgewiesen werden. Man kann Gehirnnerven künstlich reizen und dadurch Empfindungen auslösen, wie sie auch bei einem natürlichen Vorgang entstehen, etwa bei einem Geräusch. Schließlich gliedern »Schaltkreise« als funktionale Einheiten das Gehirn in bestimmte Bereiche auf, fast wie bei einem Rundfunkgerät.

Wie die Gehirnnerven funktionieren, darüber kann man im Tierversuch Genaueres durch eine geniale Technik erfahren, die sogenannte »Transport-Autoradiographie«. Dazu wird zunächst eine radioaktive Substanz, das heißt, eine Strahlung aussendende chemische Verbindung, in harmloser Menge ins Gehirn injiziert. In der Nähe der Einstichstelle nehmen die Nervenzellen die strahlenden Teilchen auf und transportieren sie durch ihre Zellfortsätze an die Kontaktstellen zu anderen Nervenzellen. Bringt man später einen strahlenempfindlichen Film in diesen Bereich, so zeigt er nach der Entwicklung unter dem Mikroskop die »Wanderwege« der eingespritzten Substanz. So läßt sich feststellen, welche Gehirnteile von den Nerven an der Einstichstelle mit »Nachrichten« versorgt werden.

Ähnlich nutzen läßt sich der Traubenzucker Glucose, der »Betriebsstoff« der Nervenzellen. Aktive Zellen brauchen viel, in Ruhe befindliche weniger Glucose. In eine Vene eines Versuchstieres injiziert man eine radioaktiv markierte Glucoseverbindung. Anschließend läßt man das Tier ein Geräusch hören. Wird das Gehirn daraufhin nach dem Verbleib der radioaktiven Substanz »abgesucht«, so läßt sich ausmachen, welche Gehirnteile beim Vorgang des Hörens mitgewirkt haben: Es sind jene, in denen sich die meiste Glucose befindet.

Wenn Sinnesreize oder andere Botschaften im Gehirn weitergeleitet werden sollen, dann setzt dies geeignete Strukturen voraus. Unsere Frage ist also: Wie sehen die Nervenzellen aus? Betrachtet man eine solche Zelle unter dem Mikroskop, so erkennt man einen Zellkörper von nur fünf bis hundert tausendstel Millimeter Durchmesser. Vom Zellkörper geht die Nervenfaser ab, ein langer, »Axon« (auch »Neurit«) genannter fadenartiger Ausläufer, der sich am Ende verzweigt. Außer dem Axon strahlen vom Zellkörper mehrere kürzere und verästelte Fortsätze ab, die Dendriten. Milliarden Nervenzellen oder Neurone bilden im Gehirn ein dichtes, scheinbar unentwirrbares, doch wohlorganisiertes Geflecht. Innerhalb der Zellen gibt es eine Art Arbeitsteilung: Die Dendriten empfangen Signale über die Axone anderer Nervenzellen, der Zellkörper nimmt die Informationen auf, verwertet sie und sendet über das Axon seinerseits Signale an andere Nervenzellen ab.

Diese Signale muß man sich als elektrische Impulse vorstellen, als extrem schwache Stromstöße. Sie eilen die Nervenfaser entlang, bis sie an eine Stelle kommen, an der die Faser auf eine andere Nervenzelle trifft. Hier endet der Weg in einer kleinen blasenförmigen Verdickung, dem »Endköpfchen«. Dieses Gebilde berührt jedoch die nächste Nervenzelle nicht direkt. Ein winziger Spalt von nur 0,2 millionstel Millimeter Breite liegt dazwischen. Endköpfchen, Spalt und Membran der folgenden Zelle zusammen nennt man »Synapse«. Bis hierher also läuft erst einmal der elektrische Impuls. Dann passiert etwas Merkwürdiges. Von der elektrischen Erregung aktiviert, wandern jetzt spezielle chemische Verbindungen – Neurotransmitter genannt – aus dem Endköpfchen in den Spalt zur nächsten Nervenzelle. Aus dem elektrischen Impuls wird gewissermaßen eine chemische Reaktion. Diese ihrerseits sorgt dafür, daß der Impuls in der anschließenden Nervenzelle sofort wieder in elektrische Erregung umgewandelt wird und weiterlaufen kann. Das alles geht sehr rasch vor sich – in etwa einer tausendstel Sekunde.

Der chemische Vorgang kann durch bestimmte Enzyme allerdings auch rasch gestoppt werden. Das bedeutet Einflußnahme auf die Erregungsleitung: Die Synapsen fungieren als Filterpunkte, als Regulatoren, die über Hemmung oder Weiterleitung von Nervenreizen entscheiden und den Informationsfluß im Gehirn steuern können. (Die Beschreibung muß hier notgedrungen etwas unscharf bleiben, weil über das Intimgeschehen an den Synapsen bisher noch nicht viel mehr bekannt ist als das Prinzip.)

Um es kurz zu sagen: Der Erregungsimpuls überwindet im Fall seiner Weiterleitung die Synapse wie ein Springreiter die Hürde. Eine chemische Reaktion ist zwischengeschaltet. Der Reiz läuft nicht kontinuierlich vom Ort seiner Entstehung zum Bestimmungsort, sondern ruck- oder stoßartig. Er kann auch bedarfsweise an ungezählte andere Nervenzellen umgelenkt werden. Daß dabei kein »Stromabfall« eintritt, keine Schwächung als Folge »länger werdender Leitungswege«, das verdankt das Nervensystem der Tatsache, daß die elektrische Energie in jeder Nervenzelle neu erzeugt wird, jede Zelle also zugleich ein kleines Kraftwerk darstellt [2, 13, 14, 60].

In den letzten Jahrzehnten ist auch Genaueres darüber bekannt geworden, wie die Impulse in den Nervenzellen entstehen und wie sie die Nervenfaser entlanglaufen. Auch dies ist ein faszinierendes Kapitel der modernen Gehirnforschung. Eine wichtige Rolle beim Zustandekommen eines Nervensignals spielen die zarten Umhüllungen, die »Membranen« der Nervenzellen. Wenn man besonders feine Geräte benutzt, so findet man, daß zwischen ihrer Innen- und Außenseite eine elektrische Spannung besteht, die bei ruhender Nervenzelle etwa minus 80 Millivolt beträgt.

Mit anderen Worten: Im Innern der Zelle befinden sich negativ geladene Atome und Moleküle (Anionen), außen vor der Zellmembran dagegen positiv geladene (Kationen). Dazwischen liegt die Membran oder Zellwand, die ähnlich wie ein Kondensator verhindert, daß die Ladung sich sofort ausgleicht. Im Gegensatz zum Kondensator der Elektrotechnik ist die Nervenzell-Membran allerdings teilweise durchlässig, so daß positive (Natrium-)Ionen zwar schwer, aber allmählich doch in die Zellen eindringen können. Um das »Ruhepotential« (jene rund minus 80 Millivolt) aufrechtzuerhalten, werden sie jedoch wie von einer Pumpe aus dem Zellinnern laufend wieder hinausbefördert. Die negativen (Kalium-)Ionen verbleiben indes im Zellinnern.

Wie kommt nun der kleine Stromstoß zustande, der Nervenimpuls? Dazu müssen wir wieder davon ausgehen, daß die Zellmembran in Ruhe nur schwer durchlässig für die außen befindlichen, positiven Natrium-Ionen ist. Empfängt die Nervenzelle jedoch an einer Synapse über einen Neurotransmitterstoff einen Reiz, so ändern sich die Verhältnisse schlagartig. Dann nämlich wird die Membran plötzlich besser durchlässig für die positiven Ionen. Sturzbachartig strömen sie nach innen, während zugleich Kalium-Ionen nach außen gerissen werden. Dabei bricht die Spannung zusammen, das Ruhepotential wird abgebaut. Und weil das Einströmen von Natrium-Ionen ins Zellinnere nicht nur zur elektrischen Neutralisierung führt, sondern für etwa eine zweitausendstel Sekunde »überschießend« wirkt, entwickelt sich im Zellinnern kurzfristig eine positive Ladung von ungefähr 30 Millivolt. So wird der Zelle eine elektrische Kraft zugeführt, die man »Aktionsstrom« nennt. Er ist letztlich die Folge einer Umpolung an der Zellmembran. Der Aktionsstrom pflanzt sich als Kettenreaktion entlang der Nervenfaser fort – ähnlich wie einmal angestoßene Dominosteine nacheinander umkippen.

Hat eine Umpolung an einer Stelle der Nervenzelle erst einmal stattgefunden, so wird sie – nach nur etwa einer tausendstel Sekunde – sofort wieder rückgängig gemacht. Unmittelbar nach dem lawinenartigen Einbruch positiver Natrium-Ionen »pumpt« die Zellmembran die Eindringlinge durch Poren wieder hinaus und stellt den alten Zustand wieder her. Nach einer kurzen Erholungsphase kann ein neuer Nervenreiz kommen und das Spiel sich wiederholen.

Die Ströme laufen also die Nervenfasern entlang und erregen an ihrem Ende andere Nervenzellen. Sie sind die Grundlage der geistigen Prozesse, des Denkens und Fühlens. Ohne die Aktionsströme gäbe es kein psychisches Erleben, ebensowenig könnten unsere Herzen schlagen oder der Mensch seine Muskeln bewegen. Mit ihrer Hilfe können wir im Fall einer Gefahr auch blitzschnell reagieren, zum Beispiel mit dem Zurückzucken der Hand vor einem heißen Plätteisen. In diesem wie in allen anderen Fällen, wenn Sinnesempfindungen bestimmte Handlungen auslösen, beteiligen sich sogar zwei Erregungswege: Im Falle des Plätteisens gelangt der Hitzereiz von den temperaturempfindlichen Hautstellen über sensible Nerven an einen Umschaltpunkt im Rückenmark, und von hier läuft reflexhaft der Befehl »Zurückzucken« über motorische Nerven an die Arm- und Handmuskeln.

Freilich erklärt das alles noch nicht die Tatsache, daß es »Signale« mit ganz verschiedenem Informationsgehalt gibt. Warum bedeutet der eine Nervenimpuls einen Befehl an einen Muskel, warum löst ein anderer eine Erinnerung aus? Wie kann es sein, daß Nervensignale die verschiedensten Gedanken und Empfindungen bewirken? Hier tappt die Wissenschaft noch sehr im dunkeln. Sind die Nervensignale etwa eine Art Morseschrift? Liegt das Geheimnis im Muster der Aufeinanderfolge von Pausen zwischen den Erregungsimpulsen?

Rätselhaft auch dies: Da ungezählte Nervenzellen im Gehirn jederzeit über ungezählte Schaltstellen elektrische Impulse erhalten und auf diese Weise Informationen austauschen, müßte eigentlich ein Informations-Chaos die Folge sein. Das ist aber nicht der Fall. Offenbar können die Nervenzellen trotz zahlreicher Anregungen immer wieder sinnvoll darüber entscheiden, ob sie ein Signal weiterleiten oder nicht, und wohin. Trotzdem sind wir gegenüber dem zentralen Nervensystem noch immer in der Lage eines Abiturienten, der in Physik zwar aufgepaßt und einiges über Schaltelemente gelernt hat, beispielsweise über Drosseln, Widerstände, Kondensatoren, Transistoren und Schwingkreise, aber nur wenig von Schaltplänen versteht, in denen die Einzelteile sinnvoll zusammenwirken, also um das Geheimnis ihrer Funktion im Verbund, etwa in einem Fernseh- oder Rundfunkgerät.

Auch vor den »Schaltplänen« im Gehirn stehen wir noch wie Laien vor einem großen Computer. Vereinfacht läßt sich sagen, daß wir es mit drei funktionell verschiedenen Nerventypen zu tun haben: Da sind erstens Nerven, die von den Sinnesorganen her kommen. Ihre Botschaften übergeben sie einer zweiten Nervenzellgruppe, den intermediären Neuronen. Diese senden ihrerseits Signale aus, die von anderen Neuronen empfangen, verarbeitet und erneut weitergeleitet werden, bis hin zu der dritten Gruppe, den motorischen Nerven. Sie sind die Befehlsübermittler. Sie stellen die Verbindung vom Gehirn zu Muskeln und Drüsen her, sie lösen als »Exekutive« unsere Handlungen aus.

Man kann also im zentralen Nervensystem eine Eingangs- oder Input- und eine Ausgangs- oder Outputseite unterscheiden, zwischen denen der »Verarbeitungsprozeß« stattfindet. Dabei übernehmen es die Nerven der Eingangsseite auch noch, die gerade wichtigen Eindrücke auszusieben und nur sie, und nicht ein Durcheinander aller möglicher, an die dafür zuständigen Zellbezirke im Gehirn weiterzuleiten. Ebenso zweckmäßig müssen die Verarbeitungsvorgänge und die Impulse der Ausgangsseite sein, damit unsere Hand, um beim Vergleich zu bleiben, statt zurückzuzucken, nicht etwa noch fester auf das Plätteisen drückt.

Zwischen Eingangs- und Ausgangsseite der Nerventätigkeit wird uns offenbar auch unser Ich und unser Erleben der Außenwelt bewußt. Hier haben Gedanken und Gefühle, Begreifen und Erkennen, Phantasie, Erinnerung und Willensakte ihren Sitz. Aber der Schleier, der über dem allem liegt, ist noch dicht. Zwar kennt man schon ziemlich gut die Anatomie der Zentren und Schaltwege für das große Feld des wachen Bewußtseins, doch die »weißen Flecke« sind noch zahlreich.

Offen ist auch die Frage, wie unser Gedächtnis funktioniert. Wenn sich jemand erinnert, durchlaufen Nervenimpulse das Gehirn auf anscheinend vorgebahnten Wegen. Wie es aber zu der Vorbahnung kommt, auf welchen Anstoß hin und wie die Laufstrecke »wiedergefunden« wird, ist noch unbekannt. Vielleicht liegt die Lösung bei den Synapsen. Es könnte sein, daß beim Einprägen eines Geschehens, eines Textes, einer Melodie, die hier beteiligten Synapsen gegenüber anderen aktiver sind und deshalb beim späteren Erinnern von der zunächst »suchenden« Nervenerregung bevorzugt werden. Ein bestimmter Laufweg für den Impuls wäre also vom Synapsen-Verhalten vorgeprägt. Er würde beim Erinnern immer wieder eingehalten ähnlich dem Wildwasser, das an seinem einmal gebahnten Bett im Gelände festhält und sich nur in außergewöhnlichen Fällen, etwa bei Hochwasser, neue Wege sucht.

Was aber sollen wir antworten, wenn jemand fragt, wie das kurzfristige, das mittelfristige und das langfristige Gedächtnis funktionieren? Wie unterscheiden sie sich voneinander? Wohl stimmt es, daß diese Gedächtnisarten existieren, aber erklären lassen sie sich mit plausiblen Denkmodellen noch nicht.

Was das Langzeit-Gedächtnis betrifft, so weiß man allerdings, daß es irgendwie mit einer eigenartigen Struktur in der älteren Großhirnrinde zusammenhängen muß, mit dem »Hippocampus«.

Schon in den siebziger Jahren sind schwedische, englische und amerikanische Forscher in dieser Hirnregion auf eine merkwürdige Erscheinung gestoßen. Reizt man im Tierversuch Nervenzellen des Hippocampus wiederholt in ganz kurzen Abständen – etwa hundertmal innerhalb von zehn Sekunden –, so verhalten sich die Zellen anschließend höchst sonderbar. Reizt man sie nämlich nach einer Ruhepause erneut, aber nur mit einem einzelnen kurzdauerndem Impuls, so erhält man ein »abnorm starkes Antwortpotential«, wie es in der Fachsprache heißt. Außerdem fällt auf, daß die Bereitschaft zu solcher »Überreaktion« noch stunden- und sogar tagelang weiterbesteht. Sollte hier das Geheimnis der langfristigen Speicherung von Gedächtnisinhalten liegen?

Aufgegeben haben die Neurologen jedenfalls die früher einmal vertretene Meinung, wonach es so etwas wie »Gedächtnismoleküle« geben könnte. Man hatte angenommen, es könnten beim Speichervorgang Stoffe im Gehirn gebildet werden, die entlang der Nervenfasern abgelagert würden, um dann beim Erinnern wieder in Funktion zu treten. Statt dessen spricht man heute von einer »Plastizität der Synapsen«. Man vermutet, daß wahrscheinlich schon vorhandene Moleküle in den Synapsen beim Merkvorgang biochemisch verändert werden. Später, beim Erinnern, könnten diese Moleküle dann dem Nervenimpuls sozusagen den richtigen Weg weisen. Auch dies ist freilich vorerst nur eine Hypothese [21]. Die Unverbindlichkeit der Worte zur Beschreibung des Komplizierten zeigen deutlich, wie schwankend der Boden ist, auf dem wir hier noch stehen.

Fassen wir zusammen, so ergibt sich nach dem heutigen Stand der Erkenntnis ungefähr folgendes Bild: Geschätzt wird, daß im Gehirn, dem »zentralen Nervensystem« des Menschen, etwa 14 Milliarden Nervenzellen oder Neuronen miteinander vernetzt und verflochten sind. Was diese Zellen leisten, kann man im Sinne eines kybernetischen Modells verstehen. Das heißt, die Gehirnfunktionen ähneln technischen Systemen, die auf bestimmte Eindrücke hin, sprich Eingabe von Zeichen oder Zahlen, bestimmte Prozesse durchführen und schließlich das Ergebnis auswerfen. So gesehen, lassen sich die geistigen Leistungen des Menschen als ein Ablauf von Aufnahme, Übertragung, Verarbeitung, Speicherung und Abgabe von Informationen verstehen, wobei sowohl auf der Eingabeseite (etwa das, was die Augen sehen) als auch auf der Empfängerseite (die Neuronen der Sehrinde) eine Auswahl getroffen wird. Die von außen kommenden Sinnesreize werden in dafür spezialisierten Zellen in eine Aufeinanderfolge von elektrischen Impulsen oder Spannungsstärken (Aktionspotentialen) verwandelt, wobei die Stärke des Sinnesreizes wahrscheinlich durch die mehr oder weniger hohe Frequenz dieser Potentiale ausgedrückt wird. Man kann also, was dies betrifft, von einer Art Codierungssystem sprechen.

Im »verarbeitenden« Nervensystem folgen dann zahlreiche Schaltvorgänge an den Synapsen, den Kontaktstellen zwischen den Neuronen mit dem Zweck, die Eindrücke auf das Wesentliche zu beschränken. Schließlich gelangt die Information über eine letzte Schaltstelle, den sogenannten Thalamus, in bestimmte Gebiete der Großhirnrinde, wo sie bewußt wird.

Aufschluß über die elektrischen Vorgänge im Gehirn gewinnt man mit Hilfe des »Hirnstrombildes« oder des »Enzephalogramms« (EEG). Das EEG kann Spannungsunterschiede von einigen millionstel Volt registrieren. Sie entstehen, wie wir gesehen haben, während der Nerventätigkeit. Man leitet sie über Elektroden auf der Kopfhaut ab und macht sie auf einem abrollenden Papierstreifen als Kurvenzüge sichtbar. Anhand solcher Kurven lassen sich auch Krankheiten des Gehirns feststellen, wie etwa Epilepsie, manche Stoffwechselanomalien oder Tumoren.

Über die »Arbeitsteilung« innerhalb der Großhirnhemisphären weiß man aus Versuchen mit Patienten, denen während einer Hirnoperation die Verbindung zwischen der linken und rechten Großhirn-Hemisphäre durchtrennt werden mußte. Diese Menschen verhalten sich im Alltagsleben ganz normal. Läßt man sie aber in einem Experiment bestimmte Aufgaben lösen und verwendet dazu Vorrichtungen, die es gestatten, über das Auge oder Ohr nur jeweils eine Hirnhälfte mit Informationen zu versorgen, so kann man herausfinden, was die rechte und was die linke Großhirnhälfte leistet. Es zeigte sich dabei, daß die linke Hälfte als eigentlicher Sitz des Bewußtseins vorwiegend für sprachliche und schriftliche Kontakte zur Außenwelt zuständig ist. In der rechten Hälfte dagegen werden Gegenstände und Formen erkannt, außerdem finden hier Abstraktionsvorgänge statt, z. B. die Zuordnung einzelner Sinneseindrücke zu übergeordneten Begriffen mit Hilfe der Erfahrung. Auch die Projektion aktueller Erlebnisse in die Zukunft oder Vergangenheit vollzieht sich hier. Die rechte Großhirnhälfte, das haben wir schon erwähnt, kann sich schriftlich oder sprachlich nicht äußern, dies ist der linken vorbehalten. Beim gesunden Menschen stehen beide Bewußtseinsbereiche natürlich in ständiger Verbindung. Über den »Balken«, das *Corpus callosum,* tauschen sie Informationen aus, ein Vorgang, bei dem über 200 Millionen Nervenfasern beteiligt sind.

Eine der interessantesten Fragen im Zusammenhang mit dem Gehirn ist die nach dem Ursprung des begrifflichen Denkens. Nach allem, was wir heute wissen, müssen schon beim Frühmenschen Anfänge dafür existiert haben. Einen Hinweis darauf gibt die Werkzeugherstellung, und hier müssen wir nun auf ein Merkmal eingehen, das den werdenden *Homo sapiens* von den Menschenaffen mehr und mehr zu unterscheiden begann.

Schimpansen können in ihrem Käfig Kisten übereinandertürmen, um an eine hochhängende Banane zu gelangen. Sie stecken auch kurze Bambusstöcke zusammen und angeln damit nach einer außerhalb des Käfigs liegenden Frucht. Sie verwenden auch Stangen als Hilfe beim Springen und Strohhalme zum Trinken. Es ist jedenfalls klar, daß wir es hier mit einer Art Werkzeuggebrauch zu tun haben: Das Tier benutzt ein Gerät, um mit seiner Hilfe etwas zuwege zu bringen, das es anders nicht schaffen würde. Ähnliches sieht man bei gewissen Finkenarten auf den Galapagos-Inseln: Sie gebrauchen kleine Hölzchen zum Stochern nach Insekten unter der Baumrinde. Auch gibt es Greifvögel, die Steine vom Boden aufheben, um Eierschalen mit ihnen zu zertrümmern.

Etwas ganz anderes ist es aber, wenn der Frühmensch etwa einen Ast zuspitzte oder einen Stein durch Zerschlagen so veränderte, daß eine scharfe Kante zum Schneiden entstand. Werden im ersten Fall nur zufällig vorhandene Gegenstände für eine unmittelbar anschließend zu lösende Aufgabe benutzt, so setzt die gezielte Bearbeitung einen schon fortgeschrittenen Denkprozeß voraus. Hier nämlich hat sich der Akteur geistig in eine erst später eintretende Situation hineinversetzt. Wenn er am Höhleneingang saß und Äste spitz schabte, dann dachte er vielleicht schon an die Jagd am nächsten Tag, bei der er sie als Wurfgeschosse oder Lanzen verwenden würde. Er dachte an künftige Schnitzarbeiten, wenn er handliche Steine zuschlug, so daß sie scharfgratige Ränder bekamen. Damit war eine höhere Stufe des Denkens erreicht. Der Schimpanse würde nicht auf den Gedanken kommen, sich verschieden geformte Zweige zu verschaffen und aufzubewahren, um in einer bestimmten Situation dann den jeweils geeignetsten zu benutzen. Dies wäre zuviel von ihm verlangt. Er kann nur für den Augenblick denken und handeln.

Die ersten aufrechtgehenden Steppenbewohner im Übergangsfeld zwischen Tier und Mensch waren da offenbar auch noch nicht viel weiter. Wie Funde vermuten lassen, haben sie zwar schon Steinwerkzeuge benutzt, doch waren es unbearbeitete, natürlich entstandene kleine Trümmerstücke, deren Beschaffenheit sich zum Aufschlagen von Nüssen, zum Schneiden oder Schaben eigneten (»Eolithen«). Erst später hat sich der Vormensch gezielt »Werkzeuge« geschaffen, indem er Steine zertrümmerte und anschließend in den Bruchstücken nach Brauchbarem suchte oder – noch später – die gewünschten Formen durch ein, zwei Schläge – Stein auf Stein – erzeugte.

Die vorausschauende Überlegung trat also erst mit der zielbewußten, auf zukünftige Tätigkeiten hin geplanten Bearbeitung auf, wobei die Gerölle erst nur von einer, später von beiden Seiten durch zahlreiche Zuschläge so geformt wurden, daß scharfe Arbeitskanten, Spitzen oder geschwungene Schneiden entstanden. Im ersten Fall also ein noch primitives Verhalten zur Bewältigung eines unmittelbar gegebenen, sicht- und greifbaren Problems, im zweiten das abstrakte, in eine noch unsichtbare, bloß vorgestellte Zukunft projizierte Denken.

Hier vollzog sich offenbar etwas, das den angehenden *Homo sapiens* über das Tierhafte seiner bisherigen Existenz hinaushob. Eine Qualitätssteigerung im Denkprozeß trat ein, die dem Tier versagt blieb. Auch Tiere besitzen zwar »Werkzeuge« in Gestalt mancher Körperorgane: Zähne und Krallen, Flossen und Greifhände. Auch den wärmenden Pelz, Muskeln und Sinnesorgane können sie – wenn man so will – wie »Werkzeuge« benutzen und – wie im Falle der Bambusstöcke – vervollkommnen. Aber sie können keine Werkzeuge herstellen. Handelt es sich im ersteren Fall um Gewachsenes, das nicht gezielt geschaffen wurde, so dient das gefertigte Werkzeug in einem viel stärkeren Maße dazu, vorhandene Möglichkeiten zu erweitern. Echte Werkzeuge sind Hilfsmittel, die die Natur effektiver machen: der Knüppel verlängert den Arm und erhöht die Wucht des Schlages, der scharfgratige Faustkeil schneidet tiefer und wirkungsvoller ins Fleisch, als der Zahn es vermag, der Grabstock reißt die Erde kräftiger auf als die bloße Hand, und der Bogen befördert den Pfeil weiter und sicherer, als der Arm ihn schleudern könnte.

Das alles aber ermöglichte das Großhirn. Dank neu erworbener Nervenzellbereiche konnten die »Großhirn-Wesen« aus früher Erlebtem allgemeine Gesetzmäßigkeiten ableiten. Diese wieder ließen auf zukünftige, noch gar nicht erlebte Situationen schließen. Das heißt, ein begriffliches, abstrahierendes Denken begann. Mit ihm war zugleich auch die geistige Grundausrüstung für jene schöpferischen Tätigkeiten geschaffen, die später in den Werken der Kunst, der Wissenschaft und Technik, aber auch in der Moral und Humanität, also schlechthin der Kultur, ihren Audruck fanden.

Spätestens der Cro-Magnon-Mensch vor 30 000, wahrscheinlich aber schon die Neandertaler vor 100 000 Jahren, werden sich weit mehr Gedanken über Leben und Tod gemacht haben als ihre Vorgänger, die »Heidelberger« oder gar die Australopithecinen. Sie sahen mit an, wie ihre Jagdfreunde starben und tot im Grase liegen blieben. Sie werden davorgestanden und sich überlegt haben: Das kann auch dir passieren. Vom Neandertaler wissen wir, daß er seinen Toten bereits Beigaben ins Grab legte. Glaubte er an ein Weiterleben nach dem Tode oder eine Art Jenseits? Mit dem Aufkommen solcher Regungen, dem Einfühlenkönnen in den Mitmenschen, wird auch jene Humanität begründet worden sein, die mit der geistig-kulturellen Evolution weiterentwickelt worden ist und heute als Bestandteil des Menschseins gilt.

Bleiben wir bei der Fähigkeit zur gezielten Werkzeugherstellung als einem der Merkmale, die den Menschen vom Tier unterscheiden. Seine Werkzeuge dienten ihm dazu, sich von der Natur unabhängiger zu machen, sein Leben angenehmer und sicherer zu gestalten. Mit ihrer Hilfe baute er Hütten, Häuser und Fahrzeuge, konstruierte er Maschinen, Waffen und Bedarfsgegenstände für sein tägliches Leben. Ohne den Werkzeuggebrauch im weitesten Sinn wäre der Mensch außerstande gewesen, sich die Natur in jenem Maße zu unterwerfen, wie wir es heute erleben: Ackerbau und Viehzucht, Wasser- und Waldwirtschaft, Bergbau, Land-, Wasser- und Luftverkehr – wohin wir blicken, überall ist die Natur in irgendeiner Weise »zum Nutzen« des Menschen eingespannt und verändert worden.

Es wäre jedoch verfehlt, wollte man alle diese Errungenschaften allein auf das begriffliche Denken zurückführen. Einiges mehr an geistigen Fähigkeiten kam hinzu. So vermag der Mensch, verschiedene Spielarten des eigenen Tuns »theoretisch« abzuwägen und deren Für und Wider im eigenen Interesse zu bedenken. Vieles, was beim Tier durch bloß instinkthaftes Verhalten fixiert ist, wurde beim Menschen der freien Entscheidung anheimgestellt, mit anderen Worten: Seine Unternehmungen wurden disponibel, sie konnten mit vorausschauendem Weitblick geplant und entweder so oder anders durchgeführt oder auch wieder verworfen werden, je nachdem, wie es ihm Erfahrung und Intelligenz nahelegten. Der Ganove kann sich überlegen, welche Chancen er beim Einbruch in ein Juweliergeschäft hat. Der Schachspieler bedenkt mögliche Züge seines Gegners für seine eigene Strategie, der Geschäftsmann wird eine Marktanalyse machen, bevor er ein neues Produkt herausbringt, und verantwortliche Eltern werden versuchen, soziale und wirtschaftliche Entwicklungen abzuschätzen, um erst dann ihren Kindern einen Beruf zu empfehlen, der ihren Anlagen entspricht.

Alles das spielt sich in der Hirnrinde zwischen »Input« und »Output« ab. Es geschieht in der rätselhaften Zwischenzone der intermediären Nerven, die unsere Sinneseindrücke verarbeiten und dafür auch auf früher gemachte Erfahrungen zurückgreifen können. Nach einer Stechmücke auf der Haut muß man nicht unbedingt schlagen, wie es der Reflex verlangt, man kann sie auch saugen lassen, vielleicht, um hinterher ein aufregendes Großfoto vom blutgefüllten Mückenleib zu machen. Der erfahrene Jäger weiß um den Vorhaltewinkel beim Zielen auf ein quer zur Schußrichtung fliegendes Rebhuhn. Raum und Zeit und viele andere Faktoren können als »Software« in den menschlichen Entscheidungsprozeß einfließen.

Jeder Einsichtige erkennt, daß bei alledem mehr im Spiel ist als nur begriffliches Denken, sondern das ganze umfassende Phänomen des Bewußtseins und der Intelligenz mitwirkt. Auch das »Innewerden« der Welt um uns mit allen Konsequenzen ist eine Leistung der Großhirnrinde, die wir bei Tieren schwerlich erwarten können. Dem Menschen wird offenbar nicht nur ein Abbild seiner Welt bewußt, sondern er hat auch eine Vorstellung vom eigenen Ich, von Vergangenheit und Zukunft, von der Spanne seines Lebens, vom Geborenwerden und Sterbenmüssen. Ein Schimpanse greift sich an die Stirn, auf die man einen Farbfleck gemalt hat, wenn man ihm einen Spiegel vorhält. Weiß er aber um sein begrenztes Dasein? Kann er sich eine Vorstellung von der Größe des Universums machen? Hat er die Fähigkeit zur Abstraktion? Nach allem, was wir aus dem Verhalten der Menschenaffen schließen müssen, stehen sie »geistig« zwar weit höher als die meisten anderen Tiere – die Delphine vielleicht ausgenommen –, doch beschränkt sich ihr Bewußtsein wahrscheinlich auf viel weniger Einzelheiten als beim Menschen. Schon die fehlende Sprache würde ihre Möglichkeiten zu differenziertem Denken und Handeln begrenzen.

Auch uns Menschen wird allerdings nicht die ganze Wirklichkeit um uns herum bewußt, jedenfalls nicht unmittelbar. Denken wir nur an unser eingeschränktes Farbensehen oder Hörvermögen, oder an unsere Ohnmacht, befriedigende Antworten auf sogenannte »Letzte Fragen« zu finden. Trotzdem läßt uns die Großhirnrinde einen entscheidend tieferen Einblick in die Welt um uns gewinnen. Wir können unseren Lebensraum »geistig durchdringen«, indem wir Fragen stellen, Experimente machen, Erfahrungen im psychischen Bereich sammeln und Apparate bauen, die die Fähigkeiten unserer Sinnesorgane steigern: Fernrohre, Mikroskope, Funkgeräte, Computer ...

Dabei sind die Gehirne, in denen soviel vor sich geht, nicht alle gleich. Ihre Leistungsfähigkeit ist verschieden je nach Erbanlage und erworbenem Wissen, und diese Unterschiede äußern sich im »Intelligenzgrad« eines Menschen. Unter Intelligenz versteht man gewöhnlich die Befähigung, sich in ungewohnten Situationen rasch zurechtzufinden und richtig zu verhalten. Während primitive Lebewesen in ihrer Umwelt ohne großen geistigen Aufwand auskommen, reagieren die höher entwickelten abgestufter oder differenzierter auf die Umwelt-Anforderungen. Beispiele sind der Nestbau der Vögel, der Dammbau der Biber, die »Sklavenhaltung« der Ameisen, die Bauten der Bienen oder Termiten, die unterirdischen Gänge der Maulwürfe und manches mehr. Der Mensch schließlich beeinflußt seine Umwelt systematisch im größten Maßstab, er tut es aktiv und unbekümmert, wie er es für richtig hält.

Bleiben wir beim Gehirn. Schon länger ist bekannt, daß das Bewußtsein erlischt, wenn Sauerstoffmangel, Blutverlust oder Medikamente die Nerventätigkeit lähmen. Bestimmte Krankheiten oder Verletzungen beeinträchtigen die Gehirnfunktionen oder lassen sie gänzlich ausfallen. Wird das Sehzentrum im Hinterhauptslappen der Hirnrinde zerstört, so erblindet der Betroffene. Entsprechendes geschieht, wenn Hirngebiete erkranken, in denen die Hör-, Riech- oder Tastnerven enden.

»Zentren« im Gehirn, das heißt, Zuständigkeitsorte für bestimmte Bewußtseinsbereiche, sind also Realitäten. Die Neurologen nutzen solche Erkenntnisse im Klinikbetrieb auch schon lange. Sie wissen, daß bestimmte Krankheitsbilder auf bestimmte gestörte Komplexe von Nervenzellen hinweisen. Lähmungen sind unweigerlich die Folge von Blutungen in der vorderen Zentralwindung. Wenn die dritte linke Stirnwindung (bei Rechtshändern) verletzt wird, kann der Patient nicht mehr sprechen – um nur zwei Beispiele zu nennen. »Seit vielen Jahrzehnten«, schreibt der Neurologe H. Rohracher, »bestimmen die Kliniker aufgrund solcher Ausfallserscheinungen den Ort im Gehirn, der geschädigt ist.« [60]

Rätselhaft dagegen ist es noch immer, *wie* sich die Zentren im Lauf der Gehirnentwicklung bilden. Zwar liefern die Erbanlagen die Information zum Aufbau der Nervenzellen. Auch die Zahl der Zellteilungen liegt fest, die zu der endgültigen Anzahl der Nervenzellen im Gehirn führt. Unbekannt aber ist noch, welcher Regelmechanismus dahintersteckt, daß sich »Zentren« bilden, und wie die notwendigen Verschaltungen dafür zustande kommen.

Daß wir vom Gehirn noch so wenig wissen, bedeutet freilich nicht, daß wir es mit grundsätzlich unlösbaren Fragen zu tun hätten. Wohl hat Rudolf Virchow einmal gesagt, naturwissenschaftliches Denken habe seine Grenzen und reiche nicht aus, das Weltganze zu erklären. Lassen wir das Weltganze aber dahingestellt und beschränken uns auf das menschliche Gehirn, so entsprach Virchows Auffassung von damals der eines Kindes, das nach zwei Mathematikstunden die Relativitätstheorie als für den Menschen zu schwierig hält. Die Gehirnforschung hat rasche Fortschritte gemacht und macht sie weiter. Mehr und mehr bisher Unbekanntes fügt sich, indem es mosaiksteinartig die Wissenslücken füllt, zu einem größeren und umfassenderen Bild zusammen. Gestern noch Rätselhaftes wird erklärlich. Es ist vielleicht nur noch eine Frage der Zeit, bis wir das Gehirn mit unserem Gehirn tatsächlich zu verstehen lernen.

Vieles ist beispielsweise heute schon über jene Gehirnstrukturen bekannt, die für die eigentlich menschlichen Eigenschaften verantwortlich sind. Zahlreiche Anhaltspunkte lassen den Einfluß ermessen, der vom Gehirn auf das menschliche Handeln ausgeht. Ein Beispiel sind Veränderungen des Charakters, wenn die Nervenzell-Systeme des Stirnhirns beschädigt werden, insbesondere die Gehirnwindungen an seiner Basis. Werden sie verletzt, fand der deutsche Neurologe K. Kleist, dann vermindert sich bei den Patienten die Fähigkeit zur Selbstkontrolle. Sie verlieren die Beherrschung, ihre Selbstachtung sinkt. Ausdauer, Mut, künstlerische Neigungen, falls vorhanden, lassen nach. Man könnte auch sagen, ein »Abbau der Persönlichkeit« tritt ein. Die Stirnhirn-Geschädigten scheinen ihre gute Erziehung zu vergessen, sie betragen sich ungehörig, nehmen weniger Rücksicht auf andere, und wenn sie bisher als achtbare und redliche Bürger galten, so fangen sie nun an zu lügen, zu betrügen und bringen es immer weniger fertig, sich als verantwortliche Glieder einer Gemeinschaft zu benehmen. Kleist, der nach dem Ersten Weltkrieg hirngeschädigte Soldaten untersuchte, fand bei ihnen auch eine allgemeine Leistungsschwäche des Gehirns. Die Patienten zeigten Ermüdungserscheinungen, waren vergeßlich, reizbar, und ihre intellektuelle Leistungsfähigkeit lag deutlich unter dem Durchschnitt. Nach allem, was in jüngerer Zeit über Persönlichkeitsveränderungen nach Schäden am basalen Stirnhirn bekannt geworden ist, dürften hier jene Hirnregionen liegen, in denen die höchsten psychischen Leistungen, Vorgänge oder Funktionen ihren Sitz haben.

Immer wieder werden auch Fälle bekannt, in denen

Kranke sich tiefgreifend psychisch veränderten, nachdem ihnen wegen einer bösartigen Geschwulst das Stirnhirn teilweise entfernt werden mußte. Geistig und charakterlich qualifizierte Persönlichkeiten verloren ihren inneren Halt und wurden aggressiv. Manche verhielten sich unerträglich schamlos. Alles das scheint darauf hinzudeuten, als säße im basalen Stirnhirn eine Kontrollstelle über die elementaren Regungen des Anstandes und sittlichen Benehmens. Ihr Verlust scheint die Schleusen für alles Triebhafte und selbstsüchtig Aufbrausende zu öffnen, vergleichbar den Zuständen des berühmten Mr. Hyde in Louis Stevensons Erzählung *Dr. Jekyll and Mr. Hyde,* in der sich der Titelheld mit einem selbstgebrauten Elixier zeitweise in einen abenteuerlichen Zustand wütender Unbeherrschtheit und sadistischer Schadenfreude versetzte, körperliche Veränderungen erlitt, ein fratzenhaft verzerrtes Gesicht bekam und seine Mitmenschen quälte und schockierte. Bekannt sind schließlich die Charakterveränderungen nach der (heute vermiedenen) »Lobotomie«, einer Gehirnoperation, mit der bei stark neurotischen, an krankhaften Angstzuständen oder unbehebbaren Schmerzen leidenden Patienten die Verbindungen zwischen Stirnhirn und Thalamus, einem Hauptteil des Zwischenhirns, durchtrennt werden.

Umgekehrt scheint es so, als schaffe das intakte basale Stirnhirn erst die Voraussetzung für das eigentlich Menschliche im Menschen. Offenbar befähigt es uns nicht nur zu sozialen Wesen, sondern läßt uns auch psychische Leistungen vollbringen, die weit über das hinausgehen, was wir von Tieren kennen.

Nicht zuletzt befinden sich im Stirnhirn der linken Großhirnhälfte die so wichtigen Sprachzentren. Auch dies weiß man aus klinischen Untersuchungen an Hirnverletzten. Es sind die Nervenzellsysteme für jenes Medium, dem der Mensch unter anderem seine kulturelle Evolution verdankt. Schon der französische Arzt Paul Broca, nach dem die Brocasche Sprachwindung genannt ist, konnte zeigen, daß die Zerstörung der unteren Frontalwindung die Betroffenen am

Sprechen hindert, wenngleich sie Sprache weiter verstehen können. Erst dann, wenn die obere Schläfenwindung geschädigt ist, das »hintere Sprachzentrum«, kann der Betroffene gehörte oder geschriebene Sprache nicht mehr verstehen. Diese Kranken können sich nur noch in einem verworrenen Jargon verständlich zu machen versuchen.

Da dem Sprechen normalerweise ein bestimmtes Denken vorausgeht, müssen wir auch nach dieser arteigenen menschlichen Gehirnleistung fragen. Wie kommt das Denken zustande, was spielt sich dabei im Gehirn ab? Vor allem: Warum können wir folgerichtig denken und tun dies auch meist?

Geht man davon aus, daß das Geistige, also auch das Denken, das Ergebnis oder die Begleiterscheinung elektrophysiologischer Umsetzungen in den Nervenbahnen ist, so muß es einen Grund geben, warum diese Prozesse jeweils so ablaufen, daß an ihrem Ende meist richtige, logische Schlüsse stehen. Immerhin wäre ja auch das Gegenteil »denkbar«.

Alles spricht dafür, daß wir dieses Problem stammesgeschichtlich sehen müssen. Offenbar ist uns das logische Denken aus der Frühzeit des Menschengeschlechts als Eigenschaft mit positivem Auslesewert überkommen. Diejenigen, die logisch dachten, werden gegenüber anderen mit weniger effizientem Denken bessere Überlebens-, also auch Fortpflanzungschancen gehabt haben – die Erbanlagen für die Voraussetzungen des richtigen Denkens konnten sich also ausbreiten.

Wie das Denken im Gehirn zustande kommt, darüber läßt sich vorerst nur spekulieren. Anscheinend bilden sich zahlreiche Erregungsmuster im Gehirn. Nervenimpulse durcheilen verschiedene Hirnbereiche, die miteinander kommunizieren, Beziehungen herstellen, in eigengesetzlicher Weise sich vergleichen, neue Kombinationen bilden und bestimmte Erregungsmuster schließlich in harmonischer Weise vereinen. An diesem Punkt hätte das Nachdenken ein Denkergebnis hervorgebracht. Dies kann gespeichert werden oder als Ausgangspunkt für neue Denkanstrengungen dienen.

Reaktionen auf Sinnesempfindungen, Denken und Sprechen, die Art der Gefühlsäußerungen und des Sich-Gebens – all das macht die Persönlichkeit eines Menschen aus. Fragen wir danach, was dahintersteckt, so sind auch hier bestimmte Erbanlagen beteiligt. Wäre dem nicht so, gäbe es in geistiger Hinsicht viel weniger Unterschiede unter den Menschen. Erbanlagen sind es, die über Zahl und Verschaltungsmuster der Nervenzellen entscheiden, vielleicht auch über deren Leistungsfähigkeit. Aber auch die Umwelt ist beteiligt, weil sie mitbestimmt, was aus einem Menschen wird und wie er wird. Erlernte Verhaltensweisen, Erziehung, Milieu prägen ihn im Rahmen dessen, was seine Erbanlagen zulassen. Mit anderen Worten: Der Genotyp, die Gesamtheit der Erbanlagen, legt die Grenzen fest, innerhalb derer sich ein Lebewesen geistig und körperlich entfalten kann. Die Auffassung, allein die Umwelt entscheide über die Eigenschaften eines Menschen, ist schon deshalb absurd, weil Menschen, die unter gleichen Umweltbedingungen aufwachsen, sich dann mehr oder weniger gleichen müßten. Das hat die Zwillingsforschung längst widerlegt. Im Gegenteil: In seinen Erbanlagen besitzt der Mensch einen natürlichen Schutz vor dem völligen Ausgeliefertsein und dem Manipuliertwerden durch seine Umwelt. Andererseits gilt: Um seine Individualität voll zu entfalten, braucht er Umweltverhältnisse, die seinen Anlagen möglichst gut entsprechen. Ein ausgesprochen musikalisch begabtes Kind, zum Beruf eines technischen Zeichners gezwungen, wird es am Reißbrett nicht weit bringen, und umgekehrt.

Eng mit dem Denken oder, wenn man so will, mit der Qualität des Denkens, hängt die Intelligenz zusammen. In welchem Maße sich bei einem Menschen Intelligenz entwickelt, darüber entscheiden zwar auch Lern- und Erfahrungsprozesse. Wie diese aber genutzt und verwertet werden, ob jemand ein höheres oder niedrigeres Intelligenzniveau erreicht, das hängt wieder von der ererbten Grundlage dafür ab, von den Nervenzellen, ihrer Leistungsfähigkeit und ihren Verbindungswegen, die unweigerlich »vorgegeben« sind.

»Genies werden geboren, nicht gemacht«, sagt der australische Nobelpreisträger und Gehirnforscher John Eccles. Sie werden zu Genies, fügt er hinzu, wenn sie »genau den Beruf, genau das Tätigkeitsfeld finden, das den außergewöhlichen Fähigkeiten ihres Gehirns entspricht. Die Umwelt ist nur für die Entwicklung und Verwendung unseres Erbes wichtig. Dies ist der Kern des uralten Problems der Natur- und Kulturbedingtheit.« [13, 14]

So unterschiedlich aber die Leistungsfähigkeit menschlicher Gehirne auch sein mag, in den Grundzügen dessen, was uns antreibt und wie wir auf Umweltreize reagieren, darin sind wir uns alle gleich. Uns alle drängt es nicht nur, unsere elementaren Lebensbedürfnisse zu befriedigen, sondern wir sind auch mehr oder weniger bemüht, einen möglichst hohen Lebensstandard zu erreichen. Fast alle Menschen hören gern Musik oder haben beim Hören von Musik ähnliche Gefühle, nahezu alle Menschen sind betroffen von ungewöhnlichen Schicksalen anderer und ähnliches mehr.

Uns allen gemeinsam ist auch eine stärkere oder schwächere allgemeine Erlebnisfähigkeit. Alles, was im Stirnhirn vor sich geht, wird beeinflußt von triebhaften Regungen, die vom Stamm- oder Urhirn ausgehen. Hier entstehen die Emotionen, die Gefühle, hier werden Konflikte geboren, die zu Unausgeglichenheit, zu gefährlichen Spannungen und Abgründigkeiten im Leben eines Menschen führen können. »Das Tier in uns«, sagt der Volksmund. Und wir wissen auch: Dieser Einfluß des Stammhirns kann so mächtig werden, daß unser Verstand, der normalerweise das Emotionale in uns unter Kontrolle hält, seine Autorität völlig verliert.

Die Erregungsmuster im Stammhirn können die verstandesbezogenen Prozesse im Stirnhirn gewissermaßen lahmlegen. Ist das Stammhirn durch ein Ereignis einmal hinreichend intensiv angesprochen, so setzt es die Steuerfunktion der Gehirnrinde stark herab. Der Mensch kann dann zeitweise »unzurechnungsfähig« werden oder »im Affekt handeln«. Beispiele dafür sind Wut- und Zornesausbrüche, ist aufwühlende Trauer, die einen Menschen mit zerstörender

Gewalt treffen kann, aber auch die sexuelle Vereinigung, wenn im Orgasmus ein Zustand außerhalb von Raum und Zeit erlebt wird.

Sieht man von solchen Ausnahmezuständen ab, so verlangen die immer gegenwärtigen Stammhirnerregungen zunächst nicht ein bestimmtes Verhalten, sondern sie sind merkwürdig ungerichtet. Sie lösen eigentlich nichts anderes aus als eine Art dumpfen Wünschens, das nach Erfüllung strebt. Solange die Erregung nicht übermächtig wird, kann dies durchaus vorteilhaft sein – sie kann sich als allgemeiner Antrieb zum Handeln auswirken. Die stammesgeschichtlich jüngeren Großhirnbezirke geben diesem Trieb sein Objekt, richten ihn auf ein Ziel, sei es auf einen bestimmten Menschen, den Besitz von Sachen oder die Bewältigung einer Aufgabe: das Urhirn als Motor, das Stirnhirn als steuerndes Organ. Das Ganze als noch höchst labiles Gespann, als ein Wagen, der von zwei allzuoft auseinanderstrebenden Pferden gezogen wird.

Wir können dieses Kapitel nicht abschließen, ohne noch die vielleicht entscheidendste Eigenschaft des Großhirns zu erwähnen. Es ist seine Neigung, den Menschen, solange er das Greisenalter noch nicht erreicht hat, zu immer höheren Leistungen anzuspornen und zu immer neuen Veränderungen seiner Lebensumstände zu bewegen, um ihm damit auch immer neue Wünsche zu erfüllen. Die weitaus meisten Menschen versuchen ihr Leben »sicherer«, »angenehmer«, »komfortabler« zu gestalten und es gegen unliebsame Zwischenfälle abzuschirmen. Sie wenden dafür ihren ganzen Scharfsinn und all ihre Erfahrung auf, sie schrecken zuweilen auch vor illegitimen Machenschaften nicht zurück, um zum Ziel zu kommen.

Eigenartig menschlich in diesem Zusammenhang ist eine spezielle Form der Neugier, die weit über das hinausgeht, was diese Bezeichnung bei höher entwickelten Tieren verdiente. Im Gegensatz zum Tier macht uns alles »heiß«, was wir noch nicht wissen, von dem wir aber annehmen, daß es existiert. Wir versuchen, das noch nicht Erfahrene zu ergründen, um die gewonnene Erkenntnis dann sogleich für unsere Zwecke zu nutzen. Ist das Ziel erreicht, so setzen wir alles daran, den Nutzen zu mehren, den die neue Erkenntnis gewährt, wobei dieser Nutzen vor allem in der Anhäufung materieller Dinge, der »Erleichterung« des Lebens und seiner Bedingungen und der Erfüllung immer neuer Bequemlichkeiten besteht. Meist geschieht dies auf Kosten oder unter Veränderung unserer Umwelt, manchmal auch zum Nachteil übervorteilter Mitmenschen. Es scheint uns unmöglich zu sein, mit stagnierenden Ansprüchen zu leben, eine Art steady-state-Verhalten zu praktizieren und einen gleichbleibenden Lebensstandard zu halten. Denn dort, wo dies der Fall zu sein scheint, da geschieht es unter Zwang, unter dem Druck der Umstände, der die Bäume nicht in den Himmel wachsen läßt. Tatsächlich wollen wir immer mehr und möglichst alles doppelt und dreifach. Und um dieses Mehr zu erzwingen, begeben wir uns auch auf heikle Pfade und spüren selbst gefährlichen Dingen nach, aus deren Anwendung uns erhebliche Risiken erwachsen können, wie etwa die Atomkernspaltung.

Woher dieser dunkle Drang kommt, können wir nur vermuten. Es muß ein uns innewohnender, vom Gehirn ausgehender Trieb zur Umweltveränderung sein, der uns drängt, einmal Erreichtes über kurz oder lang wieder aufzugeben und nach neuen Wegen zu suchen, die vermeintlich noch Besseres verheißen. Sind diese Wege gefunden, so verlassen wir sie nicht selten schon bald erneut, doch nur, um auch die nächsten Schritte alsbald wieder in Frage zu stellen.

Diese unsere Neigung wird geschickt auch noch von Werbe- und Verkaufsstrategien genutzt, wo die freie Marktwirtschaft die Möglichkeit dafür bietet. Man halte sich nur einmal die in rascher Aufeinanderfolge produzierten Kraftfahrzeugtypen, die Fernseh- und Rundfunkgeräte vor Augen, die Kameramodelle, die immerfort neu »kreierten« Armbanduhren und andere Gebrauchsgegenstände von eigentlich langer Lebensdauer. Man bekommt den Eindruck, als ob es sich hier nicht um Geräte handelt, die jahre- und jahrzehntelang benutzt werden könnten, sondern um Backwaren oder Aufschnitt. Als ob die ständigen Neuerungen den Benutzern nicht auch neue Bedienungsprobleme brächten und als Folge einer immer komplizierter werdenden Technik auch neue Fehlerquellen und damit Ärgernisse bescherten. Ganz offensichtlich ist der viel zu rasche Wechsel völlig überflüssig, zumal der jeweilige Gewinn an technischer Qualität oder Bedienungskomfort von Modell zu Modell meist so gering bleibt, daß er das rasche Verwerfen des bewährten älteren und den kostspieligen Neuerwerb gar nicht rechtfertigt. Stichworte wie Wirtschaftswachstum, Arbeitsplatzsicherung, Konkurrenzkampf, Modebewußtsein, Anspruchsverhalten und ähnliche deuten freilich an, welche Motive hier im Spiel sind.

Die ganze Wahrheit über den ungebärdigen Treibsatz, als welcher sich das menschliche Gehirn damit erweist und mit dem es seine Träger unablässig zu ruheloser Tätigkeit anspornt, werden wir jedoch so bald nicht ans Licht bringen. Wir werden aber versuchen, einige Gründe dafür aufzudecken. Vorerst soll es uns genügen zu wissen, daß dieser Antrieb, dieser Motor zum Ruhelosen existiert. Wir können ihn jeden Tag von neuem an uns selbst erfahren.

IV.
Die Ursachen des Urverhaltens

In diesem Kapitel soll demonstriert werden, wie das Großhirn jene Eigenschaften erwarb, die für den modernen Menschen so problematisch geworden sind. Ich möchte beschreiben, warum wir Menschen bestimmten Grundmustern des Verhaltens folgen, ohne uns eigentlich dagegen wehren zu können, ja ohne daß es vielen unter uns überhaupt bewußt wird. Es soll verständlich werden, warum uns dieses monströse Organ heute immer wieder dazu verführt, für unser Überleben schädliche Dinge zu tun und andere zu lassen.

Das Schlimme ist ja, daß wir in einer schon ausgeplünderten und übervölkerten Welt noch immer von den gleichen Antrieben beherrscht werden, daß wir prinzipiell die gleichen Wünsche hegen und Ziele verfolgen, wie sie unseren Urahnen während der »Menschwerdung« zugewachsen sind. Die vom Urmenschen damals für sein Überleben erworbene Ausstattung an Denkfähigkeit und technischem Geschick sind wir über die Jahrmillionen nie mehr losgeworden – manches hat sich sogar noch gesteigert. Es hat uns in die Lage versetzt, die Natur zu beherrschen und mit beispielloser Effizienz in ihr Getriebe einzugreifen. Zugleich haben wir uns nicht nur massenhaft vermehrt, sondern auch immer weniger kontrollierbare Wechselwirkungen in unseren Gesellschaftssystemen heraufbeschworen.

Hätte sich das Gehirn in den letzten hunderttausend Jahren weiterentwickelt, so könnte es die von ihm etablierten Verhältnisse vielleicht noch durchschauen und die Menschen in kollektiver Anstrengung Wege finden lassen, der drohenden Gefahr eines Untergangs im Chaos zu entrinnen. Doch das Gehirn, wir haben es erwähnt, ist »stehengeblieben«. Während die kulturelle Evolution weiterwirkte, hat es nur noch die Antriebe und Voraussetzungen für die Entfaltung von Technik und Industrie, von Wissenschaft, Wirtschaft, Kultur und Glauben geliefert, ohne gewissermaßen das Steuer in der Hand zu behalten. Es hat die Probleme geschaffen, die uns heute bedrücken, doch wird es immer weniger mit ihnen fertig. Es durchschaut sie nicht mehr. Als einstiges »Überlebensorgan« steht das Gehirn heute hilflos vor dem, was es bewirkt hat. Ruhelos wird die menschliche Gesellschaft von den gleichen Antriebskräften vorangetrieben, die ihren Ahnen in einer noch menschenarmen, unberührten Umwelt die Existenz sicherten, die aber heute im hohen Maße obsolet, also unangemessen geworden sind.

Die Gründe dafür, wie es dazu gekommen ist, müssen wir in der Vorzeit suchen. Im zweiten Kapitel haben wir darüber gesprochen, warum der Vormensch in der Steppe allmählich zum aufrechten Gang fand, wie er Werkzeuge herzustellen und zu benutzen lernte. Hier wollen wir der Frage nachgehen, welche neuen Aufgaben das Gehirn dabei bekam, welche speziellen Antriebsmuster, Steuerzentren und Eigenschaften es entwickeln mußte, und wie es dazu kam, daß der Zwang zur Lösung neuer Probleme sich in jenen Verhaltensweisen niederschlug, die auch uns heutige Menschen noch beherrschen. Mit anderen Worten: Wir wollen zeitrafferartig untersuchen, welche prägenden Auswirkungen die neuen Herausforderungen, Eindrücke und Erfahrungen des aufrechtgehenden Steppenbewohners auf sein Gehirn hatten, wie das zentrale Nervensystem darauf reagierte und welche neuen Merkmale es im Zusammenhang mit der neuen Lebensweise erwarb.

Unbestritten ist: Individuen, deren Körperbau oder Verhalten durch entsprechende erbliche Veränderungen dem vorteilhaften Aufrechtgehen entgegenkamen, werden es bei der Auseinandersetzung mit der neuen Umwelt leichter gehabt haben. Wo andere einem Feind, vielleicht einem gereizten Raubtier, zum Opfer fielen, da überlebten sie. Ihre Anlagen wurden von der Auslese gefördert. Sie bekamen größere Fortpflanzungsmöglichkeiten und konnten ihre Eigenschaften entsprechend weiter verbreiten als andere Stammesgenossen.

Zwangsläufig ergaben sich mit dem aufrechten Gang für das zentrale Nervensystem auch neue Aufgaben. Bisher ungewohnte Erfahrungen wollten verwertet sein. Neue Sinnesreize wurden empfangen und wollten zweckmäßig beantwortet sein. Dies gelang jenen am besten, die dafür schrittweise verbesserte, vergrößerte, auch neue Zentren im Gehirn entwickelten. Ergaben sich durch Mutationen zufällig neue oder vermehrte Verschaltungsmöglichkeiten, so verbesserte dies die Überlebenschancen. Dasselbe geschah, wenn sich vorteilhafte Veränderungen an den Nervenzellen selbst ergaben, beispielsweise solche, die der Erregungsleitung, dem Erinnerungsvermögen oder dem Denkprozeß zugute kamen. Eine Art wechselseitiger Beeinflussung fand statt: hier die neuartige Umwelt, die beherrscht sein wollte, dort die korrespondierende Anatomie, die Körperfunktionen und das Nervensystem, die ihr mehr und mehr gerecht werden mußten, wenn das Gehirnwesen bestehen wollte.

Bleiben wir konkret: Während die Augen der einstigen Baumbewohner noch an grünes Dämmerlicht gewöhnt waren, schweiften die Blicke jetzt über helle, weite Ebenen. Wolken und Sonne, Blitze und Himmelserscheinungen verschiedenster Art sah der Frühmensch nun mit neu erwachtem Interesse. Das wird seinem Nachdenken Impulse gegeben haben. Während im Wald allenfalls eine tagsüber hereinbrechende Dunkelheit ein bevorstehendes Gewitter oder einen Regenguß signalisierten, kündigte sich ein Wetterwechsel nun viel eher und mit zahlreicheren atmosphärischen Vorboten an. Die Steppenbewohner lernten, solche Zeichen zu deuten und sich auf die Folgen einzustellen. Wechselnde Windrichtungen und -stärken, die Bewegung der Wolken, größere Temperaturunterschiede als im Wald, Flächenbrände und das Verhalten der Steppentiere – all das ließ Rückschlüsse zu, mußte beachtet und dem eigenen Verhalten zugrunde gelegt werden. Es erlaubte vorsorgliches Handeln. So lernte der Frühmensch, seine Unternehmungen bewußter und immer erfolgreicher den Umständen entsprechend durchzuführen: die Jagd, das Beerensammeln, der Aufenthalt in gemeinsamen Lagern, der Wechsel zwischen Ruhe und Aktion.

Neue Möglichkeiten bot auch der Blick-Kontakt zu entfernten Hordengenossen und die Möglichkeit, sich über eine gewisse Entfernung Zeichen zu geben. Im Gegensatz zur Situation im Wald sah man das Wild jetzt schon von weitem, so daß es umzingelt werden konnte. Unter Sichtkontrolle war vieles einfacher. Zeichen mit Armen und Ästen machten allerlei Strategien möglich. Die Intelligentesten mögen sie erfunden und die Jagdrotte wird sie wirkungsvoll angewandt haben.

Weiter sehen zu können als im Wald, das erwies sich namentlich bei der Jagd auf die schnellfüßigen Steppentiere wie Antilopen und Gazellen, auch auf die – wie vermutet wird – als Leckerbissen geschätzten Paviane als nützlich. So machte die unter dem Selektionsdruck wachsende körperlich-geistige Geschicklichkeit auch immer wieder andere, der Situation angemessene jagdliche Techniken und Tricks möglich, die den Erfolg sichern halfen. Unvermeidlich »trainierte« der Mensch damit jene Antriebe, die Verhaltensmuster prägten wie »Beutemachen«, »Sichern des Lebensunterhalts durch Überlisten« und »Ausnutzen aller Chancen, die die Umwelt bietet«.

Was für die Augen galt, traf auch für die Ohren zu. Das Gehör verfeinerte sich, weil es jetzt nicht nur neue, sondern auch wesentlich leisere Geräusche hörte. Wie unterschied sich die Savanne oder Steppe vom Urwald? Der Wind trug Töne, Stimmen und Geräusche wesentlich weiter als im Pflanzengewirr des Dschungels und der Sümpfe. Andere Tiere brachten andere Laute hervor. Das Gräsermeer rauschte, zuweilen gab es auch eine große, vom Urwald her völlig ungewohnte Stille. Das alles ließ sich ausnutzen. Stammesgenossen mit lauter Stimme konnten ihren Gefährten schon von weitem eine nahende Gefahr oder einen Jagderfolg melden, Hinweise auf die Fluchtrichtung des aufgestöberten Wildes geben und manches mehr. Im selben Maß aber, wie das Gehör neue Eindrücke empfing, konnten sich auch die für akustische Sinnesreize zuständigen Gehirnabschnitte wandeln. Der vermehrte Informationsfluß kam einem zweckmäßigeren, der Situation angemesseneren Verhalten zugute.

Anders als mit Augen und Ohren erging es wahrscheinlich dem Geruchssinn. Auch wenn wir Menschen heute mit unseren Nasen sicher nicht entfernt mit denen der Frühmenschen hätten konkurrieren können, so muß man doch annehmen, daß deren Riechvermögen durch die Aufrichtung eher benachteiligt worden ist. Wir haben schon erwähnt, daß ein Riechorgan eineinhalb Meter über dem Erdboden weniger zu tun bekommt als eines, das dem Erdboden näher ist. Da die Aufrechtgeher auf ihre Nase außerdem weniger angewiesen waren wie etwa die schnelläufigen Fluchtspezialisten unter den Tieren (die den Feind vor allem »wittern«), wird ihr Geruchsvermögen von der neuen Lebensweise auch kaum profitiert haben.

Dafür nahm der »Aktionsradius« zu. Man hangelte jetzt nicht mehr auf begrenztem Raum im Baumgeäst umher, sondern empfand – wenn man so sagen darf – eine Art neuer Freiheit. Man streifte weiter herum, und dabei kamen dem Frühmenschen natürlich der aufrechte Gang und die erstarkenden Beinmuskeln zustatten.

Drei Neuerwerbungen vor allem brachten die Steppenbewohner in ihrer neuen Umgebung auf dem Weg zum *Homo sapiens* weiter: die Sprache, der Werkzeuggebrauch und das arbeitsteilige Leben im Sozialgefüge der zunächst kleinen, allmählich aber wachsenden Gemeinschaften. Alle drei Errungenschaften haben auch die Gehirnentwicklung stark beeinflußt.

Über die anatomischen Voraussetzungen dafür, Sprachlaute hervorzubringen, haben wir im zweiten Kapitel gesprochen. Auch viele Tiere können zwar Laute hervorbringen, jedoch bei weitem nicht so verschiedenartige wie der Mensch. Es sind »tierische« Laute mit begrenztem »Bedeutungsrepertoire«, während der Mensch ein außerordentlich vielgestaltiges akustisches Kommunikationsmittel entwickelt hat.

Schon früh werden wir die Sprache nicht nur im Kontext mit den zunehmenden Sinnesleistungen der Augen und Ohren sehen müssen, sondern auch mit der Fähigkeit, Werkzeuge herzustellen und zu gebrauchen, vor allem mit der gemeinschaftlichen Lebensweise im »Clan«. Sprechen ermöglichte vieles. Es diente zur Verständigung über das, was man tun oder lassen wollte, was man sich wünschte oder ablehnte, was man erlebt oder von anderen erfahren hatte, was man fühlte, worüber man sich grämte oder was einen freute. Es half mit, Mißverständnisse zu vermeiden und sich in bestimmten Situationen angemessener zu verhalten. Es ersetzte manch handgreiflichen Streit, indem es die Möglichkeit bot, sich zu beschimpfen statt zu verprügeln. So geriet die Sprache auch zum salonfähigen Mittel, »Dampf« abzulassen, was sie bekanntlich bis heute geblieben ist.

Kein Zweifel, die neuerworbene Kommunikationsform erwies sich als äußerst nützlich sowohl in der Auseinandersetzung mit der Umwelt als auch im Umgang mit den Mitgliedern des Verbandes, dem man angehörte. Sie machte vieles leichter, manches überhaupt erst möglich. Wer mit den gesprochenen Lauten am besten umzugehen wußte, wer sie bei der Nahrungssuche, auf der Jagd oder bei der Wahl des Geschlechtspartners am geschicktesten einsetzte, dem boten sich auch größere allgemeine Lebens- und Fortpflanzungschancen, so daß er sein erbliches »Talent« weitergeben und weiter verbreiten konnte. So machte die Sprache immer mehr »von sich reden«.

Versuchen wir einmal, ein anschauliches Bild zu gewinnen. Nach wenn auch vagen Schätzungen lebten vor zwei bis drei Millionen Jahren im ostafrikanischen Raum etwa rund 100 Individuen auf einer Fläche von 100 Quadratkilometern, also einem Quadrat mit je zehn Kilometern Seitenlänge. Die Erde war noch verhältnismäßig groß und leer, ihre unbeeinflußte Naturlandschaft stand als Herausforderung dem frühmenschlichen Tatendrang offen. Doch bevor es ans »Erobern« ging, galt es zu überleben. Das erforderte Geschicklichkeit und Intelligenz. Erleichtert wurde es durch die mehr und mehr über bloße Brumm- und Knurrlaute hinausgehende »Ursprache«.

Wie, zum Beispiel, war es bei der Jagd? Schnelle Steppentiere, die ihrerseits schon lange an die weitläufige Landschaft angepaßt waren und sich entsprechend vorsichtig verhielten, ließen sich nur mit List erbeuten. Bloßes Verfolgen wäre ein hoffnungsloses Beginnen geblieben. Man wird also Treibjagden veranstaltet haben, beispielsweise auf Hochebenen, an deren Steilhängen sich die Tiere zu Tode stürzten, oder in enger werdenden Tälern, wo man sie mit Wurfsteinen, Knüppeln, primitiven Speeren oder Schleudern erlegen konnte. Mit Hilfe zugeschlagener Gesteinsstücke oder Eolithen wird man das Wild dann in transportable Stücke zerlegt haben.

Da es bei alledem auf Kooperation ankam, werden sich die ersten Jäger auch schon durch Zurufe verständigt haben, primitive Laute vielleicht mit der Bedeutung von Feuer, Wasser, Wind, von »hierhin«, »dorthin«, »Vorsicht«, »laufen«, »stehenbleiben«, »verstecken«, »töten« und ähnliche könnten benutzt worden sein. Vielleicht hat es sehr früh auch schon Laute mit der Bedeutung von Zahlen gegeben, zunächst vielleicht nur solche für »einzelne« und »viele«, später für eins bis fünf (die Finger einer Hand), doch darüber kann man nur spekulieren. Unbestritten ist: Die Sprache, wie primitiv sie anfangs auch immer gewesen sein mag, setzte zur Verständigung das Tageslicht nicht mehr voraus. Denn was gesprochen wird, läßt sich auch im Dunkeln hören und begreifen. Es bedurfte jetzt nicht mehr gestikulierender Zeichen, um den Gefährten mitzuteilen, daß man Hunger oder Schmerzen hatte, daß ein gefährliches Tier ums Lager schlich oder die Geburt eines Kindes sich ankündigte.

Gemessen an ihrer Nützlichkeit als Instrument im Lebenskampf dürfte sich die Sprache rasch verbessert haben. Aus ersten »Urlauten« werden Tonfolgen und satzähnliche Bildungen entstanden sein. Der »Wortschatz« nahm zu. Und mit ihm wuchs das Sprachzentrum im Gehirn, das für die Verarbeitung des Gesprochenen zuständig war. Eine Art Wechselwirkung entstand, indem das Sprachvermögen vom Gehirn Impulse für immer neue Ausdrücke und Lautkombinationen erhielt, was die Sprache allmählich differenzierter und damit nützlicher zur Lösung praktischer und sozialer Probleme machte. Je vielfältiger die Ausdrucksmöglichkeiten wurden, um so zweckmäßiger konnte man sich in den verschiedenen Lebenslagen verhalten. Je leistungsfähiger aber das Gehirn, um so erfolgreicher wiederum konnten die Vorteile genutzt werden, die der zunehmende Wortschatz bot.

Vermutet wird die Existenz eines Sprachzentrums bereits beim *Homo habilis* – wir sprachen schon davon. Dort jedenfalls, wo es heute neben den Zentren für die Mundmuskulatur und das Gehör nachweisbar ist, entstand die nach ihrem Entdecker später so genannte Brocasche Sprachwindung in der dritten linken Stirnwindung des Großhirns. Wahrscheinlich begann sich damals auch das basale Rindengebiet des Stirnhirns zu vergrößern, in dem die Antriebsfunktionen, aber auch logisches Denken und Handeln ihre Bezugsorte haben. Mit einem Wort: Das typisch Menschliche am Menschen begann sich zu regen. Zusammen mit dem Werkzeuggebrauch ermöglichte es die »kulturelle Evolution«, jenes die biologischen Triebkräfte der Stammesentwicklung ergänzende, auf individueller Erfahrung und Tradition beruhende System der Umweltbeherrschung und Lebensbewältigung.

Greifen wir aber nicht vor. Zunächst gelangen dem Gehirnwesen immer schwierigere Dinge, und dies auch deshalb, weil die Geschicklichkeit der Hände unter dem scharfen Selektionsdruck rasch zunahm. Wer dank entsprechender Vorstellungskraft die besten Steinwerkzeuge herstellen konnte, war gefragt, wurde respektiert, trug mehr zum Jagderfolg und zum Lebensunterhalt bei als der Ungeschickte.

Stellen wir uns die Szene vor: Der Frühmensch hatte begriffen, wie zweckmäßig die scharfe, beim Zertrümmern entstandene Bruchkante eines Geröllstückes zum Zerteilen einer erbeuteten Antilope einzusetzen war. Anfangs wird er zufällig gefundene, scharfgratige Gesteinssplitter benützt und wieder weggeworfen haben. Später wird er sie aufgehoben und wiederverwendet haben – was schon einen höherwertigen Denkakt voraussetzte: die Überlegung, daß es immer wieder ähnliche Situationen geben würde, in denen das Werkzeug nützlich wäre.

Als nächsten Schritt wird der vorgeschichtliche Werkzeugbenutzer der Natur nachgeholfen und handliche Gesteinsbrocken gezielt erzeugt haben. Er wird also größere Geölle gegen eine Felswand geworfen oder sie mit einem Schlagstein zertrümmert haben, um sich aus den Bruchstücken dann die geeignetsten herauszusuchen. Vielleicht sind ihm kugel- oder eiförmige Geröllstücke auch beim Einhämmern auf Knochen zersprungen, wenn er versuchte, an das wohlschmeckende Mark zu gelangen.

Bruchkanten an Gesteinen können übrigens – je nach der Gesteinsart – nahezu Rasiermesserschärfe erreichen. Sie können sehr viel schärfer sein, als es je durch die sogenannte »Retouche« erzielt werden kann. Das ist jene später angewandte Bearbeitungstechnik, bei der an der Schneidkante manchmal nur winzige Gesteinssplitter durch Druck abgesprengt wurden, um die beim Gebrauch verminderte Schärfe wieder herzustellen.

Mit den ersten noch sehr primitiven – *pebble-tools* genannten – Werkzeugen hat sich der Frühmensch dann Jahrhunderttausende beholfen, ohne wesentlich von der bewährten Bearbeitungstechnik abzuweichen oder »Fortschritte« zu machen. Er ist dabei sicher nicht schlecht gefahren, zumal sich seine Lebensbedürfnisse damals über lange Zeiträume kaum verändert haben dürften.

Allmählich erst wandelte sich das Bild. Mehr und mehr dienten den frühen Vorfahren des Menschen die Arme und Hände für die verschiedensten Verrichtungen. Mit den beweglichen Fingern ließen sich zunehmend feinere Arbeiten verrichten. Wenn auch der Daumen noch nicht so weit abgespreizt werden konnte wie beim heutigen Menschen, so ging die Hand- und Fingerfertigkeit doch schon weit über jene

Klammerfunktion hinaus, die die Hände bei den baumbewohnenden Primaten vor allem hatten.

Bedenkt man weiter, daß die ersten »Produkte« aus Holz,
Stein oder Horn von der Form und dem Gebrauchswert her
einem ständigen *feedback* durch das Gehirn unterworfen waren, so ergibt sich, was die Steinwerkzeuge betrifft, der nächste Schritt fast von selbst: Früher oder später wird ein findi-
ger Kopf darauf verfallen sein, nicht nur die begehrten
Schneidkanten durch gezieltes Bearbeiten künstlich herzustellen, sondern durch die Bearbeitung des ganzen Steines
diesen der Hand anzupassen. Mit dem bewußten Bearbeiten
von Steinen jedenfalls begann eine neue Epoche. Die ersten
»Spezialwerkzeuge« entstanden, die Faustkeile, steinernen
Schaber, die Bohrer und Kratzer.

Wie nützlich diese Werkzeuge dem Frühmenschen gewesen sind, kann man sich denken. Betrachtet man solche
Fundstücke heute in einem Museum, so dokumentieren sie
auch die Evolution der Herstellungstechniken. Man sieht,
wie der Gebrauchswert mit der Zeit allmählich zunahm. Fin-
gerkerben entstanden, immer feinere Abschläge an den
Schneidkanten erhöhten die Schärfe. An manchen dieser Geräte sind Schneiden herausgearbeitet worden, die wie kleine
Sicheln gekrümmt erscheinen. Mit ihnen wird der Frühmensch das Fleisch von den Knochen, auch die Rinde von
den Ästen geschabt haben. Aus dem Krümmungsgrad der Si-
chelform läßt sich sogar auf den Durchmesser der bearbeite-
ten Knochen oder Äste schließen.

Andere Fundstücke könnten als Bohrer, wieder andere als
Mehrzweckwerkzeuge sowohl zum Bohren als auch zum
Schneiden und Schaben benutzt worden sein. Ganz nebenbei
ergab sich, daß damals wahrscheinlich noch keine ausge-
prägte »Händigkeit« bestand, denn zumindest unter den
Schabern und Kratzern der Zeit des »Heidelbergers« fanden
sich etwa gleich viele für den links- wie rechtshändigen Gebrauch [62, 63]. Heute hört man übrigens die Auffassung,
wenn jemand mit beiden Händen gleich geschickt sei, so
käme dies der Leistungsfähigkeit beider Großhirnhälften zu-

gute, die dann gleichermaßen trainiert würden, während ausgesprochene »Händigkeit« nur jeweils einer Hirnhälfte nütze.

Praktiker haben die alten Steinwerkzeuge untersucht, um herauszufinden, wie die Werkzeugmacher der Altsteinzeit die teilweise erstaunlich zweckmäßigen Formen hergestellt haben könnten. Sie stellten fest, daß der Frühmensch offensichtlich auf die Kante oder den Rand eines Geröllstückes von einer oder beiden Seiten mit einem geeigneten anderen Stein eingeschlagen hat, wobei der Schlagstein als Meißel oder Stößel diente.

Das verwendete Arbeitsstück mußte natürlich »amorph« sein. Es durfte nicht, wie bei kristallinen Gesteinen, in einer bevorzugten Richtung splittern, sondern die Abschläge mußten der Schlagrichtung oder der Richtung des Meißeldrucks folgen. Besonders gut eignete sich dafür der Feuerstein oder Flint, eine Quarz-Abart von außergewöhnlicher Härte. Er kommt in der weißen Kreide vor und diente bis in die Jungsteinzeit, ja sogar noch bis in die Bronzezeit als Rohmaterial für Waffen, Pfeilspitzen und Geräte, wurde in einer Art Bergbau gewonnen und galt als begehrte Handelsware.

Sicherlich nicht nur einmal, sondern wahrscheinlich wiederholt und vielleicht an mehreren Orten gleichzeitig hat der Frühmensch dann etwas sehr Wichtiges herausgefunden. Dank seiner schon fortgeschrittenen Fähigkeit, bestimmte Erfahrungen zu neuen Ideen zu nutzen – »Assoziationen« zu bilden –, kam er dahinter, daß eine steinerne Schneidkante subtiler zu bearbeiten war, wenn er statt des Steines zum Abschlagen einen Meißel aus weicherem Material benutzte. Er verwendete dabei Hartholz ebenso wie Horn oder Geweih. Das erforderte zwar mehr Fingerspitzengefühl, doch wird es für die Herstellung derart feiner Spitzen, Schneiden oder Schabkanten auch schon besonders talentierte »Spezialisten« gegeben haben: Besitzer besonders leistungsfähiger Vorderhirne, die damit über ein ungewöhnlich feinfühliges Steuerorgan für ihre Hände verfügten.

Ein so entstandenes Gerät jedenfalls stellte dann etwas

dar, das man heute ein »Qualitätswerkzeug« nennen würde. Mit ihm ließen sich steinerne Speerspitzen fertigen, die tiefere Wunden schlugen und das Wild sicherer und rascher töteten. Auch konnte das Fleisch erbeuteter Tiere jetzt viel sorgfältiger von den Knochen gelöst, die Eingeweide konnten säuberlicher entfernt werden. Gefangene Fische ließen sich besser aufschlitzen und entweiden. Eine hölzerne Speerspitze war präziser zu bearbeiten, wenn man sie vorher über dem Feuer härtete, Pfähle und Bohrlöcher im Holz konnten rascher und zweckvoller hergestellt werden.

Als noch fortschrittlicher erwies sich dann jene vor allem für kleine und kleinste Klingen und Pfeilspitzen aus Feuerstein angewandte Technik, bei der man den Rand des Arbeitsstückes gegen das Werkzeug, also gegen den Stößel aus Hartholz, Elfenbein oder Horn preßte und damit noch wesentlich kleinere Splitter abzusprengen vermochte als zuvor.

Sollten längere Späne aus einer Feuersteinknolle abgespalten werden, so wurde der Rohling auf eine harte Unterlage gelegt, ein Hartholzmeißel angesetzt und dieser mit einem Stein geschlagen. Vielleicht benutzten die frühen Werkzeugmacher auch ihre Brust, um einen wohldosierten Druck auf einen langen, nach unten gerichteten Druckstock auszuüben, unter dessen zugespitztem, gehärteten Ende die Flintknolle auf einem steinernen Widerlager aufsprang.

Wir wollen diese Beschreibung hier nicht weiter fortsetzen, denn es gibt eine umfangreiche Literatur darüber [5, 8, 30, 48]. Worauf es uns ankommt, ist die Frage, wie sich die zunehmende handwerkliche Erfahrung des Frühmenschen auf seine Gehirnentwicklung ausgewirkt hat und wie – umgekehrt – die neuerworbenen Fähigkeiten des Gehirns ihn wieder zu neuen Taten ertüchtigt haben. Dabei soll uns erneut ein Blick auf die frühmenschliche Umwelt helfen.

Wir sagten schon, daß die Altsteinzeitler wahrscheinlich in kleinen Horden zusammenlebten. Das hatte verschiedene Vorteile. Einerseits war die Jagd mit verteilten Rollen, mit Treibern und Jägern, für den an Schnelligkeit den meisten Steppentieren unterlegenen Frühmenschen die einzige

Chance, nennenswerte Beute zu machen, wenn wir einmal von Fallgruben absehen. Zum andern bot die Gemeinschaft Schutz und ermöglichte arbeitsteilige Aktionen. Als Unterschlupf dienten Höhlen, die mit zunehmender Individuenzahl freilich knapper geworden sein dürften. Eine erste »Wohnungsnot« wird den Frühmenschen damals angespornt haben, nach Auswegen zu suchen. Es werden Kämpfe um die Naturhöhlen geführt worden sein, vielleicht spielte sich das Leben auch noch teilweise im schützenden Wald ab. Der Frühmensch wird aber bei wachsendem Bedarf bald selbst damit begonnen haben, Höhlen zu graben. Später werden dann primitive Unterkünfte aus Geröllstücken und Ästen entstanden sein. Und das alles kostete Denkarbeit, denn die Schutzbauten mußten in der offenen Steppe weit stärker als im Wald vor Stürmen und Regengüssen, Bränden, auch vor Überschwemmungen gesichert werden.

Zu jener Zeit, da der Australopithecus seine Lebensweise so folgenreich veränderte, als er den Wald verließ und in die Steppe vordrang, dürfte sein Gehirn mit etwa 400 bis 650 Kubikzentimeter Inhalt noch nicht viel größer gewesen sein als das der Menschenaffen. Mit diesem noch primitiven Geistesapparat ausgerüstet, wird er als »Raubaffe« seine ersten Erfahrungen im offenen Grasland gesammelt haben. Es war allerdings auch die Zeit, in der dem Denkorgan rasch neue Aufgaben zuwuchsen.

Später wird es immer wieder kleine »Erfolgserlebnisse« gegeben haben, wenn eine besonders gelungene handwerkliche Arbeit vollbracht war, wenn sich zum Beispiel ein hervorragend scharfes oder vielseitig verwendbares Geröllstück auf der Jagd oder bei Arbeiten im Lager bewährte. Sicher ist, daß mit jeder neuen Arbeitstechnik und jedem neu entdeckten Material sich auch neue Möglichkeiten erschlossen, dem Leben neue Seiten abzugewinnen.

Wesentlicher mag allerdings etwas anderes gewesen sein. Wäre es nicht denkbar, daß damals die Verkoppelung eines Lustgefühls mit einer (damals vorwiegend handwerklichen) Tätigkeit entstand, also ein innerer, von Erfolgserlebnissen immer wieder beflügelter Antrieb? Müssen wir hier nicht die Wurzel für die ruhelose Betriebsamkeit jener Bastler- und Erfindernaturen suchen, die uns auch heute noch allenthalben begegnen und denen dieser Trieb »im Blut sitzt« wie anderen eine Sammelleidenschaft?

Mit jedem Fortschritt in der Arbeitstechnik gab es sicher auch damals schon eine Art Erfahrungsaustausch unter den »Herstellern«. Und diese gegenseitigen Anregungen werden im Lauf der Jahrhunderttausende zugenommen haben. Werkzeuge aus Stein, Holz oder Horn, feine Knochengeräte wie Nadeln und Schmuck, wärmende Umhänge aus Fellen und Häuten – sie alle wurden ja auch immer wieder daraufhin überprüft, ob und wie sie sich beim Gebrauch bewährten. War es notwendig, ihre Form zu verändern, so regte dies wieder den Denkprozeß an. Es schulte gewissermaßen jene noch wenig entwickelten Zentren im Gehirn, in denen der mit der Arbeit oder der Idee korrelierende geistige Vorgang ablief.

Das konnte neue Bedürfnisse bewußt machen und Wege suchen lassen, sie zu befriedigen. Der Gedanke konnte aufkommen: Um einer Frau zu imponieren, werde ich ihr einen schöneren Halsschmuck herstellen, als sie ihn jetzt besitzt. Oder: Wir wollen ein großes gefährliches Tier fangen – wie kommen wir zum Ziel? Die Lösung des Problems ergab sich, indem man alle früher gemachten Jagderfahrungen mit den Erfordernissen verglich, die von der neuen Aufgabe gestellt wurden. Welche Waffen wären zweckmäßig? Größere oder gänzlich andere? Würde man sie geschickt genug einsetzen können? Wäre eine Fallgrube geeignet? Die konnte man in gemeinsamer Arbeit ausheben. Mit Grabstöcken ließ sich der Boden lockern, mit Baumrindenstücken die Erde wegtragen. Dann, wenn das Tier in das mit Zweigen verblendete Loch gefallen und gefangen war, konnte man es mit einer Lanze töten, einer Lanze, die zu diesem Zweck länger und schwerer sein mußte als jene, die man bei der freien Jagd benutzte.

Es versteht sich von selbst: Diejenigen Gemeinschaften mit den einfallsreichsten, geschicktesten Mitgliedern werden auch die größten Jagderfolge gehabt und sich am wirksamsten gegen Feinde oder Raubtiere verteidigt haben. Sie überlebten länger, sie hinterließen die meisten Nachkommen, was ihre Erbanlagen verbreiten half. Es ist übrigens kaum anzunehmen, daß in der Frühzeit des Menschen schon Monogamie üblich war. In diesem Fall hätten die weniger Lebenstüchtigen ähnlich große Chancen erhalten, Kinder zu hinterlassen. Die Auslese hätte viel weniger intensiv gewirkt. Erst als die Gemeinschaften größer wurden, dürfte der Selektionsvorteil für die Geeignetsten mehr und mehr verloren gegangen sein, denn sie hatten nun immer weniger Gelegenheit, die durchschnittlich oder weniger begabten Männer im Wettbewerb um die Frauen auszustechen.

Bleiben wir aber bei den Menschen der Altsteinzeit mit ihrer sicher schon früh praktizierten Arbeitsteilung. Die Frauen werden hauptsächlich als Sammlerinnen tätig gewesen sein und im Lager die Kinder gehütet haben, während die Männer auf die Jagd zogen und ihrerseits hier mit verteilten Rollen vorgingen. Vielleicht übernahmen bestimmte Mitglieder des Clans immer wieder die Rolle der Treiber, während andere die Tiere fingen und töteten.

Die Jagdtechniken der Frühmenschen werden sich, wie alle seine Unternehmungen, mit der Zeit verbessert haben. Die Methoden der ersten Steppenbesiedler werden vielleicht noch denen der Paviane ähnlich gewesen sein, die ja auch gelegentlich Jungtiere von größeren Arten erbeuteten. Später, mit den wachsenden geistigen Möglichkeiten, wird man Tricks und Raffinessen angewandt haben, denn die körperliche Unterlegenheit mußte wettgemacht werden.

Da mögen Jagdpläne bestanden haben, die Denkarbeit voraussetzten, zumal wenn mehrere Jäger dem Wild gemeinschaftlich nachstellten. Zwar jagen auch Hyänen und Wölfe im Rudel scheinbar nach einem Plan, doch hat deren Art des Beutemachens viel primitivere Züge. Das Tier wird gehetzt, von einem starken Rüden angefallen, niedergerissen, getötet und dann von der Meute zerfleischt, wobei das Leittier gewöhnlich den Vortritt hat. Beim Frühmenschen muß jedoch schon bald mehr im Spiel gewesen sein, etwa der vorausschauende Gedanke an die enger werdende Schlucht oder den Steilabfall der Hochfläche. Hinzu kam bald das Wissen um den Wert des ganzen Tierkadavers. Was konnte man mit dem Fell, der Haut, den Knochen, gegebenenfalls mit dem Geweih, den Hörnern oder Zähnen nicht alles anfangen?

Man kann sich auch vorstellen, daß die Frühmenschen das Beutemachen den schnellen Raubtieren überließen, den Löwen, Leoparden, Geparden und Hyänen, und sie ihnen die gerissenen Tiere später abjagten. Vielleicht benutzten die Jäger zumindest in einer späteren Zeit schon brennende Holzscheite dazu. Vielleicht warteten sie ab, bis die Großkatze ihren ersten Hunger gestillt hatte und steckten dann – die Windrichtung bedenkend – das Steppengras an.

Auch das Feuer dürfte die Gehirnentwicklung mächtig vorangetrieben haben. Zunächst mußte es allerdings gebändigt werden, man mußte es erhalten und schließlich auch zu entfachen wissen. Wie kam der Frühmensch zum Feuer und wann?

Die Frage, wann der Mensch sich zum erstenmal das Feuer dienstbar machte, ist bis heute nicht beantwortet und wird wohl auch schwerlich geklärt werden können. Sicher zu sein scheint, daß der sogenannte Pekingmensch (ein *Homo erectus*) schon vor etwa 500 000 Jahren mit dem Feuer umgehen konnte. Darauf lassen umfängliche Aschefunde schließen, die bei dem Dorf Choukoutien in der Nähe von Peking im Löß altsteinzeitlicher Kalkhöhlen entdeckt worden sind. In der Asche verstreut lagen angebrannte und verkohlte Knochen, offenbar Reste von Mahlzeiten. Der Fund von Choukoutien läßt nach den Begleitumständen kaum daran zweifeln, daß es sich hier um eine frühmenschliche Herdstelle gehandelt hat.

Indizien für den Feuergebrauch aus noch früherer Zeit sind bis heute umstritten, so auch der spektakuläre Fund von Chesowanja am Turkana-See (dem früheren Rudolfsee) in Afrika. Hier stießen Paläontologen an insgesamt vierzig Stellen auf Steinwerkzeuge und Tierknochen in verbrannter Erde. Nur ist nicht sicher, ob diese Brandspuren vielleicht doch von Buschfeuern, Blitzschlägen oder vulkanischen Vorgängen herrühren. Geht der Fund auf den Menschen zurück, so wäre ebenfalls an einen *Homo erectus* zu denken, von dem zahlreiche Reste aus dieser Zeit vor fast eineinhalb Millionen Jahren in Afrika geborgen worden sind. Die verbrannte Erde von Chesowanja befand sich in 1,4 Millionen Jahre altem Basalt [49].

Irgendwann wird der Frühmensch jedenfalls, sei es bei einem Steppenbrand oder einem Vulkanausbruch, seine Scheu vor den lodernden Flammen überwunden und ein brennendes Scheit aufgehoben haben. Kaum anzunehmen ist jedoch, daß er das erste Feuer durch Funkenschlagen erzeugte. Denn dies hätte schon erhebliche Kenntnisse und Fertigkeiten vorausgesetzt. Daß er später auf diese Weise sein Feuer erzeugte, legt der mittelsteinzeitliche Fundort Le Moustier in Frankreich nahe. Hier fand man Gesteinsknollen aus Schwefelkies, die sehr wahrscheinlich zum Feuerschlagen dienten. Vom Schwefelkies springen beim Anschlagen derart heiße Funken ab, daß ein geeigneter Zunder zu brennen anfängt, wenn die Funken richtig fallen und behutsam angeblasen werden.

Solche Zunder können aus strohtrockenem Gras, klein geriebenen, ausgedörrten Pflanzenteilen, abgestorbenem Moos, aus der Unterrinde von Bäumen (besonders der von Birken), dem Flaum aus Vogelnestern und dergleichen leicht hergestellt werden. Ein in der Fundstelle Trou de Chaleaux entdeckter Schwefelkies-Stein zeigt sogar Schlagspuren, die seine Verwendung zum Feuermachen ziemlich sicher bestätigen.

Bekanntlich kann Feuer auch durch Reibung entfacht werden. Wer den Frühmenschen für so intelligent hält, daß er Zunder bereiten und Funken schlagen konnte, wird ihm auch zutrauen, einen Hartholzstab mit der Spitze auf ein weicheres Stück Holz gesetzt zu haben, um ihn dann so lange zwischen den Handflächen zu zwirbeln, bis das Bohrloch zu glühen anfing. In jedem Fall werden die Jäger und Sammler die Vorzüge des Feuers schon bald erkannt und es zum Wärmen und Rösten von Fleisch genutzt haben. Es ist sicher ein denkwürdiges Ereignis gewesen, als das erste Lagerfeuer in der Steppe züngelte und der Geruch von Gebratenem über die Gräser zog. Später wird man Feuerstellen unterhalten, gegebenenfalls die Glut auch auf Wanderungen in geeigneten Transportbehältern (»Feuersäcke« aus Häuten und grünen Pflanzenteilen?) mitgeführt haben.

Wie die Fähigkeit zur Herstellung von Werkzeugen und die sich entwickelnde Sprache, so ging den Steppenbewohnern auch das Feuer nicht wieder verloren. Es blieb ihnen erhalten und sie nutzten es zunehmend – nicht zuletzt auch zum Härten hölzerner Speer-, Lanzen- und Pfeilspitzen.

Das Bewußtsein, mit dem Feuer eine ebenso gefährliche wie nützliche Naturgewalt in die Hand bekommen zu haben, es bändigen, zu verschiedenen Zwecken gebrauchen und auch wieder auslöschen zu können – das alles wird die frühen Menschen auch geistig verändert, es wird ihnen zu einem gesteigerten Selbstbewußtsein verholfen haben. Zahlreiche neue Erfahrungen ergaben sich aus dem Umgang mit den Flammen. Warum nicht das Feuer zur Jagd verwenden? Warum nächtlich nicht Fische mit ihm anlocken? Warum nicht Herden durch gezielt gelegte Steppenbrände den wartenden Jägern zutreiben? Warum nicht ausprobieren, wie sich Fleisch, Pflanzen, Wasser, Häute und vieles andere unter dem Einfluß der Flammenhitze verhielten?

Mit dem Feuer ließen sich dunkle Höhlen beleuchten, man konnte also noch abends und nachts dort tätig sein. Feuchte Schlupfwinkel trockneten aus. Mit den Flammen konnte der Frühmensch zudringliche Raubtiere verjagen. Schließlich half ihm das Feuer, in kältere Erdgebiete vorzudringen und sie zu besiedeln.

Auch der Speisezettel veränderte und erweiterte sich jetzt. Gebratenes Fleisch schmeckte anders als rohes. Das Wildbret ließ sich nicht nur auf Stöcke spießen und über den Flammen rösten, man konnte es auch auf heiße Steine legen oder mit Lehm umhüllen und in die Glut werfen. Die Zubereitungsarten, die Geschmacksunterschiede regten die Phantasie an, gaben dem Denken Impulse und mögen schon bald auch »Spezialisten« für die Steinzeit-Küche hervorgebracht haben: Individuen, die dank ihrer Veranlagung sich als besonders geschickt und einfallsreich im Umgang mit dem Feuer erwiesen.

Wahrscheinlich müssen wir davon ausgehen, daß das Feuer den Frühmenschen auch schon psychisch irgendwie beeindruckt hat. Eine der schönsten Eigenschaften lodernder Flammen ist es, daß sie die Menschen zusammenführen. Der Anblick des Lager- oder Herdfeuers kann beruhigen, er kann zumindest uns Heutige fröhlich oder festlich stimmen und besinnlich machen. Man sitzt in der Runde, man plaudert, tauscht Erfahrungen aus, schmiedet Pläne oder fühlt sich nur einfach geborgen in seiner Nähe. Wanderer in einsamer Gegend fühlen sich »magisch« von einem Feuer angezogen, wenn sie es nachts in der Ferne erblicken. Wie ausgeprägt mögen solche Regungen bei unseren Urahnen schon gewesen sein? Feuerstellen vor dunklen Höhlen, um die Flammen herum hockende, fleischbratende und sich wärmende Gestalten – solche Szenen hätten wir jedenfalls beobachten können, wäre es uns gegeben, in die Zeit von damals zurückzublicken. Zumindest unbewußt wird der Altsteinzeitmensch dabei auch die sozialisierende Wirkung des Feuers erlebt haben. Seinem gemeinschaftlichen Leben kam das sicher zugute.

Und dieses Leben wurde langsam abwechslungsreicher. Man lebte in kleinen Gruppen und teilte sich die Arbeit. Die Kinder mußten gesäugt und versorgt, das Lager oder die Höhle mußte saubergehalten werden, das Feuer sollte nicht ausgehen, die gesammelten Nahrungsmittel, das erjagte Wild mußten verarbeitet, andere »frühgeschichtliche Hausarbeit« mußte verrichtet werden. Zwischen den mehr im Lager tätigen Frauen und den Kindern entstand dabei zwangsläufig auch eine intensive Bindung, die wiederum half, den Nachwuchs zu erziehen und in die Gemeinschaft einzugliedern.

Warum es wahrscheinlich die Frauen und nicht die Männer gewesen sind, die zum Sammeln gingen, ist leicht einzusehen. Einmal lag die Jagd naturgemäß den Männern mehr. Körperkraft, Schnelligkeit, Geschicklichkeit im Umgang mit Speer und Lanze sind männliche Vorzüge. Etwas anderes kam aber hinzu. Wären die Frauen mit auf die Jagd gegangen, so hätten die Kinder im Lager zurückgelassen werden müssen, denn auf der Jagd hätten sie unweigerlich gestört. Darum fiel den Frauen zwangsläufig die Rolle der Behüterinnen des Lagers und die Sorge um den Nachwuchs zu. Die »Hausfrau« fand ihre Aufgaben offenbar schon früh in der Menschengeschichte.

Der Frau wurde ihre mehr häusliche Rolle schwerlich durch einen Akt despotischer Machtausübung durch den Mann zudiktiert. Sie ergab sich sozusagen aus biologischen Gründen von selbst. Denn die Frau bekommt die Kinder, nicht der Mann. Und die Frauen sind es, die die Brüste zum Stillen besitzen, nicht die Männer. Wo eine falsch verstandene Emanzipation dies heute leugnet, wird es unweigerlich Konflikte geben. Vielleicht muß man sogar noch weitergehen und sagen, daß die Auslese damals jene Gesellschaften begünstigte, die die Arbeitsteilung zwischen Frauen und Männern am konsequentesten praktizierten.

Das aber würde heißen: Jene Frühmenschen, die ihrer geistig-seelischen und körperlichen Verfassung nach dem Leitbild des einen oder anderen Geschlechts am ehesten entsprachen, werden durchschnittlich auch mehr Nachkommen gehabt haben als die »Abweichler«. Männer mit der Neigung, Säuglinge zu behüten oder »Lagerdienst« zu tun, dürften bei dem damals sicher noch harten Lebenskampf zumindest als Außenseiter betrachtet worden sein. Emanzipierte Frauen ihrerseits – wenn man sie schon so nennen konnte – werden die Überlebenschancen der Gruppe kaum erhöht haben, weil sie womöglich die Versorgung der Kinder vernachlässigten, was bei den Risiken des altsteinzeitlichen Lebens katastrophale Folgen gehabt hätte. Daß aus jenem steinzeitlichen Erbe noch manches in unserem Unterbewußtsein schlummert, dürfte kaum zu bezweifeln sein.

Wie das Sozialleben der Frühmenschen im einzelnen vor sich ging, darüber wissen wir natürlich nichts. Denkbar wäre, daß dort, wo die Jagd mühsam und pflanzliche Kost schwer zu beschaffen war, die Horden dafür sorgten, daß der Nachwuchs nicht zu zahlreich wurde. Das mag ursprünglich durch die ohnehin hohe Sterblichkeit gewährleistet gewesen sein, doch hat es vielleicht auch schon Kindestötung gegeben: die Tötung neugeborener Mädchen vor allem, denn der Verlust an Männern beim Jagen und Kämpfen war sowieso größer. Später unterwarf man sich möglicherweise auch sexuellen Tabus.

Auch aus anderen Gründen vermehrte sich solch ein frühmenschlicher Clan noch keineswegs stürmisch. Wie bei zurückgezogen lebenden Naturvölkern noch heute, werden die Mütter ihre Säuglinge sehr lange, oft über Jahre, gestillt haben, so daß sie in dieser Zeit aus biologischen Gründen nicht schwanger wurden. Alles das wird die zusammenlebenden Gruppen zahlenmäßig klein gehalten haben.

Überschaut man die Entwicklung der noch äffischen Urwaldbewohner über die ersten Aufrechtgänger in der Steppe bis hin zum Frühmenschen vom Typ des *Homo erectus*, so ist das Großhirn damals besonders rasch gewachsen. Als »Überlebensorgan«, als Kontroll- und Koordinationszentrum der ersten Zweibeiner bekam es in dieser Zeit so viele neue Sinnesreize zu verarbeiten, daß es – mit einem saloppen Vergleich – anschwellen mußte wie die Muskelpakete des Schwergewichtlers unter hartem Training. Der Übergang vom Wald zur Steppe, von der Fortbewegung auf allen vieren zum aufrechten Gang, die Umstellung vom Pflanzen- zum Allesesser, die Anpassung an ein anderes Klima, an neue Feinde und Gefahren, die Entwicklung der Sprache, Werkzeug- und Feuergebrauch und die zunehmende Sozialisierung: All das waren mächtige Impulse in einer – gemessen an der übrigen Evolution – relativ kurzen Zeit.

So vergrößerten und qualifizierten sich speziell die von den neuen Aufgaben beanspruchten und »geforderten« Gehirnteile. Mehr und bessere Verschaltungen zwischen den

Nervenzellen entstanden. Das Sprachzentrum wuchs. Im Vorderhirn erweiterten sich jene Bereiche, in denen das begriffliche Denken und die Assoziationsfähigkeit ihren Sitz haben. Die Denkmaschine hinter den Augenbrauenwülsten der Frühmenschen half mit, das Gemeinschaftsleben zu bereichern, Jagdzüge zu planen, Werkzeuge, Waffen und Geräte immer zweckmäßiger zu gestalten, kurz: dem bloß Tierischen immer mehr »menschliche« Züge zu verleihen.

Diese Entwicklung werden vor allem jene Individuen vorangetrieben haben, deren Gehirnstrukturen den neuen Aufgaben am besten »gewachsen« waren, denn sie nützten dem Clan. Eine »negative Auslese« – die Mutigsten starben im Kampf eher, weil sie sich der Gefahr offener aussetzten – gab es damals allenfalls bei der Jagd. Kämpfe zwischen den einzelnen Gruppen fanden wahrscheinlich kaum statt, es sei denn, gelegentlich um den Besitz einer besonders attraktiven Wohnhöhle. »Aggression« kam damals wohl weit weniger auf, da sich die einzelnen Horden nur selten begegneten und »Eigentum«, das verteidigt werden mußte, noch nicht existierte, wenn man einmal von ein paar steinzeitlichen Gerätschaften absieht. Erst mit dem Seßhaftwerden, mit festen Wohnungen, mit Viehzucht und Ackerbau erwuchsen dem Menschen mehr verteidigungswerte Güter. Sie mußten geschützt werden, was mutige und tapfere Männer erforderte – Eigenschaften, die für den Frühmenschen wahrscheinlich noch weniger typisch gewesen sind [35].

Einflüsse, die das Gehirn weiterentwickeln halfen, lieferte auch das Klima. In den gemäßigten Breiten dürften hier vor allem die Eiszeiten Anstöße geliefert haben. Die allmählich einsetzende Kälte verlangte nach wärmerer Kleidung und besser geschützten Unterkünften. Sie zwang dazu, sich anzupassen und trieb damit die Auslese voran. Diejenigen Gemeinschaften, die am geschicktesten mit dem Feuer umzugehen verstanden, die sich durch Kleidung und Verhalten in der harten Winterzeit am besten vor dem Frost schützen, ausreichende Nahrungsvorräte anlegen konnten und bei der Jagd auf eiweiß- und fettreiche Beutetiere am erfolgreichsten abschnitten – mit einem Wort: die Intelligenten –, sie hatten auch die größten Überlebenschancen.

Etwa in der letzten Zwischeneiszeit (Riß/Würm) vor 100 000 Jahren war das Großhirn zu seinem heutigen Ausmaß herangewachsen. Mit den größer werdenden Horden und der fortschreitenden »kulturellen Evolution« stellte es sein Wachstum dann jedoch ein. Es war, als hätte es sich nun alle Voraussetzungen für jenen Wissens- und Erfahrungszuwachs geschaffen, die der nacheiszeitliche Mensch noch erwerben sollte, um sein Leben sicherer und komfortabler zu gestalten. Denn die in Jahrhunderttausenden erworbenen Eigenschaften des Großhirns, vor allem seine Wißbegier, sie wirkten weiter. Sie trieben den werdenden Menschen dazu, immer wieder Neues zu probieren und Nützliches zu lernen. Zunehmend bekamen dabei Tradition und mündliche Überlieferung den Wert vorteilhafter Erbeigenschaften.

Heute fehlt der Selektionsdruck zur Steigerung vererbbarer Intelligenz fast völlig, denn die gegenwärtigen Sozialstrukturen bieten kaum noch die Basis dafür. Meist hat der besonders intelligente Erdenbürger sogar weniger Kinder als der durchschnittliche oder weniger begabte. Mehr und mehr nehmen uns Maschinen jene geistigen Leistungen ab, die einst Talent und Fleiß erforderten – denken wir nur an die Computer oder die Möglichkeiten der Mikroelektronik. Nachrichten, Ideen und Erfindungen gelangen über die Medien, durch Zeitungen, Film und Funk, Fernsehen, Fernschreiber, Satelliten, durch Literatur, Tonband und andere allgegenwärtige Kommunikationsmittel in alle Welt. Diese Errungenschaften haben ihre Vorzüge, denn Nützliches kommt mit ihrer Hilfe rasch vielen zugute. Sie haben aber auch Nachteile, weil der zugleich bewirkte Prozeß des permanenten Innovierens und Veränderns kaum noch steuerbar ist. Der sogenannte Fortschritt treibt planlos dahin, er krankt an seiner eigenen Kompliziertheit.

So manches beispielsweise, was den einzelnen Erfinder, was den Wissenschaftlerteams in den großen Industrielaboratorien anfangs als harmlose, wenn auch interessante Entdeckung erscheint – Beispiel: die schon erwähnte Urankern-spaltung durch Otto Hahn –, kann sich, weltweit verbreitet und großtechnisch angewandt, zu einem beträchtlichen Gefahrenpotential auswachsen. Wir werden später noch sehen, wie der Mensch mit seinem »Organ zur Problemlösung« in immer rascherer Folge zweischneidige, ambivalente Erfindungen gemacht hat. Wir werden beschreiben, wie er dank seines Gehirns mit Hilfe der Technik seine körpereigenen Kräfte und Sinnesleistungen vervielfachen konnte und sich so für die Welt, in der er lebt, mit gefährlich vielen Machtmitteln ausgestattet hat.

Nichts, was ihm Vorteile versprach, hat der Mensch seit seinen Urzeittagen ungenutzt gelassen. Er konnte es auch gar nicht, da er ja von den Triebkräften der Evolution förmlich darauf programmiert worden ist, nach »immer mehr« zu streben. Seit jenen Jahrtausenden, da er aus dem schützenden Wald in die offene Steppe vordrang und auf zwei Beinen laufen lernte, half ihm nur noch das typisch menschliche Verhaltensprinzip, mit dem Ungewohnten fertig zu werden.

Das Beherrschenwollen, das Meistern von neuen Herausforderungen, die Unrast und die Unfähigkeit, sich mit dem Vorhandenen zu begnügen, ist damit nichts anderes als das stammesgeschichtliche Erbe jener damaligen Provokation. Und das Gehirn, das Großhirn zumal, lieferte ihm das geistige Handwerkszeug dafür. Seinem Diktat blieb der Mensch auch noch zu einer Zeit ausgeliefert, als die Phase der Überlebenssicherung längst abgeschlossen war und sein Veränderungstrieb, seine Massenvermehrung und sein »Fortschritt« nun sogar dieses Überleben wieder in Frage stellt.

Aus dem einstigen Sammeltrieb ist für die große Masse der Menschen ein unablässiges Besitzstreben geworden, aus der Jagdleidenschaft erwuchsen Machtgelüste und politische Spannungen, aus dem ersten primitiven Werkzeuggebrauch erstand eine übertechnisierte Kultur.

Tatsächlich hat das Großhirn dafür gesorgt, daß der *Homo sapiens* seine Ansprüche immer höher schraubte – viel höher, als es seiner inzwischen schon weidlich ramponierten und verarmten Umwelt gemäß wäre. Aus dem umweltschonenden Waldbewohner, dem Steppenjäger und Sammler, wurde der seßhafte Besiedler nahezu aller Erdteile. An fast alle Umwelten paßte er sich dank seines Geistes und seiner Technik an. Rücksichtslos gegen andere Lebensformen schaffte er sich Nahrung und Besitz, um trotz maßloser Massenvermehrung einen immer höheren Lebensstandard zu erreichen. Während Tiere und Pflanzen mit dem Vorhandenen auskommen, während sie sich innerhalb ihrer artgemäßen Grenzen verhalten, hat der Mensch sein Wohlbefinden ständig zu steigern versucht.

Tatsächlich stehen wir heute ratlos vor dem Trümmerhaufen einer freilich unverschuldeten Entwicklung. Doch es mußte so kommen. Die Schuldfrage stellt sich nicht. Der »Sündenfall« des Menschen, um einen biblischen Vergleich zu bemühen, bestand nicht darin, daß er vom Baume der Erkenntnis aß. Er lag darin, daß er auf zwei Beinen zu gehen lernte.

V.
Störfaktor Mensch

Wir werden jetzt nach der Erblichkeit menschlicher Verhaltensformen fragen müssen und danach, wieweit gerade die frühen Verhaltensweisen des Menschen heute noch wirksam sind. Dann wollen wir untersuchen, was der Mensch, getrieben von eben jenem »Urverhalten«, mit Hilfe seiner inzwischen so potenten Mittel und Möglichkeiten auf der Erde angerichtet hat, und wie er sich immer weiter in seine überlebensbedrohenden Aktivitäten hineinverstrickt.

Schon mehrmals haben wir davon gesprochen, daß von den Evolutionskräften solche Eigenschaften gefördert werden, die Wettbewerbsvorteile im Daseinskampf verschaffen und die Fortpflanzungschancen erhöhen. Dazu gehörte beim Frühmenschen auch das Problemlösevermögen. Es half ihm, jene Nachteile auszugleichen, die er in der Steppe gegenüber den schon lange dort lebenden, hochangepaßten Tieren hinnehmen mußte.

»Wettbewerbsvorteile« – dieser Begriff hat zwar mit Eigenschaften und Merkmalen zu tun. Er bedeutet aber auch, daß ein Lebewesen bestimmte Gene oder Erbanlagen besitzen muß, die es ihm ermöglichen, eben jene Eigenschaften zu entfalten.

Dies wieder läßt fragen, ob es nicht eigentlich die Gene und nicht die Lebewesen sind, die sich um das Überleben sorgen. Wir können hier mit einiger Berechtigung der These des englischen Zoologen Richard Dawkins folgen, der in seinem bemerkenswerten Buch *The Selfish Gene* (»Das egoistische Gen« [10]) die Erbanlagen als die eigentlichen Drahtzieher der Lebensvorgänge erkannt haben will. Laut Dawkins spielen die Gene keineswegs nur die Rolle bloßer »Bauanleitungen« für einen Organismus, den sie hervorbringen. Vielmehr seien sie so etwas wie geheimnisvoll waltende Akteure, die nur sich selbst sehen und sich die körperlichen Gestalten der Lebewesen nur deshalb schaffen, um selbst zu überleben.

Setzt man diesen Gedanken fort, so könnten auch alle Aktivitäten des Menschen, seine Wirtschaft, seine Kultur, ja sogar sein gelegentlich uneigennütziges Verhalten als Gehorsamkeitsakte gegenüber den Genen gelten. Altruistisches Verhalten wäre nichts als gut getarnte Selbstsucht – weil vorübergehend Vorteile bringend. Darum würde auch eine Gesellschaftsordnung, die ihren Mitgliedern zuviel Gemeinsinn abverlangt, aus simplen erbbiologischen Gründen zum Scheitern verurteilt sein. Und wenn sie erzwungen wird wie in den sozialistischen Diktaturen, dann nur auf Kosten einer zwangsweise niedrig gehaltenen Effizienz eines großen Teiles ihrer Bürger, die daran gehindert werden, sich entsprechend ihren Neigungen und Talenten frei zu entfalten, deren Freiheit beschnitten wird und die sich fortgesetzt auch für solche Aufgaben einspannen lassen müssen, von deren Nutzen oder Wert sie nicht überzeugt sind.

Ein Beispiel dafür, daß gemeinnütziges Verhalten in Wahrheit dem »Eigennutz der Gene« entspringt, wären die treusorgenden, an ihren Kindern scheinbar altruistisch handelnden Eltern. Denn indem die Eltern das Überleben der Kinder sichern, gewährleisten sie – jeder Elternteil zu 50 Prozent – das Weiterexistieren ihrer eigenen Erbanlagen über den individuellen Tod hinaus.

Diese Deutung gilt sogar noch für das gemeinnützige Verhalten gegenüber gänzlich unbekannten Menschen, etwa dann, wenn ein »Retter in der Not« einem ertrinkenden Kind ins Wasser nachspringt. Dem liegt außer dem triebhaften Beschützerinstinkt gegenüber dem Kind als solchem auch der Umstand zugrunde, daß eine Gruppe mit scheinbar uneigennützigen Mitgliedern im Lebenskampf erfolgreicher ist als eine Gruppe aus lauter Egoisten. Da das gerettete Kind zur »Gruppe« gehört, erhöhen seine – die geretteten – Gene auch die Überlebensaussichten aller.

Für die Selektion, die vorteilhafte Eigenschaften mit Fortpflanzungserfolgen belohnt, sind die Organismen jedenfalls das Spielmaterial. Das heißt: »Gemeint« werden von ihr die Lebewesen, »getroffen« aber werden die Gene. Gelingt es den Erbanlagen nach der Dawkinschen These nicht, sich erfolgreiche Körpergestalten zu schaffen, so sterben sie mit den unvollkommenen Gestalten aus. Das geschieht beispielsweise dann, wenn allzu spezialisierte Typen in einer gewandelten Umwelt nicht mehr zurechtkommen. Zugunsten anderer, erfolgreicher Lebewesen würde dann sozusagen Platz geschaffen.

Nun fragt es sich natürlich, ob solche rein biologischen Überlegungen auch für den heutigen Menschen noch uneingeschränkt zutreffen, und hier lassen sich durchaus Gegenargumente anführen, zum Beispiel, daß die Maßstäbe, nach denen die Auslese in der Natur verfährt, für den Menschen nur noch bedingt gelten. Ich möchte darum auch die Dawkinsche These hier nicht weiter erörtern, es ging mir nur darum zu zeigen, daß bewährte Eigenschaften oder Merkmale über Generationen erhalten bleiben und im Evolutionsprozeß in der eingeschlagenen Richtung sich weiterentwickeln können.

Auch beim Menschen förderte die Selektion zunächst jene Eigenschaften und Fertigkeiten, die seinem Überleben nützten – sonst gäbe es uns heute nicht. Dazu gehörten die Sinnesleistungen, die körperliche Geschicklichkeit, die körpereigenen Abwehrkräfte gegen Infektionen, das Lernvermögen, die Sprache, vor allem aber die Kunst, Probleme zu lösen. Unter dem Zwang, sich im neuen Lebensraum häuslich einzurichten, erwies sich das Problemlösen als willkommene Waffe im Überlebenskampf des Frühmenschen, zumal er den Tieren in der Steppe an Körperkraft, Schnelligkeit, Ausdauer und Sinnesleistungen weit unterlegen war. Schon nach wenigen hunderttausend Jahren brauchte er praktisch kein Tier mehr als ernsthaften Konkurrenten zu fürchten. Später bändigte er die Naturkräfte und spannte sie für seine Zwecke ein. Er organisierte sein Zusammenleben, erfand die Ehegemeinschaft, gründete Dörfer, Städte und Staaten, er handelte mit den Produkten, die sein Geist erdachte und seine Hände oder Maschinen herstellten.

Inzwischen haben ihn seine Aktivitäten auf der Erde jedoch in eine Lage manövriert, in der sein Überleben nur noch durch einen grundlegenden Wandel seines Verhaltens gewährleistet wäre. Doch wird ihm gerade dieses »Überlebensverhalten« nicht möglich sein, weil er dazu wesentliche Eigenarten seines Menschseins aufgeben müßte. Denn:

»Nur dann gäbe es noch Hoffnung auf eine günstigere Entwicklung, wenn wir Menschen uns radikal umstellen könnten, wenn wir ganz anders denken und handeln könnten, als es unsere Großhirne uns diktieren. Nur dann hätten wir noch eine Chance, wenn wir geradezu asketische Einschränkungen auf uns zu nehmen bereit und fähig wären. Es gehörte dazu massiver Konsumverzicht, Beschränkung der Kinderzahl, der Industrialisierung, der Umweltverschmutzung, der Kapitalinvestition, sogar der Nahrungsmittelerzeugung, mit dem Ziel, weltweit den Übergang vom gefährlichen Wachstum in einen Gleichgewichtszustand zu erzwingen.

All dies erfolgreich durchzuführen, würde übermenschliche, in jeder Hinsicht atypische Ausnahmenaturen voraussetzen und nicht Menschen, wie sie die Erde nun einmal bevölkern: jene kurzsichtig und meist egoistisch handelnden, zu einem wachsenden Anteil auch noch analphabetischen Wesen, die kaum imstande sind, die Situation zu begreifen, in der sie sich befinden, geschweige denn die Katastrophe zu ermessen, in die sie hineinsteuern.« [37]

Warum wir uns nicht ändern können, hat einen einfachen Grund. Es ist der, daß unser Verhalten von einem Steuerorgan bestimmt wird, das für andere Zwecke und unter anderen Verhältnissen entstanden ist, als sie heute als Folge der kulturellen Evolution existieren. Und daß dieses Steuerorgan, unser Gehirn, uns mit übermäßigen Antrieben ausgerechnet dort belastet, wo wir es – als allzu zahlreich und anspruchsvoll gewordene Menschheit – am wenigsten gebrauchen können. Wir werden in diesem Kapitel ein paar Beispiele für dieses Verhalten aufzeigen und analysieren. Zuvor jedoch wollen wir unser »Verhaftetsein« mit der stammesgeschichtlichen Vergangenheit belegen.

Einer der emsigsten Forscher auf diesem Feld ist der Frankfurter Arzt und Anthropologe Rudolf Bilz gewesen, der in seinem Werk *Paläoanthropologie* zahlreiche originelle Beispiele dafür zusammengetragen hat [4].

Auch Bilz geht davon aus, daß der Mensch im Gegensatz zum Tier mit seiner Neugier, seinem Erkenntnisdrang und seinem nie erlahmenden Eifer, Probleme zu erkennen und sie zu meistern, außerordentlich erfolgreich gewesen ist. Und dies, ohne daß er dazu – wie etwa ein Hund zum Apportieren – hätte angelernt werden müssen. Er hat es allein geschafft. Dank wechselseitig sich befruchtender körperlicher und geistiger Merkmale konnte er sich im Lauf seiner Stammesgeschichte seine Umwelt immer besser nutzbar machen. Im Gegensatz zum Tier stellte er Waffen und Werkzeuge her und verbesserte sie ständig, so daß ihm immer schwierigere Arbeiten gelangen. Paviane und Schimpansen dagegen, schreibt Bilz, »bearbeiten die Steine nicht und verschlimmern auch die Gefährlichkeit der Schlagstöcke nicht. Es entfällt das Moment der Progression.«

Wie viele früh-stammesgeschichtliche Überbleibsel den heutigen Menschen noch mit seinen Urahnen verbinden, erweist sich, wenn man bestimmte menschliche Verhaltensweisen einmal auf ihren Ursprung hin untersucht. Wie kommt es beispielsweise, daß wir manchmal unbewußt, manchmal ganz offen Abneigung gegenüber Mitbürgern mit abstehenden Ohren, stotternder Stimme oder Mißbildungen empfinden? Warum mögen wir den »Außenseiter« nicht? Was ist der Grund für die scheinbar unüberwindliche Aversion gegenüber dunkelhäutigen Kindern auf dem Schulhof?

Bilz fand fünf Intensitätsstufen solchen Anstoßnehmens gegenüber Menschen, die vom Normalen auffällig abweichen. Die mildeste Form sei der verstohlene Seitenblick, die zweite das maliziöse Lächeln, die dritte der hämische Witz. Bezeichnenderweise gebe es ganze Kategorien von Witzen, wie die Irrenhaus- oder Ostfriesen-Witze, die bestimmte Menschengruppen zur Zielscheibe des Spotts machen. Stufe vier wäre die offene Gewaltanwendung: das dunkelhäutige Kind wird auf dem Schulhof verprügelt. Die letzte Stufe sei die Lynchjustiz.

Ganz ähnlich verhalten sich manche Tiere. Möwen, die man mit einem auffälligen Merkmal versehen hat, etwa einem Farbklecks auf dem Flügel, werden von ihren Artgenossen verfolgt und angegriffen. Die gleiche Aggression erfahren Krähen, die einen Flügel hängen lassen – die Beispiele ließen sich fortsetzen. Auch weniger offensichtliche Formen tierischen und menschlichen Verhaltens zählen zu solchem Anstoßnehmen oder »Mobbing«. Bilz entdeckt sie sogar in der Neugier gegenüber dem Nachbarn: »Darin schon bezeugt sich unsere Pöbelhaftigkeit, daß wir möglichst auch über die Intimitäten unserer Mitbürger Bescheid wissen möchten.« Es handelt sich um einen »Überwachungszwang«, der dazu führen kann, daß jemand, der ein sorgsam bewahrtes persönliches Geheimnis in einer schwachen Stunde preisgibt, erbarmungslos seiner Schwäche wegen bewitzelt, bespottet und durch Klatsch und Tratsch schließlich ganz unmöglich gemacht wird.

Eine Erklärung dafür liefert das Auslesegesetz in der Natur. In freier Wildbahn hat das Außergewöhnliche innerhalb einer Art im angestammten Lebensraum normalerweise negativen Auslesewert. Ein aus dem Rahmen fallendes Tier lockt durch sein Äußeres Feinde an, und das kann der Gemeinschaft, der es angehört, gefährlich werden. Die Gemeinschaft wendet sich also gegen den »Abweichler«, sie behindert ihn bei der Futtersuche und der Wahl des Geschlechtspartners. Die feindselige Haltung der Gruppe führt schließlich dazu, daß er verdrängt wird, daß seine Fortpflanzungs- und Überlebenschancen sinken und das abweichende Merkmal damit verschwindet.

Manche an einst erinnernde Verhaltensweisen haben sogar amüsante Züge. Bei einer Gruppe von Menschen, die auf der Suche nach Pilzen durch den Wald streift, kommt es gelegentlich vor, daß einzelne vom »Gros« abkommen und dann durch »Kontaktrufe« die Verbindung wieder herzustellen versuchen. Sie rufen dann etwa »Hallo!«. Ähnlich verhalten sich die von der Henne getrennten Küken. Beim Menschen sind die »Notrufe« stets eine Kuckucks-Terz, und diese Tonfolge ändert sich nie, außer es geschähe bewußt. Auch wenn spaßeshalber einmal ein anderer Zuruf, wie etwa »Hugo«, ausgemacht worden ist, bleibt doch die Terz erhalten, ohne daß dafür eine Verabredung nötig wäre. Die Terz, schließt Bilz, verbindet den in der Auflösung begriffenen Verband. Sie ist – wie das Mobbing – ein biologisches Radikal, ein ererbtes, animalisch-biologisches Verhaltensmuster.

Zu den Überbleibseln aus der Zeit der Wildheit, den »Wildheits-Relikten«, gehört auch die Leistungsflaute am Arbeitsplatz. Sie tritt vor allem bei solchen Menschen auf, die im Büro oder Betrieb aus ihrer Arbeit keinen oder zu wenig Lustgewinn ziehen – denen also der Beruf nicht das Erlebnis des Anerkanntwerdens oder der Leistung gibt. Mehr oder weniger erleben wir alle, wie unsere Leistung im Tagesablauf zunächst ansteigt und dann abfällt – oft so stark, daß wir erst einmal pausieren müssen, bevor es weitergeht.

Bilz analysiert die Leistungsflaute, indem er wieder auf das Verhalten von Tieren hinweist. Paviane werden übermäßig erregt, wenn man sie nachts aus dem Schlaf weckt oder abends am Einschlafen hindert. Fürchten sie im ersten Fall den Angriff des »Nachtfeindes« in Gestalt des Leoparden, was ihr reflexhaftes Hochspringen in die Sicherheit der Käfigdecke vermuten läßt, so ist es im anderen die Übermüdung, die sie reizbar macht. Die gleiche Reizbarkeit, Weinerlichkeit und Grantigkeit zeigen auch Kinder, wenn sie abends über den »müden Punkt« hinaus wachgehalten werden und dann nur schwer einschlafen können.

Kennzeichnend für die Arbeitsleistung in den zivilisierten Ländern, schreibt Bilz, sei die systematische Arbeit, die sich über mehrere Stunden hinziehe. Dabei weiche der moderne Mensch in seinem Arbeitsstil von der Aktivität seiner Vorfahren – beispielsweise bei der Nahrungssuche – stark ab.

Damals seien Jagen und Sammeln die Hauptbeschäftigungen gewesen, eine auch heute noch lustbringende Tätigkeit. Es werde niemand behaupten wollen, daß Jagen und Sammeln unter den Begriff »Arbeit« fallen. Die ständige Abwechslung beim Durchstreifen der Wälder sei nicht mit der Berufsarbeit in einem Büro oder der mechanischen Tätigkeit an einem Fließband vergleichbar. Ist also der Leistungszwang, unter dem so viele Menschen heute stehen, etwas ganz und gar Unnatürliches? Bilz weist auf den Typ des Leistungsneurasthenikers hin als den eines Menschen, der am Arbeitsplatz unter nervösen Erschöpfungserscheinungen leidet. Die unverminderte Stetigkeit, die von ihm erwartet werde, die er aber nicht erfüllen kann, bringt ihn in eine Konflikt-Situation:

»Die Leistungsneurastheniker lassen sich einspannen, aber die ununterbrochene Leistung des Ackergauls ist ihnen versagt. Wir kennen Menschen, die sich von Anfang an nicht einschirren lassen. Wir kennen allerdings auch die Ackergäule. Wenn der Neurastheniker in seinen Konflikt fällt, kommt eine Verfassung über ihn, die uns an den Pavian erinnert, der am Einschlafen gehindert wird.«

Häufig melde sich bei diesen Menschen eine aggressive Gereiztheit, unter der auch ihre Mitarbeiter zu leiden hätten. Es bezeichne offenbar eine fundamentale Wahrheit, wenn es heiße, der Büroschlaf sei der gesündeste Schlaf. Da solchen Menschen der Schlaf jedoch verwehrt sei, versuchten sie, über die Blamage ihres Leistungsknicks anderweitig hinwegzukommen. Sie täten dies, indem sie beispielsweise Akten herbeiholten oder wegschafften. Die neurasthenische Leistungsschwäche habe absolut nichts mit Faulheit zu tun – eine Erkenntnis, die den Betreffenden vor einer Minderung seines Selbstwertgefühls bewahren mag. Häufig seien es hochbegabte Menschen, die darunter litten, die sich freilich auch dagegen wehrten.

Beispiele für überkommene Verhaltensweisen, die ihren Sinn oder Nutzen heute verloren haben, finden wir auch in Situationen der Angst oder in ausweglosen Lagen. Bilz erinnert an die Bombennächte des letzten Krieges, wenn die Bewohner eines Mietshauses im Luftschutzkeller versammelt waren: »Häufig konnte ich feststellen, wie die Leute, und zwar Männer wie Frauen, wenn sie die Bomben vernahmen, die Köpfe nach vorn bewegten, während sie einen krummen Rücken machten. Wenn die Bomben in sogenannten Reihenwürfen fielen, so führte das Nacheinander der Detonationen zu einem rhythmischen Zusammenducken und Vorstoßen der Köpfe. Dieses Verhalten war, biologisch gesehen, ein Deckungnehmen, wenn es auch nur symbolisch erfolgte.«

Andere Schutzsuchende reagierten in solchen Augenblikken höchster Gefahr mit Schreien oder mit dem Versuch, wegzulaufen. Bei einer Frau beobachtete Bilz etwas besonders Merkwürdiges. Es überkam sie nämlich – als einzige – in den brenzligsten Situationen regelmäßig eine unwiderstehliche Müdigkeit, und so schlief sie tief und fest ein.

Daß Angst in scheinbar ausweglosen Lagen sogar töten kann, zeigt der psychogene oder Vagus-Tod. Es gibt Beispiele dafür, wie Tiere vor Angst, also ohne äußere Einwirkung, gestorben sind, wenn sie sich in einer ausweglosen Lage befanden, und daß dies gelegentlich auch beim Menschen vorkommt. Wilde Ratten schwimmen in einer halb mit Wasser gefüllten Tonne nur kurze Zeit im Kreis herum, dann wird ihr Herzschlag langsamer, schließlich ertrinken sie, sterben den Vagus-Tod in der für sie ausweglosen Lage, ohne schon körperlich am Ende zu sein.

Ratten dagegen, denen man früher einmal einen Stock zur Flucht aus der Tonne ins Wasser gesteckt hatte, schwammen in dem »ausweglosen« Gefängnis bis zu 80 Stunden unermüdlich im Kreis. Ihnen war die Hoffnung geblieben, daß der Stock vielleicht wieder auftauchte – die Situation war für sie nicht ausweglos.

Manchmal erleben professionelle Tierfänger Ähnliches, wenn sie seltene exotische Tiere aus den Fangnetzen befreien und in den Transportkäfig bringen wollen – auch solche Tiere können dabei sterben. Bilz erlebte den Vagus-Tod eines Spitzhörnchens, als er es so in den Händen hielt, daß es sich nicht befreien konnte. Er spürte, wie das Herz »langsam paukend« schlug und sah, wie das rosige Schnäuzchen des Tieres blaß wurde. Binnen kurzem war es tot.

So werde, schreibt Bilz, die Ausweglosigkeit einer Situation von der Natur korrigiert: Der Vagus-Tod durch Herzversagen vereitelt den grausamen Tod, beispielsweise auch den der Gazelle in den Fängen des Leoparden. Der Feind hat nicht den Triumph der lebenden Beute, sondern nur noch den Kadaver.

Todesformen wie diese als Relikt einstiger Wildbahnzeiten finden wir gelegentlich auch noch beim Menschen. Bilz verweist auf den Fall eines jungen Mädchens, das sich einer gynäkologischen Untersuchung unterziehen sollte und auf dem Untersuchungsstuhl einen Schock-Tod erlitt. »Es war nicht bereit, sich gynäkologisch untersuchen zu lassen, aber es fügte sich der Disziplin. Es erwies sich als moralisch gefesselt, und diese ›moralische Fesselung‹, die sich in seiner Gefügigkeit ausdrückte, wurde ihm zum Verhängnis.«

In seinem Buch *Autogenes Training* erinnert der Oldesloer Arzt Hannes Lindemann an den Fall des ungarischen Hofnarren Gonella, der seinen Fürsten erschreckt hatte und deshalb zum Tode verurteilt worden war. Mit verbundenen Augen führte man ihn aufs Schafott. Als ihm der Henker auf Geheiß des Fürsten statt des erwarteten Beilhiebes eine Schüssel kalten Wassers über den Nacken goß, starb er – vor Schrecken.

Alle diese Beispiele weisen auf unser stammesgeschichtliches Erbe hin, unser Verbundensein mit dem Urmenschen. Sie zeigen, daß wir unter dem Smoking noch immer das Bärenfell tragen. Und offenbar gehen gerade auch jene Verhaltensweisen des Menschen auf die Urzeit zurück, die seine Weiterexistenz heute in Frage stellen. Auch sie lassen sich direkt aus stammesgeschichtlich sehr alten Eigenschaften des Großhirns ableiten. Einmal ist es eine Art hypertrophierte, also übermäßig entwickelte Wißbegier. Sie muß in jener Zeit entstanden sein, als die ersten Aufrechtgänger in der Steppe Holz- und Steinwerkzeuge herzustellen und das Feuer zu nutzen begannen. Damals eröffneten sich zahlreiche neue Möglichkeiten, das Leben in der neuen Umwelt zu meistern. Und so, wie Kinder etwa durch einen »Baukasten« angeregt werden, mehr oder weniger spielerisch alle möglichen Dinge zu konstruieren wie Bagger und Kräne, Hebel, Brücken und Fahrzeuge – so wird auch der Frühmensch über lange Zeiträume ausprobiert haben, was alles sich mit seinen Händen machen ließ.

Dazu brauchte er aber nicht nur sie, er brauchte vor allem den inneren Antrieb dazu, die Neugier. Und er brauchte Intelligenz. Auch die kam aus dem allmählich wachsenden Großhirn. Wer mit diesen Eigenschaften besonders gesegnet war oder bei wem die hier gefragten Großhirnbereiche am besten funktionierten, der wußte sich in Problemsituationen auch am geschicktesten zu behaupten. Er überlebte. Er konnte mehr Nachkommen mit den gleichen Fähigkeiten haben als andere.

So erhielten Wißbegier und Intelligenz einen hohen Stellenwert bei der Auslese. Was später zur Wissenschaft wurde: das Antwortsuchen auf richtig gestellte Fragen an die Natur, damals fing es an, sich im Menschen zu regen. Es ermöglichte Handwerk, Technik und Wirtschaft. Angestachelt von einem unwiderstehlichen Erkenntnistrieb und dem ruhelosen Drang, das Erkannte technisch oder wirtschaftlich umzusetzen, übt der Mensch unter anderem einen ständig wachsenden Druck auf die begrenzten Energie- und Rohstoffquellen der Erde aus. Man denke an den Ölverbrauch, den Abbau der Kohlevorräte, die Waffenarsenale, die ständig neu produzierten Konsumgüter-Modelle, an die intensiven landwirtschaftlichen Verfahren – die Aufzählung läßt sich fortsetzen.

Namentlich die Konsumgüter-Schwemme liefert hier ein beredtes Beispiel, doch wird mit ihr nur ausgenutzt, was uns als Sammeltrieb und Anspruchsdenken seit alters im Blut steckt. Es geschieht auch geschickt mittels psychologischer Tricks zur Umsatzmaximierung, zum Beispiel, indem man die Ware jeweils mit dem Attribut des Nonplusultra anpreist

– nur, um sie schon bald wieder als veraltet zu bezeichnen und neue Produkte zu propagieren. Doch dient das Ganze auch wieder dem »Wirtschaftswachstum« als vermeintlich unverzichtbare Voraussetzung für Vollbeschäftigung und Erhaltung des Lebensstandards.

Eine besonders bemerkenswerte Perversion liegt in der Entwicklung der Waffensysteme. Während die ersten Waffen, die Pfeile, die Speere, Steine, Lanzen und Knüppel, noch allein zur Jagd verwendet oder doch zum ausschließlichen Zweck des Jagens hergestellt wurden, so scheute sich der Mensch nicht, sie alsbald auch gegen seinesgleichen im Kampf um die besseren Weidegründe oder Wohngebiete, für politische oder religiöse Überzeugungen oder begehrte Bodenschätze einzusetzen und speziell solche Waffen zu entwickeln, die sich zum Töten von Menschen eignen. Heute stehen wir vor der Absurdität, daß weltweite Verhandlungen zur Abrüstung geführt werden, obwohl offensichtlich ist, daß kein Verhandlungspartner sich je seiner wirksamsten Verteidigungs- oder Angriffswaffen begeben würde – schon aus Gründen der eigenen Sicherheit nicht und angesichts der Unversöhnlichkeit der politischen Lager.

Ebenso folgenlos werden Appelle bleiben, etwas, das wissenschaftlich erforscht, erkannt und technisch machbar ist, ganz bewußt nicht herzustellen oder anzuwenden, weil es existentiellen Interessen der Menschen zuwiderliefe. Das haben wir mit der Atombombe und den chemischen Kampfstoffen erlebt, das wird uns jetzt zuteil mit der Zucht und Lagerung bakterieller Waffen und es steht uns ins Haus mit dem nur scheinbar ausschließlich dem Wohl der Menschheit dienenden medizinischen Fortschritt. Denn dieser nützt zwar vordergründig dem einzelnen Menschen, und er hat etwa bei der Bekämpfung der Seuchen auch viel Gutes bewirkt. Man muß aber auch seine Kehrseite sehen. Indem potente Arzneien und moderne therapeutische Verfahren die Kindersterblichkeit gesenkt und das durchschnittliche Lebensalter verlängert haben, leistet die Medizin auch der Bevölkerungsexplosion Vorschub und treibt damit die Menschheit in ungewollter Konsequenz ihrer humanitären Motive einem Holocaust entgegen.

Die militärische Aufrüstung als eine der gefährlichsten Menschheitsbedrohungen geht ihrerseits auf Formen des Urverhaltens zurück, nämlich den »Schutz vor Feinden« und auf die Jagd. »Feinde« – das sind in der Frühzeit des Menschen wahrscheinlich nur selten seine Artgenossen gewesen. Schützen mußte sich der Steppenbewohner vielmehr vor den schnellen, mit besseren Sinnesorganen und größerer Körperkraft ausgestatteten Konkurrenten aus dem Tierreich – vor allem den räuberischen Steppentieren. Gegen sie, aber auch für seine Jagd, mußte er Waffen erfinden und herstellen: Steinschleuder, Bogen und Pfeil, Lanze und Speer, Fallgrube, Faustkeil und Steinbeil haben damals ihre Aufgaben gerade soweit erfüllt, daß der Frühmensch satt werden und vor angreifenden Tieren einigermaßen sicher sein konnte. Zur Dezimierung der reichen Tierwelt reichte sein Arsenal bei weitem nicht aus.

Heute hat sich die Lage drastisch gewandelt. Die Jagd mit Gewehren, Gas und Gift, mit Fallen, die Hochseefischerei mit Schleppnetzen und andere wirksame Fangverfahren haben gemeinsam mit der Zerstörung natürlicher Biotope dazu geführt, daß viele Tierarten bereits ausgerottet sind, andere auf verlorenem Posten um ihr Überleben kämpfen.

Um sich Fleisch zu verschaffen, leistet sich der *Homo sapiens* die Kulturschande tierquälerischer Massenhaltung von Kälbern, Schweinen und Geflügel in Batteriekäfigen. Wirtschaftlich nahezu bedeutungslose, winzige Singvögel fängt er südlich der Alpen und anderswo in raffinierten Netzfallen ein und läßt diese seine »schmutzige Jagd« mancherorts auch noch vom örtlichen Kirchenvertreter segnen.

In der Land- und Forstwirtschaft benutzt er Pestizide als Waffen gegen sogenannte Schädlinge. Dabei vernichtet er als Folge der Breitbandwirkung vieler dieser Mittel auch manche natürlichen Schädlingsvertilger. Zwangsläufig gehen seither immer öfter Ernteschäden auf solche Schädlinge zurück, deren natürliche Feinde vernichtet wurden. Außerdem entsteht die berüchtigte »Resistenz«: Weil immer mehr Schädlinge sich gegen die einsetzenden Gifte als unempfindlich erweisen, müssen laufend neue oder die alten in größeren Mengen eingesetzt werden, was den allgemeinen Flurschaden nur um so größer macht.

Die Resistenzbildung zieht zwangsläufig nach sich, daß von der Industrie fortgesetzt neue Präparate hergestellt und verkauft werden. Die Anwender, die ihrerseits das Angebot kaum noch überblicken, setzen abwechselnd Mittel mit verschiedenen Wirkstoffen ein, ohne daß deren Wechsel- und Langzeitwirkungen auf das Ökosystem geklärt wäre. Chlorkohlenwasserstoffe beispielsweise, zu denen das in der Bundesrepublik verbotene, aber in großen Mengen noch immer hergestellte und exportierte DDT gehört, halten sich noch Jahrzehnte in der Natur, so etwa im Fettgewebe vieler Tiere. Es gerät auch in die Muttermilch. Das Schlimmste: Ein Teil dieser hochgiftigen Substanzen wird chemisch nicht oder nur sehr langsam abgebaut, ist krebsfördernd und erzeugt Mißbildungen oder steht im Verdacht dafür.

Hubert Weinzierl, Vorsitzender des deutschen Bundes für Umwelt und Naturschutz, forderte im Sommer 1981 – freilich vergeblich – die Einführung einer Rezeptpflicht für die Pestizide, denn es sei unerträglich, daß jedes Kind heute hochgiftige Chemikalien in großen Mengen kaufen könne. Zur Zeit werde rund ein Drittel der Fläche der Bundesrepublik Deutschlands regelmäßig mit Giftstoffen besprizt, obwohl die Langzeitwirkung von vielen der 60000 auf dem Markt befindlichen Agrochemikalien unbekannt sei. Wenn die Pestizidverwendung nicht drastisch reduziert würde, sagte Weinzierl, so würden etwa ein Drittel aller in der Bundesrepublik lebenden Tiere und Pflanzen das Jahr 2000 nicht erleben. Übersehen werde auch, in welchem Maße sich Pestizide in Lebewesen anreichern könnten. Allein in Deutschland sei der Pestizidverbrauch zwischen den Jahren 1975 und 1982 um vierzig Prozent gestiegen.

Doch damit nicht genug. Die letzten Walfische werden gegen den weltweiten Protest von Naturschützern gejagt und abgeschlachtet. Wehrlose Robbenbabys schlägt man ihrer Pelze wegen auf die erbärmlichste Weise mit Knüppeln tot. Dazu blüht der illegale Handel mit Tieren, die wegen ihrer Häute, ihrer Stoßzähne, ihres Felles, ihrer Federn oder auch nur wegen ihrer Possierlichkeit von den Wohlstandsbürgern geschätzt und gut bezahlt werden. Ihr alsbaldiger Artentod scheint damit ebenfalls schon vorprogrammiert zu sein.

Mancher Zeitgenosse jagt sogar aus purer Lust am Aufspüren und Töten von Wild – ich nenne hier stellvertretend nur die berüchtigte »Belchenschlacht« am Bodensee, bei der deutsche, schweizerische und österreichische Jäger alljährlich die kleinen, harmlosen Wasservögel von Ruderbooten aus scharenweise zusammenschießen. Die Beispiele dafür, daß große Teile der Menschheit jedes Gefühl für Wert und Bedeutung des »Naturgewachsenen« verloren haben, sind Legion.

Eng mit dem Jagen als Urverhalten hängt der Sammeltrieb zusammen. Während die Briefmarken-, die Münz- oder Zuckerstückchensammler noch vergleichsweise harmlose Beispiele dafür liefern, ist der Jagd- und Sammeltrieb des Urmenschen heute entartet zu einer Besitzgier, womit zumeist ein größerer Wohlstand gemeint ist: ein Verhalten, das bei einer Zuwachsrate der Weltbevölkerung von derzeit über 230000 Menschen täglich immer fragwürdiger wird.

Dem Urmenschen ging es ja nur darum, die Ernährung für den Tag sicherzustellen. Es war für ihn buchstäblich zwecklos, größere Vorräte zu sammeln, die unweigerlich verdorben wären, weil es weder Tiefkühltruhen noch Konservierungsmittel gab. Diese natürlichen Mäßigungsfaktoren entfallen heute. Doch das ist nicht das Problem. Bedenklich vielmehr ist unser immanentes Bedürfnis, materielle Güter über den tatsächlichen Bedarf hinaus anzuhäufen, eine Perversion, die letztlich eine über alle Maßen wuchernde Wirtschaft noch anstachelt.

Wir müssen uns freilich auch hier hüten, in die Rolle des Anklägers zu fallen, denn wir sind allen diesen Erscheinungen ausgeliefert, weil sie zwangsläufig eintreten mußten. Der

Trieb zum Heranraffen aller möglicher vermeintlicher Mittel zur Steigerung der Lebensgenüsse sitzt uns spätestens seit dem »Seßhaftwerden« zu tief in den Erbanlagen, als daß der Vorwurf schuldhaften Verhaltens berechtigt sei oder gar etwas daran ändern könnte.

»Unschuldig« sind wir so gesehen auch an der vielbeklagten Umweltverschmutzung. Auch sie ist – wie der psychische Streß – ein Kind des Wohlstandsstrebens und Anspruchsdenkens. Sie findet statt, weil wir meinen, die Erde sei im wesentlichen dazu da, vom Menschen ausgenutzt, ausgeschlachtet und bedarfsweise als Abfallkübel verwendet zu werden. Sie ergibt sich aus einem Denken, wonach der Fortschritt keinesfalls behindert werden dürfe, und wirtschaftliche Interessen automatisch dem Gemeinwohl dienten. Sie kommt zustande, wenn wir Werbepraktiken erliegen, die ein hektisches und wahlloses Konsumverhalten erzeugen, das alles andere ist als identisch mit Glück und Zufriedenheit.

Vor rund 10 000 bis 4000 Jahren lernte der *Homo sapiens,* Äcker zu bestellen und Vieh zu züchten. Der Mensch wurde seßhaft. Er baute sich Hütten, er blieb in der Nähe seiner Felder und Herden. Um jedoch Hirse, Einkorn, Gerste, Dinkel und Weizen anbauen zu können, mußte er Wälder roden. Vor allem dort, wo er Wälder an den Hängen zur Holzgewinnung für den Bau von Häusern, Schiffen oder Befestigungen abholzte, wusch der Regen den Boden aus und spülte die Ackerkrume talwärts, so daß sich bei schlechtem Wetter Schlammströme in die Flüsse wälzten. So begannen die »Sünden an der Natur«.

Anscheinend erkannte der Mensch damals noch nicht, was er anrichtete, zumal er die Wälder auch sonst unbekümmert nutzte. Viehzüchter ließen ihre Herden bedenkenlos in den Wäldern weiden und die nachwachsenden Jungpflanzen abfressen. Das alte Griechenland war einstmals, am Anfang seiner Geschichte, noch zu Dreiviertel seiner Landfläche bewaldet. Die Wälder waren damals heilig, Bäche und Quellen sprudelten, eine reiche Tierwelt lebte. Heute, als Folge der schon in der Antike einsetzenden Waldzerstörung, gibt es in

Griechenland nur noch fünf Prozent des einstigen Waldbestandes. Der Humusboden ist auf zwei Prozent seiner ursprünglichen Menge geschrumpft, nur ein Fünftel der Landfläche eignet sich noch zum Anbau. Zahlreiche Dörfer finden in ihrem Bereich kein Trinkwasser mehr. Ähnlich erging es anderen Ländern südlich der Alpen: Wo immer der Wald starb, verkarstete das Land.

Stärker noch belastete später das enge Zusammenwohnen von immer mehr Menschen die Umwelt. Die Probleme begannen schon, als die ersten Dörfer entstanden. Denn wo viele Menschen wohnen, da gibt es auch viele Abfälle. Anfangs überließen die Dörfler ihre Exkremente unbekümmert dem Regen oder einem Bach vor dem Hause. Speisereste und anderen Müll warf man einfach weg. Auf die Dauer konnte solche Sorglosigkeit aber nicht gutgehen. Krankheitskeime entwickelten sich, Seuchen brachen aus. Noch im späten Mittelalter rafften Infektionskrankheiten große Bevölkerungsteile dahin. Und niemand wußte, woran es eigentlich lag. Pest, Cholera, Kindbettfieber, Pocken, Typhus, Ruhr – sie alle galten als Sendboten des Teufels, als Strafe für Gottlosigkeit, für unbotmäßigen Lebenswandel oder sexuelle Sünden. Der enge Kontakt der Menschen untereinander und die fehlende Hygiene taten ein übriges und ließen die Krankheiten grassieren.

Allmählich erst leuchtete den Geplagten ein, wo die Ursachen zu suchen sein könnten. Trotzdem bequemte man sich nicht freiwillig, sondern erst unter dem Schock wiederholter Wellen von Choleraepidemien dazu, Abwasserkanäle zu bauen und das Trinkwasser hygienisch zu speichern.

Mit der industriellen Revolution gegen Ende des 19. Jahrhunderts kam für viele Menschen ein erst bescheidener, dann immer ansehnlicherer Wohlstand. Neue Energiequellen wie die Elektrizität, der Verbrennungsmotor, die Dampfmaschinen lieferten die Mittel, sich die Natur endgültig gefügig zu machen. Maschinen ersetzten die Muskelkraft. Die Warenproduktion stieg, und mit ihr wuchs das Anspruchsdenken. Dies wieder nutzten die Werbepsychologen. Allein in der

Bundesrepublik sind heute fast 400 000 Spezialisten in der Werbung tätig und werden fünf bis sechs Milliarden D-Mark jährlich dafür ausgegeben, den Konsumbetrieb anzuheizen und immer wieder neue Wünsche zu wecken.

Das Auto dient nicht nur als Statussymbol, sondern es verpestet auch die Luft. Die Fabriken schicken Qualm und Rauch in die Atmosphäre, chemischer Abfall besudelt Flüsse, Seen und das Meer. Künstlicher Dünger steigert zwar die Ernteerträge, er belastet aber auch die Gewässer. So kann man fortfahren: Straßen und Städte fressen sich in die Naturlandschaft. Aus einst maßvoll genutzten Mischwäldern wurden eintönige Monokulturen aus schnellwachsenden Fichten. Die »extensive« wurde zur »intensiven« Landwirtschaft und kommt mittlerweile ohne Kunstdünger und Schädlingsgifte nicht mehr aus. Kein Wunder: Wo eine Pflanzenart massenhaft wächst, lockt sie auch jene Kleinlebewesen an, die von ihr leben.

Mit wachsender Menschenzahl und zunehmender Technisierung haben jedenfalls auch die vier hauptsächlichsten Umweltbelastungen zugenommen: die Wasserverschmutzung, die Luftverpestung, der Lärm und die Müll-Lawine.

Trotz verbesserter Reinigungsverfahren fließt auch heute noch ein Teil der Abwässer ungeklärt in Flüsse und Seen. Ein trauriges Beispiel ist der mit Schadstoffen überlastete Rhein, der seit langem zur »Kloake Europas« geworden ist. Nahezu allwöchentliche Meldungen über Fischsterben auch in kleineren Flüssen und Bächen sprechen für sich.

In Zahlen läßt sich das Ausmaß der Schmutzschwemme nur schätzen. So ergießen sich heute einige hunderttausend Kubikmeter einer aus Exkrementen, Chemikalien und anderen Schadstoffen bestehenden Brühe in die bundesdeutschen Gewässer, die uns ihrerseits Edelfische liefern sollen und aus denen wir zum Teil unser Trinkwasser beziehen.

Eine Wasserpest besonderer Art verursachen die Öltanker-Unfälle in der Nähe der Küsten. Als der Supertanker *Torrey Canyon* vor der südenglischen Küste leckschlug, nahm das Fisch- und Muschelsterben an der Unglücksstelle phantastische Ausmaße an. Ein sarkastischer Kritiker meinte: »Wären statt des schwerflüssigen Öls Unkrautvernichtungsmittel in den Tanks gewesen, das gesamte pflanzliche Leben in der Nordsee hätte ausgelöscht werden können.« Dabei bereiten die Tanker-Unfälle nicht einmal die größten Sorgen, denn der Löwenanteil der Ölverschmutzung auf dem Meer geht auf die Unsitte mancher Tankerkapitäne zurück, ihre Transportbehälter auf hoher See illegal von Ölrückständen zu reinigen.

Gefährlich für die Binnenseen ist auch der Zustrom von Phosphaten. Mit dem Regen und mit unvollständig geklärten Abwässern gelangen sie über die Vorfluter oder direkt in die Gewässer. Phosphate sind als Bestandteile von Wasch- und Düngemitteln offenbar noch immer notwendig. Welche Hausfrau würde auf ihr vertrautes Spülmittel verzichten, welcher Bauer wollte ohne künstlichen Dünger auskommen? Leider haben die Phosphate aber eine unangenehme Eigenschaft. Sie mästen die Wasserpflanzen, sie lassen sie ins Kraut schießen. Massenweise wird unter dem Einfluß dieser Chemikalien Biosubstanz produziert.

Wenn Wasserpflanzen verrotten, verbrauchen sie Sauerstoff. Hält sich der Pflanzenwuchs in Grenzen, so ist alles in Ordnung. Nimmt er unter der Düngewirkung der Phosphate jedoch überhand, so reicht der vorhandene Sauerstoff im Wasser bald nicht mehr aus, um die abgestorbenen Pflanzenmassen vollständig zu zersetzen. Die Folge: Der Sauerstoffgehalt des Wassers sinkt. Stinkender Faulschlamm entsteht. Der See, dem solches widerfährt, »kippt um«, wie die Fachleute sagen. Schwefelwasserstoff steigt vom Boden auf, das Wasser wird ungenießbar, Fische und andere Wassertiere sterben.

Hinzu kommt: Süß- und Trinkwasser gibt es nicht unbegrenzt. Darum sollte es eigentlich nicht verschwendet werden. Dies geschieht aber dennoch in hohem Maß, ohne daß die seit Jahrzehnten fortgesetzten Mahnungen viel gefruchtet hätten. Ein Beispiel: Wer sein Auto selber wäscht, verbraucht dabei bis zu 200 Liter des kostbaren Rohstoffs, und allein der häusliche Verbrauch pro Kopf und Tag erreicht bei uns gut und gern seine 60-100 Liter, von denen nur rund 2,5 Liter zum Trinken und Kochen dienen.

Den Mißbrauch, den wir mit dem Wasser treiben, leisten wir uns auch mit der Luft. Alljährlich schicken wir tonnenweise giftige Gase, darunter Schwefeldioxid, Kohlenmonoxid, Fluor und Chlor, Blei- und Stickoxide, übelkeit- und krebserregende Stoffe in die Luft, die wir atmen. Mehr als dreihundert chemische Verbindungen nehmen an dieser Verschmutzung teil, darunter auch winzige Ascheteilchen. Man hat die Lungen verstorbener Bewohner von Industriestädten mit denen von Landmenschen verglichen. Dabei zeigte sich, daß die »ländliche Lunge« dank der Berührung mit relativ sauberer Luft ihre natürliche rote Farbe behält. Die Lungen der Industriestädter dagegen sind fast schwarz von der rußhaltigen Luft, die sie tagein, tagaus einzuatmen gezwungen waren.

Zwar ist die Ruhrluft – um ein deutsches Beispiel zu nennen – dank strenger Auflagen für die Industrie seit Mitte der sechziger Jahre sauberer geworden. Neuere Untersuchungen zeigen indes, daß daran auch die Krise der Stahlindustrie und reichliche Regenfälle in den letzten Jahren mitgewirkt haben. Der Regen freilich bringt auch Unerfreuliches. Er ist »sauer« geworden, sauer vor allem von den Schwefel- und Stickstoffverbindungen in der Luft, mit denen er sich auf seinem Weg zur Erde belädt. Und der saure Regen ist aggressiv. Er zerstört auf die Dauer die säureempfindlichen Quarzitverbindungen im Beton und Sandstein. Gebäude aus solchem Baumaterial werden regelrecht zerfressen. Tatspuren des modernen Säuremörders stellten Chemiker nicht nur an der erst wenige Jahre alten Ruhr-Universität in Bochum fest – auch der Kölner Dom ist betroffen. Sein Sandstein verwitterte in den letzten 30 Jahren rascher als in den dreihundert Jahren davor.

Übel nehmen das säuerliche Naß vom Himmel auch die Wälder, was zunächst nur im Ruhrgebiet aufgefallen ist. Dort kümmern die Kiefern- und Fichtenwaldungen jetzt nur noch dahin. Ob hier ein ursächlicher Zusammenhang besteht, ist zwar noch nicht ganz sicher, doch der Verdacht wächst. Allein im Jahre 1980 sind im Ruhrgebiet rund 600 000 Tonnen Schwefel freigesetzt worden, und die Niederschläge dort enthalten drei- bis fünfmal soviel Schwefel wie der Regen im Schwarzwald.

Unterdessen findet man die Kiefern- und Fichtenkrankheit schon fast überall in Mitteleuropa. 65 Prozent der Kiefern seien nahezu völlig entnadelt, knapp die Hälfte aller Fichtenbestände zeigten Absterbeerscheinungen, und auch die meisten Tannen seien betroffen, erklärten Forstfachleute auf einer Tagung der Akademie für Naturschutz und Landschaftspflege in Riemerling bei München im März 1982. Der gleichen Quelle zufolge trifft es inzwischen auch die Laubwälder. Beinahe alle Buchen in den Waldungen Nordbayerns und des Spessarts seien erkrankt. Die Buchenrinde breche auf und der sogenannte Buchenweißfluß werde sichtbar, was auf eine innere Erkrankung der Stämme schließen lasse. Pilze und Wolläuse siedelten sich an, die Bäume würden »weißfaul« und stürben innerhalb eines Jahres ab.

Wer an windstillen Tagen im »Revier« herumfährt, kann bei bestimmten Wetterlagen den berüchtigten Smog erleben. Der Ausdruck entstand aus der Wortverbindung von *smoke* (Rauch) und *fog* (Nebel). Smog kommt zustande, wenn über kalter Bodenluft Warmluft lagert und den Luftaustausch in senkrechter Richtung behindert. Die Metereologen sprechen von »Inversionswetterlagen«. Da glimmt die Sonne, wenn überhaupt, so nur noch als milchigtrübe Scheibe am Himmel. Auto- und Industrieabgase verdichten sich unter der Warmluftschicht wie der Wasserdampf unter dem Kochtopfdeckel. Stickige Schwaden lasten über dem Land. Zumal älteren Leuten macht das schwer zu schaffen. Sie bekommen Herzbeklemmungen, Reizhusten, müssen sich erbrechen, leiden an Schleimhautentzündungen und brauchen ärztliche Hilfe.

Die Übeltäter sind hier vor allem die Autoabgase. An Straßenkreuzungen ist diensttuenden Polizisten während einer Smog-Periode schon übel geworden. Und wer weiß, wie den

Kleinkindern zumute ist, wenn sie an solchen Tagen im Kinderwagen herumgeschoben werden? Das Kohlenmonoxid aus dem Auspuff ist schwerer als Luft, es lastet am Erdboden. Diesem Gas, das Selbstmördern in der abgeschlossenen Garage den Tod bringt, sind die dem Straßenpflaster näheren Kinder viel stärker ausgesetzt als die Erwachsenen, die ihre Nasen einen Meter höher tragen.

Eine gefährliche Form der Luftverschmutzung entsteht auch durch den Gebrauch bestimmter Spraydosen. Soweit sie Treibgase aus Fluorkohlenstoffen oder Chlorfluormethan enthalten, sind es kleine Zeitbomben. Die freigesetzten Gase steigen in die Stratosphäre auf und erreichen etwa 30 Kilometer über der Erde die sogenannte Ozonschicht. Das ist eine schalenförmige, ozonhaltige »Haut«, die von den ultravioletten Sonnenstrahlen erzeugt wird. Das UV verwandelt den Luftsauerstoff hoch oben zu einer dreiatomigen chemischen Verbindung – eben dem Ozon. Der Vorgang kostet die Strahlung Kraft – zu unserem Glück: Denn nun gelangt das ultraviolette Sonnenlicht nur noch abgeschwächt auf die Erde. Es bräunt zwar unsere Haut, doch kann es – maßvoll genutzt – keinen Hautkrebs erzeugen. Die erwähnten Treibgase aber können den Schutz aufheben. Sie durchlöchern die Ozonschicht über der Erde und verschaffen den gefährlichen Kurzwellen freie Bahn zur Erdoberfläche.

Doch weiter: Die Umweltverschmutzung, die bis in die Stratosphäre reicht, steht ebenbürtig neben einer akustischen – dem Krach, dem Lärm. Schon vor gut einem halben Jahrhundert hatte der Bakteriologe Robert Koch prophezeit: »Eines Tages wird der Mensch den Lärm ebenso unerbittlich bekämpfen müssen wie die Cholera und die Pest.« Seine Warnung blieb lange unbeachtet. Erst allmählich geht uns auf, wie recht er hatte.

Von Baustellen-, Flugzeug- und Straßenlärm wird heute in der Bundesrepublik jeder einzelne Bürger zeitweise, jeder neunte ständig belästigt. Viele sind lärmkrank – auch ohne es zu wissen. Bei manchen Geisteskranken ist Lärm der Auslöser ihres Leidens gewesen.

Wenn plötzlicher Lärm das Ohr erreicht, schlägt das Herz rascher, ziehen sich die Blutgefäße zusammen, weiten sich die Pupillen und verkrampfen sich Magen, Darm und Speiseröhre. »Der Betroffene mag den Lärm vergessen«, befand der Ohrenspezialist Dr. Samuel Rosen aus Boston, »sein Körper vergißt ihn nicht.«

Die Lärmbelastung hat viele Gesichter. Als eine der gefährlichsten Lärmquellen trotz ihrer wachsenden Beliebtheit gelten Beatschuppen und Discotheken. Denn in den akustischen Opiumhöhlen werden Lautstärken geboten, die auf die Dauer ziemlich sicher Gesundheitsschäden auslösen. Manche Disc-Jockeys stecken sich zum Schutz Zigarettenfilter in die Ohren, doch nicht wenige Disco-Fans sind auf dem Heimweg oft halbtaub und außerstande, sich auf die Straßengeräusche einzustellen. Das wird jedoch hingenommen. Gelegentliche Begründung: Die lautstarke Musik sei wie ein schützender Mantel. Sie schirme ab und bewahre davor, den andern reden zu hören und selbst sprechen zu müssen.

Was macht die Lärmgeißel so gefährlich? Unser Ohr übt, ähnlich wie die Nase, eine Warnfunktion aus. Es dient nicht nur zur Verständigung, es läßt auch Gefahren erkennen. Geräusche, die als Lärm empfunden werden, haben solchen gefahrverkündenden Alarmcharakter. Sie bewirken, daß sich der Körper auf eine Abwehrreaktion einstellt. Das Herz bereitet sich auf eine erhöhte Leistung vor. Das Nervensystem gerät in einen Zustand der Anspannung.

Das Ärgerliche an diesem Zustand ist, daß er sich so rasch nicht wieder löst. Denn die erwartete Abwehrreaktion, die »Entladung«, bleibt ja aus. Der Schreckreiz stellt sich als blinder Alarm heraus. Und das nicht nur einmal – in lärmreicher Umgebung geschieht es wiederholt: Mit jedem neuen Geräusch läuft das Spiel des Erschreckens mit der darauf folgenden Enttäuschung über die ausbleibende Abwehrreaktion ab.

Natürlich gibt es auch so etwas wie eine Psychologie des Lärms. Einen Reeder wird das Dröhnen der Niethämmer von der nahen Werft entzücken, den Büroangestellten bringt es auf die Palme. Den Schlagzeuger und seine Zuhörer macht sein Solo immer wieder »high«, die alte Dame im Stockwerk darüber treibt es zur Verzweiflung, weil sie nicht schlafen kann. Offenbar wird Lärm verschieden empfunden. Der ihn macht, erlebt ihn anders als der, der ihn erdulden muß, und der, für den er Profit bedeutet, lauscht ihm mit den angenehmsten Gefühlen.

Sprechen wir noch vom Müll. Nicht vom Atom-Müll, der von anderer Dimension und ein Ärgernis für sich ist. Reden wir vom ordinären Müll, der in die Mülleimer kommt. Er ist der anrüchigste Teil der Umweltverschmutzung. Man stelle sich vor, daß in der Bundesrepublik – vorsichtig geschätzt – alljährlich 200 bis 300 Millionen Kubikmeter Müll anfallen. Mit dieser Menge könnten rund 2,68 Millionen Güterwagen beladen werden. Koppelte man sie aneinander, so würde ein Zug entstehen, der mindestens vierzigmal von Köln nach Königsberg reichte.

In den USA ist die Lage noch ärger, wenn auch das Land viel größer ist. Nach einem Bericht der *Time* rangieren die Amerikaner alljährlich sieben Millionen Autos aus und werfen 100 Millionen Autoreifen weg. Hinzu kommen 20 Millionen Tonnen Altpapier, 28 Milliarden Flaschen und 40 Milliarden Büchsen. Die Kosten für die amerikanische Müllbeseitigung dürfte derzeit jährlich etwa fünf Milliarden Dollar betragen. Davon könnten wir hierzulande 30 000 komfortable Eigenheime bauen.

Die Frage stellt sich: Wohin mit dem Unrat? Verbrennen läßt sich nicht alles, und außerdem: Wo verbrannt wird, da entsteht Rauch, da stinkt es, da wird die Luft verpestet. Der Teufel würde mit dem Beelzebub ausgetrieben. Also reguläre Müllkippen? Das wäre eine Lösung. Man könnte ganze Täler ausfüllen, sie später begrünen und besiedeln. Nur quellen die regulären Kippen auch schon über. Auch sind laut Bonner Städtebauinstitut nicht alle Deponien als »geordnet« und »kontrolliert« anzusehen. Vielen fehlen die einfachsten technischen und hygienischen Voraussetzungen dafür, daß nichts passiert. Ratten tummeln sich im stinkenden Unrat.

Schwelbrände lassen stickige Rauchschwaden als Wahrzeichen für eine Belästigungsform über den Gruben und Halden aufsteigen, die den in der Nähe Wohnenden zur Plage wird. Faulgase entwickeln sich und explodieren im ungeeignetsten Augenblick.

Auch sammeln sich unter den Müllgruben trübe und übelriechende Flüssigkeiten an, die das Grundwasser gefährden. »Wo Ablagerungen unsachgemäß erfolgen«, so die Vereinigung Deutscher Gewässerschutz, »hat das Grundwasser durch Sickersäfte Schaden davongetragen. Jährlich sickern rund 250 000 Tonnen Salze aller Art aus den Müllplätzen durch Niederschläge ins Grundwasser.«

Müll gefahrlos zu beseitigen, ist offenbar nicht einfach. Problematisch vor allem ist das bunte Sammelsurium, das der moderne Wohlstandskehricht darstellt. Glas kommt neben Papier vor. Blech, Textilien, Knochen und verdorbene Lebensmittel lagern neben ranzigen Salben und anderen Medikamenten. Möbeltorsos bilden mit Gummireifen, demolierten Kühlschränken, ausgeschlachteten Autowracks und Tierkadavern surrealistische Szenerien. Neben gänzlich Undefinierbarem finden sich voll funktionsfähige Dinge wie Radios oder Bügeleisen: Gegenstände, die aus plötzlicher Abneigung weggeworfen oder gegen das neueste Modell eingetauscht wurden. Unsere Müllkippen spiegeln unsere Völlerei. Sie sind Indikatoren für die Kapitulation der Masse vor der Konsumwerbung.

Was eine rationelle Müllbeseitigung so schwierig macht, ist das Neben- und Durcheinander so vieler verschiedener Dinge. Glas beispielsweise verrottet nicht, es fällt aber trotz eindringlicher Appelle, dafür bereitgestellte Container oder Glasmüllschlucker zu benutzen, immer wieder in großen Mengen zusammen mit verrottendem Müll an. Oder der Kunststoff: Von ihm sind Produkte mit ganz verschiedenen Eigenschaften und entsprechend unterschiedlichem Verrottungsverhalten auf dem Markt. Manche zersetzen sich, andere bleiben länger stabil, manche lösen sich in der Hitze auf, andere werden im Licht unansehnlich. Besonders zu schaffen macht den Müllspezialisten, daß viele Kunststoffe so dauerhaft sind. Was sich während des Gebrauchs als nützlich erweist, wird zum Problem, wenn es beseitigt werden muß.

Herumärgern muß sich der Wohlstandsbürger vor allem mit dem PVC, einem Kunststoff, der auch als Verpackungsmaterial für Lebensmittel und Kosmetika dient. Verbrennt man die leeren Behälter oder schmort ein PVC-Lampenschirm über einer elektrischen Birne, so wird gasförmiger Chlorwasserstoff frei. Dieser wiederum reizt die Schleimhäute, er kann sogar Lungenschäden verursachen. Die Aufzählung ließe sich fortsetzen. Und das Problem wächst.

Umweltverschmutzung ist zu einem Begleitübel dessen geworden, was der Mensch heute als seine Zivilisation preist. Offenbar ist kein Kraut gegen sie gewachsen. Im Gegenteil: Angesichts steigender Ansprüche und einer rasch zunehmenden Weltbevölkerung wird das Müllproblem eher größer als kleiner werden. Aber auch hier stellt sich die Schuldfrage nicht, so schwer im einzelnen die Vorwürfe an den gesunden Menschenverstand auch wiegen mögen. Der Mensch ist für seine Umweltverschmutzung letzten Endes exkulpiert.

Vielleicht hätte der *Homo sapiens* noch eine Überlebenschance, wenn sich sein Gehirn in den letzten hunderttausend Jahren weiterentwickelt hätte und heute das Rüstzeug dafür bereithielte, seine selbstgeschaffenen Probleme zu lösen. Doch ist das Gehirn »stehengeblieben« – aus Gründen, über die wir schon ausführlich gesprochen haben. Es diktiert uns ein Verhalten, das einer ganz anderen Umwelt und anderen Lebensbedingungen gemäß wäre. So kompliziert es ist und sosehr wir seine Leistungen bewundern: Unser Großhirn kann keine angemessenen Rezepte mehr dafür liefern, die Schwierigkeiten zu meistern, in die sich die Menschen unter seiner Regie verfangen haben.

VI.
Ethik als Gehirnprodukt

Gäbe es eine überirdische Gerichtsbarkeit, so wären die Menschen für ihr naturzerstörendes, Tiere und Pflanzen ausrottendes und umweltverschmutzendes Treiben wahrscheinlich schon längst in ein riesiges Straflager gesperrt worden. Da eine solche Gerichtsbarkeit offenbar nicht existiert, sieht es so aus, als werde sich der Mensch selber für das bestrafen, was er auf der Erde anrichtet. Es sieht ganz so aus, als werde er jetzt die Zeche dafür bezahlen müssen, daß er auf der Erde nicht wie ein guterzogener Gast, sondern anmaßend und überheblich aufgetreten ist. Er wird dafür büßen, indem seine Überlebenschancen durch seine Massenvermehrung und sein Anspruchsverhalten weiter sinken und schließlich ganz hinschwinden.

In den ersten Kapiteln dieses Buches haben wir versucht, die stammesgeschichtlichen Ursachen für jene folgenschwere menschliche Betriebsamkeit aufzudecken. Wir haben gesehen, welche Rolle das Gehirn dabei spielte. Wir müssen jetzt fragen: Ist auch die menschliche Ethik in diesem Zusammenhang zu nennen? Ist sie, als Denkergebnis des Großhirns, gewissermaßen eine geistige Exzessivbildung? Liefert sie die Grundlage für ein Verhalten, das den Menschen auf lange Sicht bedroht, vergleichbar dem zu groß gewordenen Geweih der ausgestorbenen kanadischen Riesenhirsche?

Wir hätten in diesem Fall über die wohl heikelste Frage zu sprechen, die sich aus unserem Thema ergibt. Die Frage wäre: Würde der Mensch von seinen ethisch-moralischen Grundsätzen abrücken müssen, um zu überleben, und könnte er dies überhaupt?

Lassen wir den Gedanken einmal unvoreingenommen auf

uns wirken. Was würde geschehen? Würde eine Abkehr von ethisch-moralischen Verhaltensnormen den Untergang tatsächlich abwenden können, und würden wir dafür den Preis unmenschlicher Umgangsformen zu zahlen haben? Wäre eine solche Welt dann noch das Überleben wert? Oder würde es gar nichts nützen, würde der Verzicht auf diese Normen nur noch die Endphase eines in jedem Fall besiegelten Schicksals begleiten?

Wie auch immer: Wie sähe, hypothetisch gefragt, ein Zusammenleben aus, wenn – mit allen Konsequenzen – jeder nur noch sich selbst der Nächste wäre? Wie sähe das aus, wenn wir Menschen auf vieles von dem verzichteten, was uns erst zu Menschen gemacht hat, etwa das Mitgefühl, das Mitleid, den Schutz der Kranken und Schwachen?

Oder würde sich erweisen, daß dem Menschen der Übergang zu robusteren, rücksichtsloseren, ja grausamen Lebensformen auf die Dauer gar nicht gelänge, weil er damit unverlierbare Merkmale seines Menschseins aufgeben müßte? Würde sich herausstellen, daß er all dies nicht einfach ablegen kann wie eine Schlangenhaut: Güte und Liebe, Ritterlichkeit und Großzügigkeit?

So beklemmend es klingen mag, aber es gibt schon handfeste Hinweise auf das Abbröckeln alter und ein Hinwenden zu neuen, wenn man so will, »respektloseren« Maßstäben – eine Entwicklung, die nachdenklich stimmen muß. Ein Beispiel liefert die religiöse Szene: Während die Katholische Kirche weiter in unveränderter Einsichtslosigkeit am Verbot künstlicher empfängnisverhütender Mittel für ihre Gläubigen festhält, lockert sich die Moral eben jener Katholiken, vor allem soweit sie weniger »fest im Glauben« stehen. Diese Gläubigen beladen sich dabei vielleicht noch mit Gewissensbissen, was der Kirche dann im Beichtstuhl wieder zugute kommt – es ist aber kaum noch zu übersehen.

Deutlichere Zeichen sind die weltweit zunehmende Kriminalität, die um sich greifende Drogensucht und der Alkoholismus, die Kindesmißhandlungen, die zunehmenden Ehescheidungen. Es ist die sinkende Arbeitsmoral und der Verlust menschlicher Beziehungen unter dem Streß beruflicher und wirtschaftlicher Belastungen. Mögen heute auch hauptsächlich die westlichen Industrieländer Schauplätze solcher Veränderungen sein, so ist doch unverkennbar, daß die Bereitschaft dazu kaum Ländergrenzen kennt und nur die äußeren Bedingungen dafür gegeben zu sein brauchen, um sie auszulösen.

Um dem Problem näherzukommen, gilt es zunächst nachzuweisen, daß hochgezüchtete Moral und Ethik tatsächlich das Überleben des Menschen gefährden können, oder sagen wir vorsichtiger: daß es Umstände gibt, unter denen diese unsere Tugenden fragwürdig werden. Auf welche Grundaussagen menschlichen Selbstverständnisses gehen Ethik und Moral zurück und wie könnte, wenn überhaupt, von ihnen abgewichen werden?

Die Begriffe Ethik und Moral haben mit dem Sittlichen im Verhalten des Menschen zu tun. Die Philosophen unterscheiden dabei das Motiv eines Handeln, also die Gesinnung, die ihm zugrunde liegt, von den Auswirkungen einer bestimmten Handlungsweise (Gesinnungs- bzw. Erfolgsethik). Man kann Ethik auch als eine Art normativer Anthropologie verstehen, wie es der Bochumer Philosoph Gustav Ermecke formuliert: Was der Mensch ist, das soll er als Gabe und Aufgabe bewahren und entfalten. Daher das Grundprinzip: »Sei, der du bist, werde, der du sein kannst.« Es ist jedoch schwer, wirklich verbindliche Maßstäbe dafür aufzustellen, was im einzelnen ethisch-sittliches Handeln ausmacht. Zu unterschiedlich sind die ethischen Grundprinzipien unter den Völkern, zu sehr hat sich das »Ethos« in den Jahrhunderten auch von Land zu Land gewandelt.

Trotzdem gibt es sittliche Normen, zu denen sich »normaldenkenden« Menschen bekennen können. Dazu gehören die Regeln und Gebote für ein gedeihliches Zusammenleben in der Ehe, Familie und Gesellschaft: die Forderung etwa, den Nachbarn nicht zu töten, ihn nicht zu bestehlen oder zu ärgern, hilfsbereit und ehrlich zu sein, Kranken zu helfen, Tiere und Pflanzen zu schützen und ähnliches mehr.

Unter Christen bilden die »Zehn Gebote« die Richtschnur für die Art zu leben. Wir wollen hier aber keinen Ausflug in philosophische Schulen oder Glaubensbekenntnisse unternehmen, soweit sie Aussagen zu Moral und Ethik machen. Es genügt festzuhalten, daß es ein wenn auch nicht genau zu definierendes Maß an Übereinstimmung der meisten Menschen darüber gibt, was sittlich gut und was tadelnswert ist.

Vermutlich gehen diese Tugenden auf früheste Erfahrungen zurück. Schon der Altsteinzeitmensch wird die Spielarten des »Gegeneinander«, des schädigenden Verhaltens innerhalb der Gruppe mit seinen meist unerfreulichen Auswirkungen auf das eigene Leben als nachteilig und demgemäß verwerflich erkannt haben. Derjenige dagegen, der sich entsprechend der sittlichen Normen verhielt, gewann Achtung und Freunde und trug damit auch zum eigenen Überleben und dem der Gruppe bei.

Doch die ausgeprägtesten Formen ethisch-moralischen Verhaltens, welch hohen Wert sie an sich auch haben mögen, verlieren mit zunehmender Menschenzahl offenbar auch wieder an Bedeutung, wenn man einmal ihre langfristigen Folgen bedenkt. Ein Beispiel dafür ist der christliche Auftrag, »den Nächsten zu lieben wie sich selbst«, im Verein mit der biblischen Aufforderung, sich zu mehren und sich »die Erde untertan« zu machen. Denn nachdem letzteres geschehen ist und weiter geschieht, stehen wir nicht nur vor einer schon katastrophalen Bevölkerungslawine, vor Umweltverschmutzung und schwindenden Rohstoffreserven, sondern auch vor der Tatsache, daß altruistische, also selbstlose Grundhaltungen wie die des bedingungslosen Helfens oder des Mitleids auf die Dauer gesehen umschlagen können und sich schlicht als inhuman erweisen. Dies wird zu begründen sein.

Die Welt um die Zeitwende ist noch in jeder Hinsicht anders gewesen als die Welt von heute. Auch damals trugen die Menschen an ihren Sorgen und Nöten, doch war das Leben insgesamt überschaubarer und eher vorausplanbar. Die Probleme ließen sich auf einfachere Nenner bringen, denn die

Komplizierung des Lebens, wie sie die moderne Technik und Industrie und der ständig sich beschleunigende »Fortschritt« mit sich gebracht haben, fehlten noch. Die Welt von heute ist im Vergleich zu damals auch kleiner geworden. Unsere Nachrichtentechnik, die Verkehrsmittel haben sie schrumpfen lassen, während die Probleme der Menschen untereinander eher zugenommen haben.

In einer der menschlichen Arbeit gewidmeten Sozialenzyklika von Papst Johannes Paul II. aus dem Herbst 1981 liest man beispielsweise, der Mensch müsse »Vorrang vor den Dingen« genießen. Wäre nicht bereits ein beängstigender Trend in entgegengesetzter Richtung zu verzeichnen, so hätte sich dieses Wort wahrscheinlich erübrigt. Tatsächlich liegt dem päpstlichen Appell die leicht zu bestätigende Beobachtung zugrunde, daß der Mensch sich heute immer stärker von seinen Maschinen, seinen Apparaten, von zahllosen »Dingen« beherrschen läßt und sein eigentliches Wesen, sein fühlendes und empfindendes Ich zugleich mehr und mehr verkümmert.

Man sehe nur die vom Motor, von der Elektronik, von tausenderlei technischen Freizeitspielereien begeisterte Jugend von heute, die schon früh damit anfängt, Apparate der verschiedensten Art und zu den unterschiedlichsten Zwecken in ihr Leben zu integrieren und um sich anzuhäufen – »Dinge«, von deren Funktionieren oder Versagen nicht selten ihre Laune abhängt. Bedrückend dabei ist, daß die Geschicklichkeit im Umgang mit dem Apparat zunehmend auch die Voraussetzung für bestimmte Berufe bildet und damit zum Wertmaßstab eines Menschen wird – ablesbar an seiner Position und der Höhe seines Verdienstes.

Aus Tokio stammt eine Untersuchung des Soziologen Hidetoshi Kato, wonach der Großstadtmensch eine bemerkenswerte Routine darin besitze, seine Mitmenschen auf der Straße zu übersehen, sie gewissermaßen nur als Dinge, als Sachen wahrzunehmen, und dies aus dem einzigen Grund, um sich nicht fortgesetzt psychisch engagieren zu müssen. Die Großstädter, so Kato, interessierten sich nicht oder doch viel weniger für ihre Mitmenschen als die Dörfler, die sich grüßten, wenn sie sich begegnen. Für den Städter könne es zum Streß werden, wenn er sich mit anderen Menschen als »Personen« einlasse. »Einerseits gibt es viele Menschen, andererseits gibt es niemanden«, beklagte Kato die Lage in den Städten, »es gibt nur eine Riesenanhäufung einander fremder Personen ohne gegenseitige Gemeinschaftswirkung.«

Solchen Tatbeständen, die mehr das Individuum betreffen und sicher mitverantwortlich sind für die »Einsamkeit in der Masse« in den Industriegesellschaften, gehen Probleme größerer Dimension einher, die viel schwieriger zu erfassen sind. Eines davon betrifft den Menschenzuwachs in den übervölkerten Hungergebieten der Erde und die Frage, wie den dort ungestüm sprudelnden Quellen menschlichen Lebens auf die Dauer von den begüterten Nationen begegnet werden sollte. Versucht man, das Problem zu analysieren, um eine Lösung zu finden, so zeigt sich sofort, daß es mit anderen Problemen eng vernetzt ist, was die Lösung erschwert oder gar unmöglich macht.

Die Bemühungen um eine wirksame Geburtenkontrolle sind in den Entwicklungsländern bisher nur wenig erfolgreich gewesen – aus mancherlei Gründen. Einerseits sind viele Menschen in diesen Ländern wegen ihrer religiösen Überzeugung abgeneigt, nachhaltige Methoden zur Empfängnisverhütung anzuwenden. Zum anderen ist für viele gerade der ärmsten Menschen dort ein zahlreicher Nachwuchs noch immer die vermeintlich beste Altersversorgung. Vor allem aber steht das wachsende Analphabetentum allen jenen Verhütungspraktiken entgegen, die ein Minimum an eigener Denkarbeit verlangen. Erinnert sei an den Versuch des New Yorker Arztes Dr. A. Stone in den fünfziger Jahren, der das Bevölkerungswachstum in Indien mit einer, wie ihm schien, narrensicheren Methode zu bremsen hoffte.

Stone hatte ein einfaches Verfahren ersonnen, um die Inderinnen über die fruchtbaren und unfruchtbaren Tage im Monatszyklus der Frau aufzuklären. Er ließ in den Dörfern rosenkranzähnliche »Perlenketten« aus verschieden gefärbten Holzkugeln verteilen und gab bekannt, daß es sich um eine Art Kalender handele. Die Frauen sollten die Ketten an die Wand hängen oder um den Hals tragen und täglich eine Kugel von der linken auf die rechte Seite schieben. Die Ketten begannen mit vier roten Kugeln für die Tage der Regelblutung. Es folgten fünf grüne Kugeln für die »ungefährlichen« Tage, neun schwarze und außerdem eckige Perlen (um sie auch im Dunkel ertasten zu können) für die »verbotenen« Tage vor und nach dem Eisprung und schließlich zehn grüne Kugeln für die sichere Zeit vor der nächsten Regel.

Stone hatte alles gut bedacht. Nachdem er sich auch der Hilfe ortsansässiger Hebammen bedienen konnte, war er vom Gelingen seines Plans überzeugt. Doch hatte er die Rechnung ohne den Wirt gemacht. Vielfach gerieten die Ketten als willkommenes Spielzeug in die Hände der Kinder, weil die Frauen ihren Sinn beim besten Willen nicht begriffen. Andere legten die Ketten in die Schränke und kümmerten sich nicht weiter darum. Wieder andere erwarteten eine Art Zauberwirkung allein davon, daß sie die Holzperlen als Schmuck trugen. Eine Dorfbewohnerin beklagte sich: »Ich bin schon wieder schwanger, mein letztes Baby habe ich vor einem Jahr geboren, und ich habe doch die nichtswürdigen Perlen die ganze Zeit um den Hals gehabt!« Schließlich gab es Frauen, die die »Wartezeiten« abkürzten, indem sie die eckigen Perlen je nach Bedarf zur Seite schoben, gegebenenfalls auch alle auf einmal. Nichtsdestoweniger wunderten sie sich dann, wenn der Sinneslust der Kindersegen folgte.

Während Medizin und Sozialhygiene in den Entwicklungsländern zunehmend wirksam werden, während die Sterberate weiter sinkt und immer mehr einst an Krankheiten früh verstorbene Kinder ins fortpflanzungsfähige Alter gelangen, wächst natürlich die moralische Verpflichtung der reicheren Nationen, zu helfen. Doch sind dieser Hilfe Grenzen gesetzt, und dies zumal unter dem Druck wachsender Preise für die Energieversorgung. Hinzu kommt, daß Hilfsgüter für die Dürre- und Hungergebiete ihre Ziele oft nicht erreichen. Sie werden falschen Adressen zugeleitet oder kommen wegen bestehender Transportprobleme gar nicht erst oder nur verdorben dorthin, wo sie am dringendsten benötigt würden.

Trotzdem strengen sich zumindest die westlichen Industrienationen an, das Elend in der Dritten Welt so gut es geht zu lindern. Viel erhofft man sich dabei aus der Lieferung von »Technologien«, um die Ernteerträge zu erhöhen. Großunternehmen investieren stattliche Summen, bauen Bewässerungsanlagen, liefern Traktoren und andere Landmaschinen, künstlichen Dünger und Pflanzenschutzmittel. All dies soll die drohende Entwicklung aufhalten und den Menschen ein Auskommen sichern. »Hilfe zur Selbsthilfe für die armen Länder« – so umschreibt man diese Form der Gewissensentlastung und ist überzeugt, ein gutes Werk getan zu haben.

Tatsächlich kommen solche Hilfen den geplagten Bewohnern der Entwicklungsländer vielerorts auch gelegen. Doch fördern sie andererseits auch unerwünschte Nebenwirkungen. Denn indem man die Landwirtschaft ankurbelt, entstehen Großbetriebe, und mit dem wachsenden Maschinenpark verlieren mehr und mehr landwirtschaftlich tätige Menschen ihre Arbeitsplätze. Der »Fortschritt« verdrängt sie aus den angestammten Verhältnissen, sie wandern in die Städte ab. Hier wartet dann aber nicht das Paradies auf sie, sondern ein meist kümmerliches Leben in den Slums, wo sie das Elendsproletariat vermehren.

Der herkömmlichen Entwicklungshilfe liegt noch ein weiterer Trugschluß zugrunde. Er besteht darin, daß man einen – nicht eintretenden – Rückgang der Geburtenrate erwartet oder glaubt, die Bevölkerungen in den Hungergebieten könnten mit Hilfe der landwirtschaftlichen Hilfsmaßnahmen erst einmal ungehindert weiterwachsen (was das Problem nur verschiebt, nicht löst).

Noch ärger wird das Dilemma, wenn man meint, statt der Technologien nur genügend Nahrungsmittel in die Hungergebiete liefern zu brauchen, um die Darbenden dort vor dem Tode zu bewahren. Vordergründig und kurzfristig stimmt zwar auch dies. Denn Nahrungsmittel, Medikamente, Dekken, Zelte und Wasseraufbereitungsanlagen lindern die erste Not. Auf die Dauer jedoch geschieht Unerwünschtes. Man muß ja davon ausgehen, daß es sich bei den Dürrezonen und den schon übervölkerten Hungergebieten der Erde um Landstriche handelt, die normalerweise nur sehr viel weniger Menschen ernähren könnten, als es dank der Hilfe von außen der Fall ist. Als Folge der »Rettungsmaßnahmen« vermehren sich die Überlebenden weiter, und nach einiger Zeit existieren noch viel mehr Menschen, die um Hilfe rufen. Es herrscht weitaus größere Not. Die Industrieländer sehen sich also vor der Aufgabe, entweder noch mehr Hilfe zu leisten – hier wären die »Grenzen des Wachstums« sicher bald erreicht – oder aber zuzusehen, wie nicht nur einige Tausend, sondern vielleicht Zehntausende von Menschen verhungern. Durch die Verflechtung der Probleme kann so die ursprünglich humane Tat zutiefst inhumane Folgen haben, weil sie letztlich zu mehr Leiden führt.

Wir müssen uns aber darüber klar sein, daß wir Menschen – in diesem Fall die Angehörigen der bessergestellten Industriegesellschaften – gar nicht anders handeln können, als den Betroffenen in ihrer aktuellen Notsituation zu helfen. Das verlangen die Gebote der Humanität. Und so werden sich die Leiden der Betroffenen – ausgelöst vor allem durch den wachsenden Bevölkerungsdruck – in jedem Fall vermehren. Das Elend wird so lange größer werden, wie nicht höhere Gewalt – etwa eigener Notstand in den Industrieländern – die Hilfeleistungen versiegen läßt und damit ein Ende mit Schrecken setzt. Das Problem würde dann gelöst, indem die Natur in jenen Gebieten die Bewohnerzahl durch Massensterben gewaltsam an die vorhandenen Wohn- und Ernährungsmöglichkeiten anpaßt.

In einem Essay unter dem Titel »Die Kirchen zwischen Wachstum und globalem Gleichgewicht« schreibt zu diesem Problem der amerikanische Systemanalytiker Jay W. Forrester [18]: »Humanität veranlaßt dazu, dem weniger vom Glück begünstigten Menschen beizustehen. Aber dieser Beistand basiert gegenwärtig auf einer viel zu einfachen Be-

trachtungsweise und bezieht sich meist auf unmittelbar erreichbare Ziele. Lang- und kurzfristige Ziele pflegen sich jedoch oft zu widersprechen. Wann führt Hilfe in der Gegenwart zu vermehrten Übeln in der Zukunft? Betrachten wir
ein stark übervölkertes Land. Der Lebensstandard ist niedrig, die Menschen sind unterernährt, befinden sich in
schlechtem Allgemeinzustand, kurz, es herrscht Elend. In
dieser Situation ist eine Bevölkerung allen Naturereignissen
besonders stark ausgesetzt. Nahrungsmittel kann man nicht
einfach kaufen, und alle medizinischen Einrichtungen sind
ständig hoffnungslos überlastet. Eine Flut macht nun Tausende obdachlos; aber ist eigentlich die Flut daran schuld
oder die Tatsache, daß die Bevölkerungsballung Tausende
dazu zwingt, in flutgefährdeten Gebieten zu wohnen? Dür-
ren führen zu Hungerkatastrophen, aber sind daran ursäch-
lich die Wetterereignisse schuld oder die Bevölkerungszahl,
die das Anlegen von Lebensmittelvorräten verunmöglicht?
Das Land ist in einem prekären Zustand, in dem alle Widrigkeiten in ein Ansteigen der Sterberate umschlagen.

Dieser Vorgang ist im Grund nichts weiter als ein Teil des
natürlichen Regelmechanismus, der weiteren Bevölkerungs-
zuwachs limitiert. Nun aber kommt es nach jedem Naturer-
eignis aus humanitären Impulsen zu beträchtlichen Hilfeleistungen von außen mit dem Ergebnis, daß die geretteten
Menschen erneut zum Bevölkerungswachstum beitragen. Je
höher aber Bevölkerungszahl und Ballungsgrad sind, um so
verwundbarer wird das Land. Epidemien drohen, es kommt
noch öfter zu Katastrophen, die weitere Hilfeleistungen von
außen erheischen. Und diese wiederum haben noch größere
Menschenmassen in erbärmlicher Lage zur Folge und erhöhen die Notwendigkeit für weitere Hilfeleistungen, bis
schließlich ein Zustand eintreten kann, in dem jede Hilfsak-
tion versagt.«

Unser Moralkodex, die christliche Nächstenliebe, die Humanität oder was immer man an menschlichen Tugenden dafür nennen mag – verbieten es, Menschen einem elenden
oder gar tödlichen Schicksal zu überlassen, solange eine

auch nur irgendwie geartete Hilfe möglich ist, eine Hilfe, die das Desaster dann allerdings vorprogrammiert. So werden sie die Opfer unseres denkenden und empfindenden Gehirns.

Einer der Wissenschaftler, die zu diesen Fragen scharfsinnig argumentiert haben, ist der amerikanische Bevölkerungsexperte Garrett Hardin [26]. Er stellt fest, daß die Geschichte der Entwicklungshilfe voll von tragischen Irrtümern sei, und er fragt zu Recht: »Wie weiß man eigentlich im voraus, ob Hilfe wirksam ist?«

In Afrika, so Hardin, hätten wir wohlmeinend Dämme gebaut, die eine Zunahme von Krankheiten zur Folge hatten, für Südostasien hätten sich die eingeführten Insektizide schädlich für die Bauern ausgewirkt. Nach Indien sei »Wunderweizen« geschafft worden, der die Reichen noch reicher, die Arbeitslosigkeit noch größer gemacht und die Landflucht intensiviert habe.

»Das alles lehrt«, schreibt Hardin, »wie zweifelhaft Hilfe ist, die man armen Ländern gleichsam aufzwingt. Vollends schlimm ist aber, wenn man ›hilft‹, indem man Nahrung zur Verfügung stellt. Denn diese Soforthilfe trägt einen bösen Zeitzünder in sich.

1965 schickten die Vereinigten Staaten zur Bekämpfung einer Hungersnot zehn Millionen Tonnen Getreide nach Indien. Dieses Korn drückte den Getreidepreis und hielt die indischen Bauern davon ab, selber Getreide anzubauen. Da es deshalb zur nächsten Erntezeit wiederum Hunger gab, schickten die Amerikaner erneut zehn Millionen Tonnen, aber diesmal kam das Getreide mit einer Nachricht: Mehr gibt es nicht!

Indische Politiker reagierten indigniert, aber natürlich war diese Nachricht aus Washington vernünftig. Als nämlich das Hilfsgetreide vom Markt war und keine Aussicht auf weitere Hilfslieferungen bestand, stieg der Getreidepreis. Also bauten indische Bauern mehr Getreide an. Also wurde mehr geerntet.

Die Vereinigten Staaten halfen 1965 mit ihrem Getreide

nach einem Prinzip, das ich die ›Epimetheische Ethik‹ nenne. Epimetheus war in der griechischen Mythologie derjenige, der zwar einsah, wenn er etwas falsch gemacht hatte, aber nie die Konsequenzen seines Handelns vorauszusehen vermochte. Im Unterschied zu dieser ›Epimetheischen Ethik‹ brauchen wir in der Entwicklungshilfe, was ich die ›Prometheische Ethik‹ nenne: eine Ethik, die langfristige Folgen bedenkt.

Diese Hilfe basiert auf der Einsicht, daß jedes Land eine Grenze der Belastbarkeit hat. Sehr simpel: Wer eine Weide besitzt, die mit 100 Kühen ausgelastet ist, wird diese Weide ruinieren, wenn er 110 Kühe auf ihr grasen läßt. Genau dieses Prinzip gilt auch für Menschen.

Ich weiß, daß man Mut haben muß, um ein ›Prometheaner‹ zu sein. Aber ohne Mut ist das Problem, von dem hier die Rede ist, nicht lösbar. Viele Führer armer Länder sind genau deshalb Gegner der ›Prometheischen Ethik‹. Wenn sie nämlich auch künftig die reichen Länder überreden können, Nahrung in ihre übervölkerten Länder zu schicken, können sie sich weiter vor mutigen Entscheidungen drücken.

Eine Nation, die über permanente Versorgungsengpässe klagt, ist eine überbevölkerte Nation. Es ist widersinnig und langfristig mörderisch, ihr zu weiterem Bevölkerungswachstum zu verhelfen. ›Prometheische Ethik‹ verbietet solche Hilfe. Genau deshalb ist sie die einzige wirklich humane Hilfe.«

Solchen Überlegungen wird man kaum widersprechen wollen. Trotzdem muß gefragt werden: Würde eine prometheische Ethik im Hardinschen Sinn die Not lindern, das Bevölkerungsproblem entschärfen, die Lage der Menschen wirklich bessern können? Setzte sie bei den Betroffenen nicht vor allem Einsichtsfähigkeit dafür voraus, daß mit der Verweigerung von (im Lieferland überschüssiger) Nahrung nur ihr Bestes gewollt sei? Würde verweigerte Hilfe nicht Feindseligkeit heraufbeschwören?

Hier scheint doch der Wunsch der Vater des Gedankens zu sein und unterschätzt zu werden, welche politischen und sozialen Kräfte freigesetzt würden, wenn der »Neid der Besitzlosen« in den armen Ländern erst einmal überschäumt und sich Luft zu machen beginnt.

Allzuviel Einsicht scheint auch der prominente deutsche Biologe Hubert Markl vorauszusetzen, wenn er meint, mit einer »Überlebensethik« das Rezept zur Lösung der verfahrenen Situation zu besitzen [41].

Die Menschheit, stellt Markl fest, nähere sich unaufhaltsam einer singulären neuen Lage. Sie habe nur Aussicht zu überdauern, wenn sie sich im globalen Gesamtsystem der Biosphäre, das immer stärker durch das Gesamtwirtschaftssystem der Menschheit beeinflußt werde, als langfristig »fit« erweise. In dieser Situation müsse die »Vermehrungsfitneß« als Bewertungskriterium der biologischen Evolution abgelöst werden durch eine »Wertfunktion«. »An die Stelle des Darwinschen Fitneßimperativs«, schreibt Markl, »muß eine auf Einsicht gegründete und verantwortete Überlebensethik treten ... Der Mensch ist das erste Lebewesen, das die Fähigkeit dazu entwickelt hat und das unumgänglich auf ihre Anwendung angewiesen ist ...«

Das klingt gut, aber ist es nicht pure Theorie? Erst einmal müßten wir erfahren, was da konkret unter einer »Überlebensethik« verstanden werden sollte – und wer unter den etablierten »Sachverständigen«, die Amt und Würden zu verlieren hätten, ließe da schon die Katze aus dem Sack? Zum anderen dürfte zweifelhaft sein, ob der Mensch, wie Markl meint, zu einer wie immer gearteten Ethik des Überlebens noch fähig wäre, also zu einem Verhalten, das unweigerlich an die Wurzeln menschlichen Selbstverständnisses rüttelte.

Vergegenwärtigen wir uns, daß Hunger und Übervölkerung namentlich in der Dritten Welt rasch zunehmen und mit dem wachsenden Elend auch rationale, vernunftbezogene Kräfte von den betroffenen Menschen immer weniger erwartet werden können. Ratschläge zur Empfängnisverhütung, Verbote, den Wald zu roden oder dem Umweltschutz zuliebe auf solche Industrieprodukte zu verzichten, die angesichts der Ernährungsnot den ausgelaugten Äckern immer noch einmal chemische Korsettstangen einziehen, solche wohlfeilen Belehrungen würden von ihnen wahrscheinlich mit bitterem Hohn quittiert. Sie würden als von Leuten herrührend aufgefaßt werden, die vom sicheren Hort ihres Wohlstandes doch nur ihren eigenen Vorteil suchen. Zwar können wir uns alle nur wünschen, daß es zu einer gemeinschaftlichen Anstrengung komme, um das »Überleben des Übersystems Menschheit« (Markl) zu ermöglichen, aber wir sollten auch die dafür bestehenden Möglichkeiten realistisch sehen.

In welche Verlegenheit uns Moral und Mitgefühl, Verantwortungsbewußtsein und Nächstenliebe bringen können, wird besonders im Hinblick auf die Erbkrankheiten deutlich. Über diese Dinge zu sprechen, ist zwar in Deutschland auch heute noch, viele Jahre nach der Naziherrschaft, nicht einfach. Die fälschliche, demagogische Auslegung von Erkenntnissen der Genetik hatte seinerzeit zu jenen Unmenschlichkeiten geführt, die manchem von uns noch in schrecklicher Erinnerung sind. Wer noch weiß, was damals im »Rassenwahn« nach dem Motto »Vernichtung lebensunwerten Lebens« geschehen ist, der versteht die Zurückhaltung diesem Thema gegenüber auch heute noch.

Trotzdem muß hier eine Frage aufgeworfen werden, die sich in jedem Fall den nächsten Generationen stellen wird. Es geht dabei nicht so sehr um einzelne Erbleiden, deren allmähliche Ausbreitung Sorge bereiten muß wie etwa die Zukkerkrankheit. Es geht vielmehr um allgemeine Verhaltensweisen und Einflüsse in der modernen Welt, die die Erbanlagen des Menschen schwächen und schädigen – allen voran der Umgang mit der Radioaktivität und mit bestimmten »mutagenen« Chemikalien. Das Problem, das sich daraus ergibt, ist deswegen so heikel, weil alle Versuche, die Entwicklung aufzuhalten, entweder einen Eingriff in die persönliche Freiheit des einzelnen Bürgers bedeuten oder aber einen kaum zumutbaren Verzicht auf mühsam erkämpfte Annehmlichkeiten unseres Lebens bedingen würden.

Wir haben schon im ersten Kapitel auf die Ursachen hingewiesen, die zu diesem »schleichenden Erbverfall« führen. Einige Fragen stehen noch im Raum. Gehen wir davon aus, daß der Mensch das in der Natur wirkende Auslesegesetz für seine Person nicht nur entschärft, sondern praktisch ganz ausgeschaltet hat. Während in der freien Wildbahn Tiere und Pflanzen mit nachteiligen Merkmalen von den vorteilhafter angepaßten Artgenossen allmählich verdrängt werden, erhalten wir Menschen aufgrund unserer Ethik und Moral auch die erbbiologisch Kranken so gut es geht am Leben, und wir tun dies mit den Fortschritten der Medizin immer erfolgreicher. Wir tun es ganz selbstverständlich, ohne viel dagegen zu unternehmen, daß in diesen Fällen natürlich auch die krankmachenden Merkmale weiter verbreitet werden können. Selbst die Fruchtbarkeit eines Menschen können wir gegebenenfalls medikamentös oder chirurgisch wiederherstellen, wenn sie wegen eines Erbleidens gelitten hat – und wir tun es auch. So entpuppt sich auch hier ein auf kurze Sicht und am einzelnen Betroffenen gemessen zutiefst humanes Handeln als gefährlich für den Fortbestand des *Homo sapiens,* wenn man seine Folgen auf längere Sicht bedenkt.

Allerdings darf man nicht verkennen, daß es in unserer Gesellschaft auch positive Einflüsse auf die Erbausstattung des Menschen gibt. Dazu gehört das allgemein frühere Heiratsalter. Je jünger zwei Menschen heiraten und je eher sie Kinder haben, um so weniger konnten äußere Einwirkungen wie Röntgenstrahlen oder mutagene Chemikalien ihre Keimdrüsen erreichen und die Erbanlagen schädigen. Zweitens werden die meisten schädlichen Erbanlagen rezessiv vererbt, das heißt, die Träger der kranken Gene erscheinen äußerlich nur dann krank, wenn sie die krankmachenden Anlagen von beiden Elternteilen geerbt haben. Das ist jedoch um so seltener der Fall, je stärker eine Bevölkerung genetisch durchmischt ist, je unterschiedlicher also die Erbanlagenbestände der Ehepartner sind.

Bei der großen Reiselust und dank der modernen Verkehrsmittel lernen sich heute zunehmend weit auseinander wohnende Menschen kennen und heiraten auch. So kommt es zu einer Vermischung recht unterschiedlicher Anlagenbestände: Auto, Eisenbahn und Flugzeug bewirken eine Maskierung des Erbverfalls, denn die rezessiv vererbten Gene werden zwar weitergegeben und können sich auch vermehren, aber die betreffenden Krankheiten können nur dann durchbrechen, wenn zwei gleichsinnig veränderte Partnergene zusammentreffen. So breiten sich die kranken Anlagen unter der Oberfläche einer scheinbar noch gesunden Bevölkerung aus, bis der Durchmischungsprozeß seinen Höhepunkt überschritten hat.

Während man darüber streiten mag, ob dies eine erfreuliche Nachricht ist, bedeutet die Möglichkeit, sich nach einer genetischen Beratung entsprechend verantwortungsbewußt zu verhalten, zumindest in den westlichen Industrieländern einen wichtigen Fortschritt. Die Frage bleibt aber, wie wirkungsvoll genetische Beratung und frühes Heiratsalter auf die Dauer sein können, wenn die erbschädigenden Einflüsse in unserer Zivilisation weiter zunehmen, zumal, wenn wir die Entwicklungsländer in die Rechnung mit einbeziehen. Wenn beispielsweise in Indien oder Brasilien die Bemühungen um die Geburtenkontrolle schon am Ausmaß des Problems scheitern, wie wollte man dann ein so kompliziertes Verfahren wie die genetische Beratung in nennenswertem Umfang erfolgreich praktizieren? Dort, wo die Bevölkerungen mit Vermehrungsraten von drei und vier Prozent wachsen, werden die Menschenlawine, das Elend, die Personal- und Kostenfrage jedem solchen Versuch erhebliche Barrieren entgegensetzen.

Auch muß gerade hier die Kehrseite der Frühehen bedacht werden. Je früher eine Frau heiratet, um so größer ist normalerweise die Zahl der Kinder, denen sie das Leben schenken kann. Um so kleiner ist auch der Abstand zwischen den Generationen. Man vergegenwärtige sich einmal, daß es bereits im Jahre 1990 in den Entwicklungsländern über eine Milliarde heiratsfähiger junger Leute zwischen 15 und 29 Jahren geben wird, die ganz entscheidend am Wachstum der Weltbevölkerung (wahrscheinlich dann mit einem fühlbaren Schub) beitragen werden [54].

Doch zurück zu unserem Problem. Langfristig werden wir wohl davon ausgehen müssen, daß Medizin und technischer Fortschritt die Zahl der lebenden Erbkranken erhöhen, und daß auch die äußerlich gesunden Menschen mehr und mehr nachteilige Gene in sich tragen, die spätere Generationen belasten werden.

In letzter Zeit hört man oft, die sogenannte genetische Manipulation könnte hier zum Retter in der Not werden. Darunter versteht man künstliche Eingriffe in die Erbsubstanz DNS, wie sie heute bei einfachen Lebewesen schon zur Routine geworden sind. Ein Beispiel: Nach der Entdeckung der sogenannten Schneide-Enzyme ist es möglich geworden, DNS-Erbträger-Moleküle bei Bakterien sozusagen auseinanderzuschneiden und sie mittels anderer, »Ligasen« genannter Enzyme wieder neu zu kombinieren. Auf diese Weise können Einzeller zu Produzenten begehrter Zellprodukte »umfunktioniert« werden, etwa zu kleinen Interferon-Fabriken (Interferon ist eine körpereigene Substanz, von der sich die Medizin unter anderem bei der Krebsbehandlung Hilfe erhofft).

So interessant es jedoch sein mag, eines Tages etwa mit Hilfe harmloser Viren oder Bakterien gesunde Anlagen in die Körper Erbkranker einzuschleusen, so ist die genetische Manipulation doch noch lange kein Instrument, um den befürchteten Erbverfall aufzuhalten – falls dies überhaupt je möglich sein sollte. Denn weder wissen wir schon Genaues darüber, wo auf den menschlichen Chromosomen bestimmte Anlagen zu suchen wären, noch ist jeweils bekannt, wie viele Gene an der Ausprägung bestimmter Merkmale mitwirken, noch bestehen die technischen Voraussetzungen für eine genetische Therapie im großen Maßstab. Wir können nicht wie mit einer feinen Pinzette ein schädliches Gen im Chromosom oder im DNS-Erbträger-Molekül ergreifen und herauslösen, um es dann gezielt durch ein gesundes zu ersetzen und für diese Behandlung etwa mit einem rollenden Ambulatorium durch die Lande fahren.

Welche Schlüsse sind nun nach Lage der Dinge zu ziehen?

Wahrscheinlich ist es so, daß bei einer rasch wachsenden Erdbevölkerung von demnächst fünf Milliarden der Appell an die Vernunft bei den weitaus meisten Erdenbürgern ungehört verhallen wird. Schon der Hinweis, daß es für den einen oder anderen besser wäre, keine Kinder zu haben, würde als Eingriff in das Persönlichkeitsrecht empfunden oder als gegen die göttliche Weltordnung gerichtet aufgefaßt und abgelehnt werden. Das aber würde bedeuten: Mit dem Fortschritt von Medizin und Technik werden auch die Erbschäden unter den Menschen unaufhaltsam zunehmen. Sie werden sich vermehren als Folge eines legalen, humanitären, gewünschten und in einer zivilisierten Gesellschaft auch gar nicht vermeidbaren Verhaltens. Immer wieder werden wir die Frage erfolgreich verdrängen, ob unser helfendes Mitleid, ob christliche Nächstenliebe bloß den heute lebenden Menschen zugute kommen sollten oder ob sie nicht auch den nach uns Kommenden gelten müßten.

Andererseits spricht vieles dafür, daß die Menschen in ihrer großen Mehrheit nur solange zu hilfreicher »Nächstenliebe« bereit und willens sein werden, wie es ihnen vergleichsweise gut geht, und daß sie im selben Maße, wie der Existenzkampf härter wird, egoistischer zu denken beginnen und schließlich auch einfache Gebote der Humanität mißachten werden. Damit würde eine weltweite Entwicklung einsetzen, die heute noch kaum vorstellbar ist.

Die Kirchenvertreter, soweit es bis jetzt erkennbar ist, scheinen die Anzeichen dafür nur ungern zur Kenntnis zu nehmen. Statt dessen bringen sie tröstend vor, das Menschenleben sei gottgewollt, und jeder Eingriff etwa in den Sittenkodex käme einem Rückfall in die Barbarei gleich. Auf die Entgegnung, damit befänden sich die Betroffenen in der Situation eines Blinddarmkranken, dem die rettende Operation versagt bleibt, weil sie verboten sei, würde es nur ein Achselzucken geben. Es würde heißen, der Mensch habe sich gegebenenfalls gläubig seinem Schicksal zu fügen. Man wird vielleicht auf eine Stelle in der Sozial-Enzyklika von Papst Johannes XXIII. vom Juli 1961 pochen, wo es heißt: »Gott hat in seiner Güte und Weisheit in die Natur unerschöpfliche Hilfsquellen gelegt und hat den Menschen Verstand und schöpferische Kraft gegeben, sich die geeigneten Werkzeuge zu beschaffen, um sich ihrer zu bemächtigen und sie zur Befriedigung der Bedürfnisse und Erfordernisse des Lebens einsetzbar zu machen. Deshalb ist die grundlegende Lösung des Problems nicht in Mitteln zu suchen, welche die von Gott eingerichtete Ordnung verletzen und sich gegen die Quellen des menschlichen Lebens selbst richten, sondern in einem erneuerten wissenschaftlich-technischen Bemühen des Menschen, seine Herrschaft über die Natur zu vertiefen und auszuweiten. Die von der Wissenschaft und Technik schon erreichten Fortschritte eröffnen auf diesem Weg unbegrenzte Horizonte . . .«

Inzwischen wird es immer ungewisser, welche Autorität die Kirche dereinst noch haben wird, wenn der Menschheit, um es salopp zu sagen, das Wasser bis zum Halse steht und täglich offenkundiger wird, daß Gebete weder Nahrung noch Wohnraum, noch alle anderen Bedingungen eines menschenwürdigen Überlebens auf der Erde herbeizaubern können.

In einer vielleicht nicht mehr sehr fernen Zukunft werden statt dessen viel Tränen und Leid auf den *Homo sapiens* warten, zumal ihm möglicherweise nicht viel Zeit bleiben wird, sich allmählich an die gewandelte Situation zu gewöhnen. Von der Ethik, die ihn einst über das Tier erhob, wird vieles abbröckeln. Und manches spricht dafür, daß wir schon auf dem Wege dahin sind.

VII.
Die Spielarten des Aussterbens

Das Leben ist zäh. Das wissen alle, die einmal versucht haben, Blattläuse oder Mehltau im Garten zu bekämpfen. Alljährlich werden wir von Schädlingen und Krankheitserregern heimgesucht. Man weiß nicht, woher sie kommen, wie aus dem Nichts tauchen sie auf, um sich auf die unerfreulichste Weise breitzumachen. Auch Stechmücken und Ratten scheinen mancherorts fast unausrottbar zu sein, und wären wir sarkastisch, so müßten wir auch den Menschen zu den großen Plagen dieses Planeten rechnen. Schon ist das Wort vom *Homo sapiens* als einer »Krebsgeschwulst« gefallen, die die Erde überziehe, immer weiter sich ausdehnend, in alle Winkel vordringend.

So leicht ist das Leben also nicht totzukriegen. Genauer: Bestimmte Lebensformen, gewisse erfolgreiche Arten und Gattungen sind es nicht. Sie scheinen buchstäblich allen Fährnissen zu trotzen.

Andererseits gibt es ungezählte Tiere und Pflanzen, die im Lauf der Stammesgeschichte ausgestorben sind. Wie die noch lebenden Arten zählen sie nach Millionen. Ja, man muß sogar sagen, das Aussterben gehört genauso zur Evolution wie die Entstehung neuer Arten und Gattungen. Allerdings starben Tiere und Pflanzen nicht zu allen Erdepochen gleich häufig aus. Es hat Zeiten großer Lebensfülle, aber auch solche des Faunenwandels gegeben, beispielsweise das Ende des Perm oder der Übergang von der Kreide- zur Tertiärzeit. Auch die Gründe für das Aussterben unterscheiden sich.

Ziemlich häufig geschah es, daß bestimmte Lebewesen »Konkurrenten« bekamen, die sich in der betreffenden Umwelt als erfolgreicher erwiesen und die weniger gut Angepaßten aus ihren ökologischen Nischen verdrängten. Ausgestorben sind Tiere oder Pflanzen auch dann, wenn sich die Umwelt änderte und es ihnen nicht gelang, den neuen Lebensverhältnissen gerecht zu werden. Nicht selten sind Fälle gewesen, in denen sich bei einer Tierart ein bestimmtes Organ übertrieben stark entwickelte, so daß es seine ursprüngliche Aufgabe zuletzt nicht mehr erfüllen konnte. Auch ein erbliches besonders auffälliges Verhalten kann zum Verhängnis führen, indem es die betreffenden Arten zunehmend zum Ziel feindlicher Angriffe macht.

Sehen wir uns einmal nach solchen Beispielen um und fragen wir schließlich danach, ob eine der Ursachen schicksalhaft auch für den Menschen werden könnte.

Manchmal war für das Aussterben einer Art die verfehlte Entwicklung bestimmter Körperteile verantwortlich. Einen solchen Fall liefert wahrscheinlich das Gebiß der pflanzenfressenden Titanotherien, die im frühen Tertiär vor etwa 60 Millionen Jahren lebten. Zu ihnen gehörte auch der zwar gewaltige, aber harmlose Brontops, eine über vier Meter lange Urzeit-Kreatur mit zwei stumpfen, zapfenartigen Hörnern über der Nase und einem Gehirn, das kaum größer als ein Apfel gewesen sein mag. Dieses Ungetüm besaß Backenzähne mit sägeförmigen Schmelzleisten am Außenrand, während der Innenrand der Zähne mehr stumpf-höckerig wirkte. Zwischen den hochragenden Außen- und den niedrigeren Innenkanten der Zähne bestand ein sozusagen gesundheitsgefährdender Höhenunterschied. Ihn werten manche Paläontologen als verhängnisvolles Handicap für die Tiere. Denn die »Höcker« konnten zum Kauen praktisch erst benutzt werden, nachdem die äußeren, zackenförmigen Schmelzleisten weit genug abgekaut waren. Nicht grundlos achtet ja bei uns Menschen der Zahnarzt darauf, daß nach Gebißregulierungen oder dann, wenn man eine Prothese braucht, die Kauflächen gut aufeinanderpassen. Möglicherweise hat es also beim Brontops allmählich zunehmende Ernährungsprobleme gegeben, an denen die Tiere schließlich scheiterten. Das ist allerdings nur eine mögliche Erklärung für ihr Aussterben. Andere, mit den Titanotherien im Eozän konkurrierende Huftiere jedenfalls besaßen zweckmäßigere Backenzähne, wie man von Skelettfunden weiß. Sie sind damals offenbar die besseren Nahrungsverwerter gewesen.

Im Oligozän vor etwa 35 Millionen Jahren schlägt die Stunde für die sogenannten Gespenstermakis, eine Gruppe kleiner primitiver Affen mit großen Augen und langen buschigen Schwänzen: nächtlich lebende Tiere mit großen Hinterbeinen und besonders langen Füßen. Im immerwährenden Konkurrenzkampf müssen sie den besser angepaßten Altweltaffen weichen, den Pavianen, Meerkatzen und den menschenähnlichen Affen. Viel früher schon, im Oberkarbon oder Perm vor etwa 300 Millionen Jahren, verschwanden die ersten geflügelten Gliedertiere, die Urinsekten, um erfolgreicheren Insektenordnungen das Feld zu überlassen.

Auch vor vielen räuberisch lebenden Tieren der Erdvergangenheit hat der Artentod nicht haltgemacht. An die Stelle der kleinen, fleisch- und pflanzenfressenden Ur-Raubtiere traten im oberen Eozän vor etwa 45 Millionen Jahren die hundeartigen, im Rudel jagenden Raubtiere und die katzenartigen Einzelgänger, die ihnen schon von der Größe her überlegen waren. Bekannt ist das Beispiel des australischen Wildhundes (Dingo), der unter anderen den Beutelwolf vom australischen Festland verdrängte, nicht, weil dieser »degeneriert« gewesen wäre, sondern weil sich die Jagdmethode des Dingo als erfolgreicher erwies.

Beziehungsreicher für den Menschen sind andere Ursachen, die zum Aussterben führten. In diesen Fällen traten nicht überlegene Konkurrenten auf, sondern die betroffenen Arten schaufelten sich sozusagen selbst ihr Grab. Offenbar ließ ihre Lebenstauglichkeit durch innere körperliche Vorgänge im Lauf der Generationen allmählich nach. Eine Art einseitig gerichteter Entwicklung trat ein, die in stammesgeschichtliche Sackgassen führte.

Um das zu verstehen, müssen wir uns mit dem Begriff der Spezialisierung vertraut machen. Verfolgt man das Schicksal mancher Tiergruppen über lange Zeiträume, so stellt man fest, daß bei ihnen bestimmte Organe oder Eigenschaften von anfangs robuster und einfacher Form sich allmählich immer mehr komplizierten, was zwar zunächst vorteilhaft war, später jedoch auch Risiken barg.

Ein Beispiel dafür ist das Pferd, dessen stammesgeschichtliche Entwicklung sich weitgehend auf dem nordamerikanischen Kontinent abgespielt hat. Das kleine und träge, nur etwa terriergroße Urpferdchen *(Eohippus)* bewohnte vor 65 bis 70 Millionen Jahren noch die Wälder. Seine Füße hatten damals fünf Zehen. Dann jedoch begann der Fuß sich zu verändern. Beim *Hyracotherium* im unteren Eozän verkümmerte eine Zehe, später fehlt sie ganz, und so geht es weiter: Aus dem vierzehigen *Orohippus* des mittleren Eozäns wird das Pferd des Oligozäns *(Mesohippus)* mit ausgeprägter Mittelzehe. Das *Hipparion* des Pliozäns vor rund fünf Millionen Jahren präsentiert sich schon als schneller, an die Steppe angepaßter Einhufer, an dessen Lauffüßen die beiden die Mittelzehe flankierenden Zehen stark verkümmert sind. Beim heutigen Pferd *(Equus)* finden wir schließlich den typischen einzehigen Springfuß. Eine »geradlinige« Entwicklung also vom langsamen, kleinen und vielseitigen Waldbewohner zum »hochgezüchteten« schnellen Steppenläufer – eine »Spezialisierung«.

Parallel zu der auf bessere Laufeigenschaften gerichteten Evolution ging beim Pferd nicht nur ein Größenwachstum einher, sondern auch die Zähne veränderten sich und paßten sich dem neuen Nahrungsangebot an. Die Form der Zähne läßt ja immer erkennen, wovon sich ein Tier hauptsächlich ernährt hat. Da zahlreiche Pferdegebisse aus früheren Erdperioden erhalten geblieben sind, können wir schließen: Der *Eohippus* mit seinem vergleichsweise unspezialisierten Gebiß wird noch ebenso pflanzliche wie tierische Nahrung verzehrt haben. Die nächste Entwicklungsstufe, das *Hyracotherium* im unteren Eozän, besaß schon vierhöckerige Backenzähne. Dieses Tier fraß vor allem Laub. Mit der Zeit wurden dann die Höcker flacher und die Kauflächen größer, indem die Höcker zu »Leisten« zusammenflossen. Der Zahnschmelz schlug sozusagen Falten wie ein zusammengeschobener Teppich, was die Tiere noch weitergehend zu Pflanzenfressern spezialisierte. Beim heutigen Pferd schließlich, das für seine harte Grasnahrung eine wirksame Mahlvorrichtung braucht, sind die Zähne mit Zement umgeben und die Kauflächen für ihre Aufgabe voll ausgereift.

Ähnliche Entwicklungsvorgänge haben sich in der Natur ziemlich zahlreich abgespielt. Sie werden auch verständlich, wenn wir uns daran erinnern, daß die Auslese stets diejenigen Merkmale fördert, die für ihre Träger vorteilhaft sind. Das Prinzip von Versuch und Irrtum, die tastenden Verbesserungsversuche, bei denen Bewährtes bewahrt und Untaugliches verworfen wird, dieses Prinzip macht sich ja auch der Mensch inzwischen bei zahlreichen technischen Problemen erfolgreich zunutze [56]. Die ersten Fahrräder mit ihren verschieden großen Rädern kamen noch ziemlich unbeholfen voran. Heute ist das Fahrrad so gut entwickelt, daß prinzipielle Verbesserungen kaum noch denkbar sind. Beim hochgezüchteten, leichtgewichtigen Rennsportrad ist ein Perfektionsgrad erreicht, der dieses Rad zwar extrem schnell macht, es aber auch nahezu ausschließlich für diesen Zweck spezialisiert. Andere Vorzüge wiederum hat das »Tourenrad«.

Oder denken wir an den Fußballschuh mit seinen »Stollen«. Die Form der kleinen Zapfen unter der Lauffläche kann entsprechend den Platzverhältnissen gewählt werden. Die Stollen bieten optimale Sicherheit und Spielmöglichkeiten – weit mehr als ein Schuh mit glatter Sohle. Auch hier haben wir es mit einer Spezialisierung zu tun. So wie das Pflanzenfressergebiß bei den Tieren nicht mehr zum Beutezerreißen taugt, so wenig würde sich der Fußballspieler mit seinen Stollen unter den Schuhen auf dem Tanzparkett oder beim Wandern wohlfühlen, und so wenig lädt das Rennrad zu einer bequemen Picknickfahrt ins Grüne ein.

Auch bei der Form anderer Körperteile bringt die Spezialisierung Vorteile mit sich, doch birgt sie manchmal auch das Risiko, die betreffenden Arten in größte Überlebensprobleme zu stürzen. Das kann passieren, wenn sich ihre Umwelt einmal ändert oder sie in Gebiete verschlagen werden, wo ihre Eigenschaften oder Merkmale plötzlich nichts mehr taugen. Um beim Fußballspieler zu bleiben: Die zunächst für den trockenen Rasen gewählten Schuhe werden zunehmend unzweckmäßiger, wenn es im Spielverlauf zu regnen beginnt. Während aber die Spieler solchem Ungemach begegnen und ihre Schuhe bei Halbzeit wechseln können, hat eine Umweltänderung für eine spezialisierte Tier- oder Pflanzenart zuweilen verheerende Folgen.

Tatsächlich ist solches Unheil in der Stammesgeschichte des Lebens wiederholt eingetreten. Wir wissen beispielsweise, daß mit der nacheiszeitlichen Versteppung in Ostafrika die Waldtiere dort bis auf jene fast völlig ausgestorben sind, die noch »unspezialisiert« genug waren, um sich auf die Steppe einzustellen. Nur wenige Arten überlebten damals, unter ihnen die Eichhörnchen der Gattung *Xerus,* die lernten, sich Erdhöhlen zu graben.

Nun könnte man natürlich fragen: Wenn schon eine Spezialisierung von Organen auf zweckmäßigere Funktion hin möglich ist, warum sollte dann nicht auch umgekehrt eine Umweltänderung die spezialisierten Organe wieder in primitivere, unspezialisiertere zurückverwandeln können? Mit anderen Worten: Warum sollte die eingetretene Merkmalsveränderung nicht wieder rückgängig zu machen sein?

So nahe dieser Gedanke liegt, so steht ihm doch ein biologisches Prinzip entgegen, das der belgische Paläontologe Louis Dollo im Jahre 1893 entdeckt hat. Es ist das Gesetz der Irreversibilität (der Nichtumkehrbarkeit) einer stammesgeschichtlichen Entwicklung, das Dollosche Gesetz. Danach kann ein einmal erreichter Spezialisierungsgrad nicht ohne weiteres rückgängig gemacht, ein speziell abgewandeltes Organ also nicht wieder in seinen Ausgangszustand zurückversetzt werden.

Ein Beispiel für das Dollosche Gesetz führen uns die warmblütigen Wale vor. Als Säugetiere stammen sie von den kiementragenden Fischen ab und entwickelten als Landwirbeltiere Lungen (aus dieser Zeit stammen auch die heute noch vorhandenen rudimentären Beckenknochen). Als sie dann zum Leben im Meer zurückfanden, bildeten sich nicht wieder Kiemen, sondern es blieb bei den Lungen. Ergänzend entstand lediglich eine Atemöffnung am Rumpf, durch die die Wale bis heute bei ihrem regelmäßigen Auftauchen aus dem Wasser Luft holen müssen.

Auch die Panzerung mancher Schildkröten, die vom Land- zum Meeresleben übergewechselt sind, spricht für Dollo. Diese Tiere verloren während der Jura- und Kreidezeit im Wasser allmählich ihren schweren Panzer, der ihnen dort nur hinderlich war. Als sie später an die Küsten zurückkehrten, wuchs ihnen zwar ein neuer Panzer, doch bildete er sich aus einem anderen Hautgewebe als der erste Panzer der auf dem Lande lebenden Stammform.

Wenn es vom Dolloschen Gesetz Ausnahmen gibt, so betreffen sie höchstens kleine und kleinste Veränderungen. Für sie sind einfache Erbabweichungen verantwortlich, sogenannte »Punktmutationen«. Immer dann, wenn es um die Verwandlung ganzer Organe während vieler Jahrtausende geht, müßten aber viele Mutationsschritte in gleicher Richtung stattfinden. Die Erbänderungen müßten in bestimmter rückläufiger Weise eintreten, um den alten Zustand wieder herzustellen. Das ist zwar nicht völlig ausgeschlossen, aber extrem unwahrscheinlich.

Auch hier stehen wir vor der ganzen Kompliziertheit des Evolutionsgeschehens. Entwickeln sich Organe oder wandeln sich Tierarten um, so wirken dabei zahlreiche Kräfte mit und müssen viele Bedingungen erfüllt sein, die dann einen neuen, der gleichen Umwelt besser oder einer neuen Umwelt angepaßten Typ hervorbringen. Schon die Wahrscheinlichkeitsgesetze schließen es nahezu aus, daß sich ein solcher Vorgang in völlig gleicher Weise wiederholt.

Verallgemeinernd läßt sich sagen, daß spezialisierte Tierformen schwerer mit neuen Umweltverhältnissen zurechtkommen als unspezialisierte. Selbst wenn man stammesgeschichtlich große Zeiträume veranschlagt, werden sich aus den stark spezialisierten Elefanten niemals wieder Vögel entwickeln können und aus dem Rothirsch auch niemals kleine gewandte Klettertiere, die eichhörnchengleich von Ast zu Ast springen.

Umgekehrt dürfte die Umstellung auf neue Umwelten solchen Tieren leichter fallen, die noch keine allzu speziellen Merkmale erworben haben. Beispielsweise wäre es denkbar, daß die weltweit verbreitete Ratte sich noch als Stammform für neue Tierarten entpuppt, etwa für solche, die auf spezielle Umwelten angewiesen sind wie das Wasser, die Baumkronen oder die Polarzonen.

Diesen Zusammenhang versuchte der amerikanische Paläontologe E. D. Cope gegen Ende des vorigen Jahrhunderts mit seinem Gesetz von der Unspezialisiertheit (Law of the Unspecialized) zu erfassen. Es besagt, daß die spezialisierten Lebewesen aller erdgeschichtlichen Epochen sich im allgemeinen schwer getan haben, jene veränderten Umweltbedingungen zu »verkraften«, die die jeweils folgenden Epochen mit sich brachten. Manchmal wirkten sich die neuen Erdzeitalter geradezu verheerend auf solche Artengruppen aus. Andererseits haben unspezialisierte Tierarten die Umwälzungen besser überlebt. Allesfresser konnten sich leichter an klimabedingte Veränderungen im Nahrungsangebot anpassen als Tiere, die auf eine ganz spezielle Pflanzenkost oder bestimmte Beutetiere angewiesen waren. Auch lösten körperlich kleine Arten allfällige Ernährungsprobleme leichter als große.

Das Copesche Gesetz hat sich vielfach bestätigt, wenn auch mit wachsendem Wissen Einschränkungen nötig wurden, so daß man heute besser von einer »Regel« sprechen sollte. Sie trifft übrigens auch auf Tiere mit Organen zu, die im Lauf der Zeit immer größer und schließlich zu groß, also unzweckmäßig wurden. Doch davon später. Hier müssen wir zunächst noch über die Zweckmäßigkeit als solche sprechen.

Immer wieder staunt man über die vielen sinnvollen Anpassungen von Tieren und Pflanzen an ihre Umweltverhältnisse: die Stromlinienform bei gewandten Schwimmern wie Haien oder Delphinen, die Flügel der Albatrosse, das Echolot-Organ der Fledermäuse, die weichen, zum lautlosen Schleichen gepolsterten Katzenpfoten – die Beispiele sind Legion. In der Botanik imponieren die Anpassungen der Blütenformen an die Mundwerkzeuge der Insekten, die Tricks der fleischfressenden Pflanzen beim Fang ihrer Beute, die wasserspeichernden Blätter der Sukkulenten und vieles mehr.

Selbst Organe, deren Zweck besser erfüllt würde, wenn sie anders geformt wären, werden in ihrer vermeintlich weniger zweckmäßigen Form verständlich, wenn sich erweist, daß sie mehrere Funktionen haben. Ihre Form ist dann einfach der bestmögliche Kompromiß für die verschiedenen Aufgaben. Ein Beispiel ist die Haut der Amphibien, die sowohl zur Atmung als auch zum Schutz dient, also weder zu dick noch zu dünn sein darf. Der Spechtschnabel dient als Pinzette beim Aufpicken von Larven, als Schaufel beim Suchen im Laub, als Meißel beim Bau der Spechthöhle, als Resonanzboden, wenn der Specht ruft, und als Instrument zur Gefiederpflege. Würde er nur einem dieser Zwecke dienen müssen, hätte er sicher auch eine andere, eben diesem einen Zweck angemessene Form.

Ohne ausgesprochene Spezialisten zu sein, können Tierarten auch unmittelbar durch andere vernichtet werden. Ein solches Drama hat sich – unter Mithilfe des Menschen – im vorigen Jahrhundert auf der Karibikinsel Jamaika abgespielt. Nachdem dort im Jahre 1872 neun indische Mungos von Seeleuten ausgesetzt worden waren, vermehrten sich die kleinen langschwänzigen Schleichkatzen nicht nur äußerst rasch, sondern vernichteten in kurzer Zeit auch zahlreiche Arten von Schlangen, Eidechsen, Landkrabben und Schildkröten, außerdem die dort bodenbrütenden Tauben, den Sturmvogel und fast alle Ratten.

Auch verheerende Epidemien muß man hier nennen, zumal wenn sie solche Tiere heimsuchen, die in eng begrenzten Verbreitungsgebieten leben und nicht ausweichen können. Werden hier Krankheitserreger aus entlegenen Gebieten eingeschleppt, so kann das katastrophale Folgen haben. Während die Lebewesen im Heimatgebiet der Erreger vielleicht schon unempfindlich gegen sie geworden sind, trifft die Krankheit die neuen Opfer mit ganzer Härte. Ein Beispiel dafür aus jüngster Zeit ist die Kaninchenkrankheit Myxomatose. Die südamerikanischen und kalifornischen Langohren leiden unter dieser Viruskrankheit nur geringfügig, für die europäischen Kaninchenrassen dagegen bedeutete sie Tod und Verderben. Das als »Kaninchenpest« bekannte Leiden wurde im Jahre 1952 über Frankreich nach Mitteleuropa eingeschleppt, später setzte man das Virus auch gezielt zur Bekämpfung der wildlebenden Nager in Australien ein. Dabei machten sich die Forstleute die »Empfindlichkeit« der australischen Kaninchen gegenüber dem Virus für einen fragwürdigen Ausrottungsfeldzug zunutze. Es kam zu dem bekannten Massensterben. Ähnlich verheerend wirkte sich der vermutlich aus Nordamerika nach Europa gelangte Algenpilz *Aphanomyces astaci* aus. Er suchte die Flußkrebse in Teilen Europas heim, ließ jedoch einen artverwandten Krebs, den aus den USA stammenden und in Havel und Spree häufigen *Cambarus affinis*, ungeschoren. Dieser trotzte dem Pilz, weil er sich schon in seiner amerikanischen Heimat gegen ihn »zu wehren« gelernt hatte, also immun geworden war.

Eng begrenzte Verbreitungsgebiete – Isolate genannt – bergen ein weiteres Risiko. Wird eine hier lebende Art etwa durch eine Krankheit nicht völlig ausgelöscht, sondern nur stark dezimiert, so setzt ein neuer, gegebenenfalls verhängnisvoller Mechanismus ein. Es kann dann immer häufiger zur geschlechtlichen Vereinigung von Verwandten kommen, schließlich zur Inzucht. Man weiß zwar noch nicht, ob der Schwellenwert für das Aussterben bei 100, 50 oder 10 Individuen liegt (das dürfte von Art zu Art verschieden sein), doch kann Inzucht die Lebenstüchtigkeit herabsetzen und schließlich auch das Aussterben besiegeln (Inzucht-Depression).

Nicht auszuschließen als »Artenkiller« sind wahrscheinlich kosmische Einflüsse wie der schwankende Anteil des ultravioletten Sonnenlichts. Normalerweise werden die energiereichen Strahlen von der Ozonschicht über der Erde soweit abgeschwächt, daß sie keinen Schaden mehr anrichten können. Die Dicke und damit die Bremskraft der Ozonschicht ist aber vermutlich nicht zu allen Zeiten gleich gewesen. Erreichte weniger ultraviolette Strahlung die Erde, so hätte dies zu einer geringeren Vitamin-D-Bildung in der Haut führen, mehr Strahlung hätte die Mutationsrate hochtreiben können. Das heißt, unter den dafür empfindlichen Lebewesen hätten sich entweder chronische Krankheiten oder genetischer Verfall eingestellt.

Manche Forscher denken hier besonders an die Riesensaurier, die allerdings auch an Ernährungsstörungen gelitten haben können. Man verweist dazu auf Funde in sogenannten Saurier-Friedhöfen, so etwa in Südfrankreich, und die dort gefundenen Eierschalenreste. Die Schalen waren so dünn, daß sie möglicherweise unter dem Gewicht der Tiere beim Brüten zerbrochen sind. Vielleicht hat aber auch die Körperwärme der Saurier nicht mehr ausgereicht, um die Eier auszubrüten. Das alles sind noch offene Fragen.

Auch die zahlreichen Deutungsversuche für das Massensterben zahlreicher ganz verschiedener Artengruppen beim Übergang vom Perm zur Trias und von der Kreide zum Tertiär zeigen, wie schwankend der Boden noch ist, auf dem sich die Paläontologen vortasten. Da wird diskutiert, ob es überlegene Konkurrenten oder Krankheiten gewesen sein könnten, ober ob es Schwankungen des Meeresspiegels gegeben hätte.

Einige Wissenschaftler nehmen an, daß durch die Verschiebung der Kontinente gegeneinander das System der großen Meeresströmungen drastisch beeinflußt worden ist. Wieder andere gehen von der chemischen Zusammensetzung des Meerwassers aus, die sich aus irgendwelchen Gründen so stark verändert habe, daß die Meereslebewesen kein Auskommen mehr fanden. Ungeklärt bliebe aber in allen diesen Fällen, warum fast gleichzeitig mit dem Tod im Meer auch viele landlebende Tiere ihr Ende fanden.

Wir können alle diese Hypothesen hier nicht im einzelnen beschreiben oder untersuchen. Auf zwei besonders interessante Forschungsergebnisse der letzten Jahre wollen wir aber eingehen, weil sie die heute wahrscheinlichste Erklärung für das große Sterben so vieler Land- und Meereslebewesen vor etwa 63 Millionen Jahren liefern.

Einmal sind dies Tiefseebohrungen des Forschungsschiffes *Glomar Challenger* an der Ostflanke des mittelatlantischen Rückens, etwa in Höhe des afrikanischen Staates Namibia. Die Bohrkerne mit den Meeresablagerungen aus jener Zeit enthielten ungewöhnlich große Mengen an Nickel, Eisen und vor allem Iridium – also Elemente, die in Meteoriten vorkommen. Auf große Iridium-Mengen stieß man auch in den italienischen Apenninen bei Gubbio. Dort treten Kalksteinschichten aus der jüngeren Kreidezeit zutage. Unmittelbar über ihnen liegt eine zwei Zentimeter dicke Tonschicht, und über dieser wiederum lagert Kalkstein des ältesten Tertiär – eine Aufeinanderfolge von Meeresablagerungen also, die in der Zeit vor, während und nach dem großen Sterben entstanden sind.

Den interessantesten Hinweis lieferte der Ton. Als ihn die Wissenschaftler analysierten, fanden sie, daß er dreißigmal soviel Iridium enthielt wie die benachbarten Kalkschichten. Das war ein ganz ähnlicher Befund wie bei den Tiefseebohrungen. Beide Ergebnisse lassen die These zu, es könnte gegen Ende der Kreidezeit, also am Ausgang des Erdmittelalters, ein besonders großer Meteorit auf die Erdoberfläche gestürzt sein. Sein Aufprall könnte eine riesige Wolke feinster Staubteilchen aufgewirbelt haben. Der Staub hätte sich für längere Zeit in der Luft gehalten, die Sonnenstrahlung abgeschwächt, einen Klimasturz verursacht und die Photosynthese der grünen Pflanzen behindert. Es wäre auf der Erde dunkler und kälter geworden. In dieser verdunkelten Welt aber, so kann man schließen, seien viele Pflanzen zugrunde gegangen, und mit ihnen wäre die Nahrungsgrundlage für zahlreiche Tiere vernichtet worden. Die Opfer, darunter die Dinosaurier, wären schlicht verhungert.

Sicher ist bei all diesen Spekulationen: Das große Verderben vor etwa 63 Millionen Jahren fand in einem geologisch sehr kurzen Zeitraum von nur etwa 100 000 Jahren statt. Im Meer überlebten damals nur wenige robuste, einzellige Pflanzen. Nur allmählich konnte sich die marine Fauna wieder erholen und neu entfalten. Bedenkt man jedenfalls das Schicksal der vielen seinerzeit ebenfalls ausgestorbenen Landtiere, so hat die Meteoritenthese zur Zeit gewiß die größte Wahrscheinlichkeit für sich.

Für sie sprechen auch Entdeckungen am kanadischen Dinosaurier-Fundplatz Red Deer Valley im Staate Alberta. Hier fand man sowohl Überreste der vermutlich letzten Dinosaurier, nämlich des dreihörnigen, nashornartigen *Triceratops* und des auf zwei Beinen laufenden Raubdinosauriers *Tyrannosaurus*, als auch – gleich daneben – Fossilien aus dem anschließenden Säugetierzeitalter, dem Tertiär.

Der Zeitpunkt, zu dem der Faunenwechsel stattfand, konnte mittels moderner geologischer Zeitmeßverfahren ziemlich genau mit 63,1 Millionen Jahren vor der Gegenwart bestimmt werden. Pollenanalysen aus geologisch aufeinanderfolgenden Erdepochen im Red Deer Valley gaben dann weitere Aufschlüsse. Es kam heraus, daß die wärmeliebende Landflora damals in eine andere, mehr dem gemäßigten Klima entsprechende Pflanzenwelt überging, für die die Laub- und Nadelbäume unserer Breiten charakteristisch sind.

Aussterben – wie dieses Beispiel zeigt – bedeutet nicht nur Tod und Verderben. Es macht auch ökologische Nischen frei, die nun von anderen Arten besetzt werden können. Es bedeutet die Chance für einen Neubeginn, für neue Arten, für deren Ausbreitung und Weiterentwicklung. Das alles gehört zur Evolution als einem Geschehen, das von vielen Kräften unterhalten und gesteuert wird.

Greifen wir das Stichwort hier aber auch aus einem anderen Grunde nochmals auf. Vor allem ist ja die Evolution ein Prozeß, bei dem aus Einfachem Komplizierteres entsteht, will sagen, aus weniger differenzierten Lebewesen immer besser angepaßte und auf Umweltreize feiner und abgestufter reagierende hervorgehen. Schaut man sich die Ergebnisse dieses Wandels an, so fällt auf, wie viele Erscheinungsformen es da gibt. Tiere und Pflanzen bilden eine unerhörte Fülle von Gestalten mit einer Unzahl der verschiedensten Merkmale. Trotzdem läßt sich eine gewisse Ordnung, lassen sich bestimmte Grundzüge erkennen. Viele »Baupläne« bei Pflanzen und Tieren ähneln sich, und das ist immerhin merkwürdig. Angesichts der praktisch unbegrenzten erblichen Veränderungsmöglichkeiten durch Mutation und Auslese sollte man vielmehr erwarten, daß Körperformen, Organe, Eigenschaften und Verhaltensweisen ziemlich regellos entstehen. Die Evolution könnte doch gewissermaßen auch wie der Weg durch einen Irrgarten verlaufen. Das ist aber nicht der Fall. Vielmehr läßt sich deutlich eine Geradlinigkeit erkennen, ein Beharren auf einer einmal eingeschlagenen Entwicklungsrichtung. Es ist, als bevorzuge die Auslese immer wieder die gleichen vorteilhaften Errungenschaften und behalte sie vielfach auch dann noch bei, wenn eine Steigerung der Zweckmäßigkeit nicht mehr erzielbar ist. Die Biologen nennen dieses Prinzip die »Orthogenesis«. Auch seine Entdeckung geht auf E. D. Cope zurück. Und auch Cope sah schon, daß in diesen Fällen der Stammestod oft schon vorprogrammiert ist.

Eindrucksvoll finden wir das orthogenetische Prinzip in der zunehmenden Größe sowohl vieler Wirbelloser als auch bei Wirbeltieren im Verlauf der Stammesgeschichte verwirklicht. Cope hat viele Beispiele für die Größensteigerung zusammengetragen. Er fand sie bei praktisch allen größeren Tiergruppen und für fast alle geologischen Epochen bestätigt. Unter den Beuteltieren beispielsweise gibt es zunächst nur ratten- oder hasengroße Vertreter. Später treten größere auf, bis hin zum Riesenkänguruh. Die pflanzenfressenden Diprotodontier im Australien des Pleistozäns, ebenfalls Beuteltiere, erreichten sogar die Ausmaße eines Nashorns. Ähnliches gilt für die Gürteltiere. Aus kleinen Urformen im Miozän entstanden, steigerten sie sich im Pleistozän schon einmal zu Rhinozerosgröße. Besonders eindrucksvoll ist die Größenzunahme bei den Fleischfressern: Bären, Hyänen,

Hunde und Schleichkatzen begannen ihren stammesgeschichtlichen Werdegang durchweg als relativ kleine Tiere, um dann zunehmend größere Arten zu bilden.

Die heute größten Tiere überhaupt, die Wale, stammen vom Urwal *Protocetus* ab, der Knochenfunden zufolge im mittleren Eozän nur einen Schädel von 60 Zentimetern Länge besaß. Die ursprünglichen Vertreter der Huftiere erreichten im Eozän höchstens Schäferhundgröße, um dann ebenfalls immer größere Vertreter hervorzubringen. Von den Pferden haben wir schon im Zusammenhang mit der Spezialisierung ihrer Läufe gesprochen. Was ihre Größe betrifft, so kamen ihre Vorfahren im frühen Tertiär nur etwa auf die Ausmaße von Terriern oder Füchsen. Unscheinbare Vorfahren hatten sowohl die Rüsseltiere als auch die Affen. Das gleiche gilt von den Kamelen und Lamas, deren Urahnen allenfalls Hasenstatur besaßen. Auch die Hirsche lebten im Miozän als zunächst kleinwüchsige Waldbewohner, um dann im Pleistozän zu jenen Riesenformen »auszuarten«, wie etwa dem *Megaloceros giganteus* mit seinem 3,50 Meter klafternden Geweih.

Schließlich folgt sogar der Mensch der Copeschen Regel. Irgendwann im Eozän vor 50 Millionen Jahren lebten in Südostasien die Vorfahren der heutigen Menschenaffen, also letztlich auch die des Menschen in Gestalt kleiner, großäugiger Nachttiere, wir haben sie schon erwähnt: die Gespenstermakis. Ein anderer, als gemeinsamer Vorfahr für Menschenaffen und Menschen geltender Affe war der nur etwa fünf Kilogramm schwere *Aegyptopithecus zeuxis,* der vor etwa 30 Millionen Jahren gelebt haben soll. Im weiteren Verlauf des Oligozän haben wir es mit den schon größeren Altweltaffen mit ihrer schmalen Nasenscheidewand und nach unten gerichteten Nasenöffnungen zu tun, später im Tertiär dann mit den Menschenaffen. Auch sie wiederum sind stammesgeschichtlich »gewachsen«. Schließlich finden wir die nochmals größeren *Australopithecus*-Typen und den *Homo erectus,* und am Ende dieser Stammesreihe den *Homo sapiens.*

Ist es bloßer Zufall, daß der Mensch auch heute immer noch wächst? Wir alle kennen das Phänomen der Akzeleration. Würden wir uns heute in eine Rüstung aus der Ritterzeit zu zwängen versuchen, wir würden rasch merken, um wieviel größer unsere Art inzwischen geworden ist – dies allerdings, das muß man einschränkend sagen, in einer atemberaubend kurzen Zeitspanne. Und verglichen mit den oben genannten Beispielen vollzieht sich unser Größenschub auch innerhalb der Art und nicht »transspezifisch«. Es bestätigt sich aber auch hier offenbar die Copesche Regel. Das Gegenteil, ein stufenweises Kleinerwerden innerhalb der Stammesreihen ist zumindest extrem selten.

Die Frage stellt sich nun, wie die merkwürdige Größenzunahme erklärt werden kann, mit anderen Worten: ob sie tatsächlich ein Auslesevorteil gewesen ist und entsprechend zwangsläufig eintreten mußte. Tatsächlich gibt es Hinweise darauf, daß mit zunehmenden Körpermaßen auch die Überlebens- und Fortpflanzungschancen steigen. Unter anderen hat Bernhard Rensch diese Fragen genauer untersucht [58]. Er verweist zunächst darauf, daß Tiere mit größeren Körpern im allgemeinen kräftiger und widerstandsfähiger sind als kleinere. Bei den Säugetieren, die meist mehrere Junge haben, werden die schwächsten häufig tot geboren oder sterben bald nach der Geburt. Beim Säugen verdrängen die stärkeren die schwächeren. Bei den Vögeln sind die kräftigeren Jungen meist erfolgreicher, wenn sie um Nahrung betteln, auch gedeihen sie entsprechend besser. Im Vorteil sind die größeren, kräftigeren Tiere gewöhnlich bei der Flucht vor Feinden, auf der Futtersuche und im Brunftkampf um die Weibchen.

Bei den größeren Formen tritt überdies häufig etwas ein, das die Biologen positive oder negative »Wachstumsallometrie« nennen. Allometrisch heißt soviel wie ungleichmäßig. Hier bezieht es sich auf das unterschiedlich rasche Wachstum einzelner Organe gegenüber dem Gesamtkörper im Laufe der individuellen Entwicklung. So kann ein Organ wie das Herz oder das Gehirn relativ schneller wachsen und größer werden, als es ihm im Verhältnis zum übrigen Körper eigentlich zukäme (positive Allometrie).

Bei den betroffenen Tieren stimmen also quasi die Proportionen nicht. Wir alle kennen, zumindest von Fotos oder Zeichnungen her, überzeugende Beispiele dafür. Imponierend sind die riesigen Kieferzangen der Hirschkäfer, die Krebsscheren, die Hörner und Geweihe mancher Wiederkäuer oder die Eck-, beziehungsweise Fangzähne vieler Raubtiere. Solche vergrößerten Körperteile bringen Auslesevorteile mit sich insofern, als sie dank ihrer Größe auch ihrer Funktion besser gerecht werden. Das gilt allerdings nur solange, wie sie nicht zu groß werden, denn dann schlägt der anfängliche Vorteil zum Nachteil um, und das Aussterben droht.

Auch die umgekehrte Erscheinung ist bekannt, also die relativ zum Körper verringerte Größe einzelner Organe (negative Allometrie). Hier gibt es einen anderen Begleiteffekt. Es kann nämlich, indem ein Körperteil zurückbleibt, ein anderer davon profitieren. Bei den Wirbeltieren beispielsweise finden sich negative Wachstumsallometrien bei Leber, Herz und Nieren. Indem diese Organe relativ klein bleiben, entstand in der Leibeshöhle Platz für einen größeren Darm und für die Gebärmutter. Das kam sowohl der Nahrungsverwertung zugute, als auch ermöglichte es eine längere Tragezeit der Jungen. Besonders interessant ist eine negative Wachstumsallometrie bei den größeren Säugetieren, die schließlich das Vorderhirn wachsen ließ. Bei diesen Tieren ist der sogenannte Hirnstamm mit den stammesgeschichtlich ältesten Gehirnabschnitten verhältnismäßig zurückgeblieben. Wir finden diese Erscheinung beim Vergleich etwa der Kuh mit dem Schaf, des Berberlöwen mit der Katze und des Menschen mit dem Schimpansen [58].

Der kleiner bleibende Hirnstamm bei den größeren Säugern ließ die Entfaltung von Teilen des Großhirns zu. Der damit verbundene Vorteil ist kaum zu verkennen: Da Tiere mit umfangreicheren Großhirnen dank der hier entstehenden Zentren für höhere psychische Leistungen kompliziertere assoziative Leistungen vollbringen können, vermochten sie Umweltreize nicht nur zweckmäßiger und überlegter zu beantworten, sondern konnten auch Erfahrungen und Erlerntes zur späteren Anwendung besser und länger behalten.

Mit der Größenzunahme der Tiere wuchsen auch die Augen und vermehrten sich die Sehzellen. So konnten die Tiere ihre Umwelt besser wahrnehmen. Sie vermochten kleinere Details auszumachen und zweckmäßiger auf optische Reize zu reagieren – Vorteile also für den Daseinskampf.

Schließlich ist bekannt, daß der Stoffwechsel bei größeren Säugetieren ökonomischer abläuft, weil der Wärmeverlust bei ihnen wegen der relativ geringeren Körperoberfläche kleiner ist. Mehr für den Stoffwechsel nützliche Wärme bleibt dem Körper erhalten. Wahrscheinlich nicht zuletzt deshalb konnten die Riesentiere der Eiszeit, die Mammute, den gesunkenen Temperaturen eher trotzen. Die damals so zahlreichen Riesenformen sind also sicher kein bloßer Zufall gewesen, wenn auch der übertriebene Riesenwuchs neue Nachteile mit sich brachte, die dann für eine insgesamt negative Bilanz der Merkmale gesorgt und den Untergang dieser Arten mitbewirkt haben mögen.

In den Zusammenhang mit der Größenzunahme gehört auch die längere Lebensdauer der größeren warmblütigen und eines Teiles der wechselwarmen Tiere (deren Körpertemperatur von der Umgebung abhängt). Die längere Lebenszeit kommt Tieren wie Elefanten, Affen, Krokodilen, Riesenschildkröten und anderen als Auslesevorteil deshalb zugute, weil sie nun auch aus diesem Grund mehr Gelegenheit bekamen, Erfahrungen zu sammeln und damit im Konkurrenzkampf ums Überleben differenzierter, sprich angemessener und zweckmäßiger auf die jeweilige Umweltsituation reagieren konnten.

Wir wollen jetzt einen Schritt weitergehen und von solchen Fällen sprechen, in denen das eine oder andere Organ so groß geworden ist, daß es seine Funktion schließlich nicht mehr erfüllen konnte, seine Träger also zunehmend belastete und sie gegebenenfalls auch zugrunde richtete.

Es ist zwar behauptet worden, ein Organ könnte sich nicht »gegen den Selektionsdruck« entwickeln. Doch muß man bedenken, daß die Auslese nie an nur einem einzelnen Merkmal angreift. Wenn etwa die Körpergröße einer Tierart in einer bestimmten Umwelt bedeutende Vorteile bot, dann wurden auch übermäßig große oder gar funktionsgeschwächte Organe noch toleriert oder »mitgeschleppt«. Mit anderen Worten: Nicht die Wertigkeit einzelner, sondern die Gesamtbilanz der Merkmale mit positivem und negativem Auslesewert ist entscheidend. Erst wenn in solchen Fällen ein Merkmal einen funktionell noch zweckmäßigen Ausbildungsgrad weit überschritten und einen ausgesprochen schädlichen erreicht hat, wendet sich das Blatt.

Typisch dafür sind die Zähne mancher Großtiere wie die von Walrossen, Elefanten, Nilpferden und manchen Schweinearten, wie man sie heute in jedem größeren Zoo besichtigen kann. Obwohl diese Gebilde eigentlich zu groß sind, gereichen sie den Tieren doch nicht zum Schaden. Unter den Großkatzen entwickelten sich aus einem nur etwa luchsgroßen Tier des mittleren Oligozäns, dem *Hoplophoneus,* über eine *Machairodus* genannte Zwischenform im Miozän schließlich die berühmten Säbelzahnkatzen *Smilodon* im Pleistozän. Diese löwengroßen Raubtiere besaßen krummdolchartige, außerordentlich lange obere Fangzähne, von denen man annimmt, sie seien den Tieren beim Ergreifen der Beute zunehmend hinderlich geworden. Die Tiere hätten ihre Rachen schließlich nicht mehr weit genug aufreißen können, um die Zähne in ihre Opfer einzuschlagen. Hinzu kam allerdings, daß die Säbelzahnkatzen vorzugsweise dem elefantenartigen *Mastodon* nachstellten, das vor 9000 bis 10 000 Jahren ausstarb. Das kleinhirnige Katzentier, so wird vermutet, konnte sich daraufhin mit seinem Fangzahn-Handicap nicht mehr auf andere Beutetiere umstellen.

Schon vor 230 Millionen Jahren, in der mittleren Trias, starb die Giraffenhals-Echse *Tanystropheus longobardicus* aus. Ihr Kopf saß auf einem fast dreieinhalb Meter langen und sehr beweglichen Hals, mit dem das Reptil peitschenartig nach Beute schnappte. Man mache sich aber einmal klar, welche Leistung dem Herzmuskel der Echse abverlangt wurde, wenn er nicht nur den rund sechs Meter langen Körper mit Blut versorgen, sondern das Blut bei hoch gerecktem Hals auch noch in das dreieinhalb Meter höher sitzende Gehirn pumpen sollte. Das dürfte eine weit größere Belastung gewesen sein, als sie etwa die heutigen Giraffen ihrem Herzen zumuten müssen. Außerdem wird es bei der extrem langen Luftröhre nicht gerade einfach gewesen sein, beim Ausatmen das Kohlendioxid wieder aus dem Körper zu entfernen [75].

Ein anderes Beispiel: Auf den indonesischen Inseln Celebes und Buru lebt noch heute die wahrscheinlich größte Schweineart der betreffenden stammesgeschichtlichen Reihe, der Hirscheber *Babirussa*. Dieses Tier besitzt ähnlich wie seinerzeit das eiszeitliche Mammut stark bogenförmig nach oben und hinten gebogene Hauer, die ihm weder zum Wühlen noch als Waffen dienen können. Trotzdem ist es noch nicht ausgestorben, weil ihm offenbar andere Eigenschaften von größerem Selektionswert noch genügend Vorteile im Daseinskampf verschaffen. Die zwecklos gewordenen Hauer werden gewissermaßen kompensiert. Als Überspezialisierung werden sie noch mitgeschleppt, vielleicht so lange, bis sie sich – weiterwachsend – in die Schädel der Tiere einzubohren beginnen. Allerdings wird es dazu kaum noch kommen, da der Mensch die indonesischen Hirscheber längst vorher ausgerottet haben wird.

Man kann diese Beispiele noch vermehren. Zu nennen wären die überlangen, schnabelartig spitzen und zahnlosen Kiefer der Flugsaurier. Auch diese Tiere sind besonders große Endformen ihrer stammesgeschichtlichen Verwandtschaftsreihe gewesen. Hinzuweisen wäre auf die extrem langen Schwanzfedern, Schnäbel und Beine mancher Stelzvögel und anderes mehr. Imponierende Körperteile besitzen auch manche Käferarten, wie sie Bernhard Rensch in einer Zeichnung veranschaulicht hat [58]. Es sind Exzessivformen mit überproportional entwickelten Kiefern, Brustfortsätzen, Vorderbeinen, Fühlern und anderen Organen. Auch hier finden sich die abnorm veränderten Körperteile jeweils bei den besonders großen Vertretern innerhalb einer Familie [58].

Es mag abwegig klingen, aber sogar Verhaltensweisen können »ausufern«. Zu den Beispielen dafür gehören die »Brüllorgien« der Brüllaffen und die »Schreitumulte« bestimmter Papageien- und Kuckucksvögel. Da die Tiere nicht nur während der Paarungszeit lärmen und ihr Geschrei unter Umständen sie selbst gefährdet, indem es Feinde anlockt, muß man auch hierin ein schon über die Zweckmäßigkeit hinaus entwickeltes Merkmal sehen. Anscheinend wird das Risiko aber auch bei ihnen noch durch andere, genügend vorteilhafte Merkmale soweit verringert, daß die Merkmalsbilanz der Tiere insgesamt noch keine »roten Zahlen« aufweist.

Wohl in den meisten dieser Fälle hat die Anpassungsfähigkeit der betreffenden Arten im Lauf der Zeit mehr und mehr nachgelassen. Die jeweiligen Stammesreihen alterten und starben schließlich aus, weil zuletzt oft schon geringfügige Umweltänderungen, auftauchende neue Feinde oder Krankheiten durch erbliche Merkmalsänderungen nicht mehr pariert werden konnten. So triumphierte schließlich die Umwelt über ein zunächst geduldetes Produkt, das an seiner exzessiven Form oder Funktion scheiterte und seine Träger mit sich in den Aussterbetod riß.

Auch das Großhirn des Menschen muß nach allem, was es leistet oder nicht leistet, als eine Entwicklung betrachtet werden, die einer positiven Wachstumsallometrie entspricht. Auch dieses Organ ist eine Exzessivbildung, eine Überspezialisierung mit allen Merkmalen des Gefährlichen für die Zukunft des *Homo sapiens.*

Und wir können auch sagen, welche seiner Eigenschaften den Untergang herbeiführen werden, ob wir uns dagegen wehren mögen oder nicht. Es ist einmal die in den Urtagen der Menschheit erworbene Fähigkeit zum Lösen von Problemen, die inzwischen technische Erfindungen von immer bedrohlicheren Ausmaßen ermöglicht hat und weiter ermöglicht. Beispiele aus jüngster Zeit sind die ambivalenten Erfindungen und Entdeckungen wie die Kernkraft, die arbeitsplatzvernichtende Mikroelektronik mit allen ihren Folgen, die Anhäufung von Massenvernichtungsmitteln, die zum mehrfachen *overkill* der Menschheit ausreichen und die Fortschritte der Medizin, die unbeabsichtigt, aber zwangsläufig zum Erbverfall und zur Bevölkerungsexplosion geführt haben.

Es ist zweitens die Unfähigkeit des Großhirns, Probleme höherer Ordnung noch zu beherrschen und in einem weltweiten Konsens noch sinnvoll zu beeinflussen, Probleme, die sich aus den selbstgeschaffenen sozialen, politischen und wirtschaftlichen »Umweltverhältnissen« vor allem im letzten Jahrhundert ergeben haben. Bevölkerungslawine, Rohstoff-Raubbau, Naturzerstörung, Hunger, unüberbrückbare politische Gegensätze und Anspruchsverhalten – all das treibt einer Katastrophe der Menschheit entgegen.

Bei Lebewesen mit kleineren Großhirnen gibt es die genannten Probleme nicht. Diese sind allein menschheitsspezifisch. Und darum ist die Einsicht auch zwingend: Mit seiner Größenzunahme und den damit erworbenen Eigenschaften hat das Großhirn das Maß des biologisch Tragbaren überschritten. Mag sein, daß der Mensch in grenzenloser Hochachtung vor den Leistungen seines »Meistergewebes« im Schädel die Rolle, die es wirklich spielt, nicht sieht. Mag sogar sein, daß er den Untergang seiner Art für ausgeschlossen hält. Doch das Großhirn des Menschen hat keine stammesgeschichtliche Zukunft mehr. Es hat ausgedient. Es hat seine Träger zu einem Verhalten bestimmt, das ihnen jetzt mehr und mehr zum Verhängnis wird.

Zu welcher Zeit der Artentod des *Homo sapiens* eintreten wird, ist freilich ungewiß, wenn auch die »Stunde X« angesichts der rasch sich zuspitzenden Lage nur noch wenige Generationen entfernt zu sein scheint.

Auch das »Wie« eines solchen Vorgangs läßt sich heute nur vermuten. Möglich wäre, daß es unter dem wachsenden Pferchungsstreß einer schnell zunehmenden Weltbevölkerung in weiten Teilen der Erde zu einem drastischen Rückgang der Fruchtbarkeit kommt und diese Fruchtbarkeit sich bei einer dezimierten Bevölkerung dann nicht von neuem einstellt.

Möglich, daß der Erbverfall die Zahl der Kranken derart hochschnellen läßt, daß die Prophezeiung des amerikanischen Genetikers Hermann J. Muller eintrifft, wonach die Gesunden immer mehr Zeit und Geld werden aufbringen müssen, um die Kranken zu versorgen, bis diese Hilfe dann unter dem Ausmaß des Problems zusammenbricht.

Möglich, daß der Hunger mitwirkt: Mangelernährung schwächt das Immunsystem, die Abwehrkräfte des Körpers gegen Krankheitserreger. Darum sind chronisch unterernährte Menschen nicht nur anfälliger gegen Infektionskrankheiten, sondern erliegen ihnen auch viel leichter als normal Ernährte.

Möglich, daß ein weltweiter Atomkrieg ein schnelles Ende setzt und damit ein besonders gefährliches Großhirnprodukt zum Zuge käme: das Wissen um die Atomkernkräfte und die Unfähigkeit, eben jenes Wissen ausschließlich friedlichen Zwecken nutzbar zu machen.

Möglich wäre auch, daß Hunger, Arbeitslosigkeit und politische Spannungen zu immer neuen Unruhen und begrenzten Kriegen führen, also ein allmählicher Aderlaß an Menschen bei fortschreitender Naturzerstörung und Umweltverpestung die Endphase einleitet.

Es könnten auch mehrere dieser dezimierenden Einflüsse zusammenwirken und den Untergang wellenförmig gestalten – vergleichbar Vorgängen, wie wir sie von einfachen Lebewesen her kennen, die sich unter üppigen Lebensbedingungen zunächst stürmisch vermehren. Auf sie werden wir im nächsten Kapitel noch eingehen. Sicher jedenfalls dürfte sein, daß der Mensch den Höhepunkt seiner Entwicklung, die Glanzzeit seiner irdischen Präsenz hinter sich hat. Es kann, lapidar gesagt, nur noch bergab mit ihm gehen.

VIII.
Unerbittliche Prognose

Faßt man die Menschheitsgeschichte in wenigen Zeilen zusammen, dann bietet sich etwa folgendes Bild: Zahlreichen
Widrigkeiten zum Trotz gelang es unseren ursprünglich
baumbewohnenden Vorfahren, sich mit der Steppen- und
Savannen-Umwelt zu arrangieren. Da sie als Aufrechtgeher
ihre Arme und Hände nicht mehr zur Fortbewegung brauchten, konnten sie mit ihnen Nützlicheres anfangen, Dinge
hin- und hertragen, Werkzeuge und Waffen herstellen und
benutzen, der späteren Technik den Boden bereiten. So
konnte sich der Mensch seine eigene Umwelt, eine zweite
technische Welt schaffen, die ihm nicht nur Schutz vor den
Naturgefahren bot, sondern mit der er sich schließlich auch
der natürlichen Auslese fast völlig entzog. Hilfreich ist ihm
dabei vor allem die Sprache gewesen. Sie schuf die Voraussetzungen für jene sekundäre Form der Vererbung, die wir
die »kulturelle Evolution« nennen.

Das alles geschah freilich auf Kosten der »primären Umwelt«. Der Druck des Menschen auf die Inventarien der Natur, auf die Rohstoffvorräte, die Energieträger, ja praktisch
auf alles nicht von ihm Geschaffene nahm zu und hat sich bis
heute unablässig gesteigert. Kein Lebewesen, soweit die Wissenschaft es überblickt, hat sich in derart ungebärdiger
Weise an anderen Kreaturen dieses Planeten vergriffen, indem es ihre Lebensräume zerstörte, sie bedrängte und ausrottete. Und dazu wächst die Zahl der Menschen seit einiger
Zeit explosionsartig an.

Unvermeidlich mußten sich daraus für den *Homo sapiens*
existentielle Probleme ergeben: Umweltverschmutzung,
Energiekrise, Hunger und Arbeitslosigkeit, psychischer
Streß, Verstädterung, Aufrüstung, politische und soziale

Spannungen, steuerloser technischer Fortschritt mit allen seinen Kehrseiten und Gefahren.

Die eigentlichen Ursachen dieser Notstände sind die geistigen Antriebskräfte im menschlichen Gehirn. Merkwürdig aber ist, daß die gleichen Kräfte am Anfang und für Millionen von Jahren alles andere als problematisch gewesen sind, daß sie dem Menschen geholfen haben, sich seine ureigene ökologische Nische zu schaffen, die er zum Überleben brauchte. Mit seinem Geist, der parallel mit seinem »handwerklichen Lernprozeß« wuchs, der von den Anforderungen des neuen Lebensraumes immer wieder Impulse zur Weiterentwicklung empfing, machte sich der Mensch die Natur zunächst erfolgreich und durchaus maßvoll »untertan«.

So gelang es den Jägern und Sammlern von einst, sich über einen großen Teil der Erde zu verbreiten und schon früh eine Bevölkerungszahl zu erreichen, die – gemessen an der »aneignenden« Lebensweise – vielleicht schon ein Maximum für die besiedelbaren Räume bedeutet haben mag. So jedenfalls sieht es der deutsche Biologe Hubert Markl, wenn er schreibt:

»Wir wissen heute ziemlich genau, wieviel Lebensraum der Mensch auf dieser Kulturstufe als Wirtschaftsbasis benötigt: es können so, wenn es hoch kommt, ein bis drei Menschen pro Quadratkilometer leben, meist etwa einer auf zwei bis zehn Quadratkilometer. Auf der Fläche der Bundesrepublik (250 000 Quadratkilometer mit jetzt circa 60 Millionen Einwohnern) konnten als Sammler und Jäger also etwa 10 000 bis 50 000, vielleicht aber nur einige tausend Menschen ihr Auskommen finden. Die altsteinzeitliche Erdbevölkerung wird dementsprechend auf eine bis zehn Millionen Menschen geschätzt. Die maximale Reproduktionsrate und die Wanderungsfähigkeit des Menschen unter Steinzeitbedingungen gestatteten es andererseits, daß alle leichterreichbaren Lebensräume der Erde theoretisch in sechs bis zehn, in Anbetracht wahrscheinlicher Randbedingungen gewiß in wenigen hundert Generationen bis an die Grenzen der Tragekapazität ausgefüllt werden konnten. Das heißt, daß die erreichbare, besiedelbare Erde während des Großteils der einigen Millionen Jahre des Sammler- und Jägerdaseins des Menschen mit für diese Lebensweise maximal möglicher Dichte besiedelt war« [41].

Irgendwann muß dann aber der »Gegendruck der Umwelt« eingesetzt haben. Das, was die Jagd- und Sammelgründe boten, reichte jetzt nicht mehr aus. Eine neue Herausforderung entstand, vergleichbar den einst schrumpfenden Urwaldbeständen für die Vorläufer der Australopithecinen. Es galt, die Nahrung für die größer werdenden, nomadisierenden Gruppen effektiver und systematischer zu beschaffen. Dank seiner zunehmenden technischen Fähigkeiten und Hilfsmittel, mit Grabstock, Hacke und Pflug lernte der Mensch, den Boden zu bearbeiten. Er lernte zu säen und zu ernten und Vieh zu halten, schließlich wurde er seßhaft.

Dieser Wandel mag sich vor etwa zehntausend Jahren abgespielt haben, das heißt: Setzt man das Alter unseres Geschlechts mit nur drei Millionen Jahren an, so hat der Mensch erst einen winzigen Bruchteil seiner Zeit auf der Erde als »bodenständiges« Wesen zugebracht. Während der weitaus längsten Periode – fast drei Millionen Jahre also – streifte er in Wäldern, Savannen und auf Steppen umher, jagte er und sammelte er Früchte, Beeren und Wurzeln.

Geht man weiter davon aus, daß unser Gehirn, daß die arttypischen Verhaltensweisen des Menschen in eben jener Frühzeit angelegt worden sind, so wird verständlich, warum wir uns heute noch immer – auch in kleinen Alltäglichkeiten – so benehmen, wie es den Jägern und Sammlern von einst gemäß war. Darüber haben wir schon gesprochen. Wichtiger ist jetzt etwas anderes.

Um zu verstehen, warum uns das schlechterdings nicht mehr zu ändernde, weil in den Erbanlagen verankerte Verhalten von damals in eine Sackgasse unserer Entwicklung geführt hat, müssen wir wissen, daß die Umwelt des Frühmenschen ein sogenanntes »offenes ökologisches System« für ihn gewesen ist. »Offen«, das bedeutet hier soviel wie unerschöpflich. Die damals lebenden Frühmenschen konnten mit ihrer jagenden und sammelnden Lebensweise die noch vergleichsweise ausgedehnten Jagdgründe schwerlich überfordern. Ihre Umwelt blieb regenerationsfähig. Weder war der frühe Mensch fähig, so viele Tiere einer bestimmten Art zu jagen und zu töten, daß sie ausgerottet worden wären (wenn Tiere ausstarben, so aus anderen Gründen), noch war es ihm angesichts seiner relativ geringen Bevölkerungszahl möglich, etwa an den Primärenergien oder den Bodenschätzen Raubbau zu treiben, selbst wenn er sie damals schon hätte nutzen können.

Wir müssen hier den Unterschied zwischen einem offenen und einem geschlossenen ökologischen System erklären. Von einem offenen spricht man in der Biologie dann, wenn ein Lebensraum von außen her laufend neu mit Energie, Nahrung und anderen lebensnotwendigen Dingen versorgt wird. Ein Beispiel dafür liefert etwa ein Gebirgsfluß. Nehmen wir an, eine Forelle habe ihren Standplatz dort, wo sich das strömende Wasser im Schutz eines großen Steines ruhiger bewegt. Sie braucht hier weiter nichts zu tun als aufzupassen, was das ständig vorüberfließende Wasser ihr an neuer Nahrung zuträgt, ohne daß sie selber allzusehr gegen die Strömung ankämpfen muß. Der Fluß ist für sie ein offenes System, oder sagen wir besser: Er ist ein weitgehend offenes.

Anders ein Tümpel, der ein weitgehend geschlossenes System darstellt. Hier wirkt praktisch nur die Sonnenstrahlung als ständig neu verfügbare Energiequelle (und die Ausstrahlung als Gegengewicht). Die Strahlung ermöglicht zwar die Photosynthese der Wasserpflanzen und läßt alles Grüne wachsen, solange Wasser und Nährstoffe vorhanden sind. Sie ermöglicht es auch den Wassertieren, sich für eine gewisse Zeit zu behaupten und zu vermehren. Doch ist die begrenzte Wassermenge andererseits der Verdunstung ausgesetzt. Fällt nicht genug Regen, dann »versumpft« der Tümpel und verlandet schließlich, es sei denn, das Wasser würde regelmäßig künstlich ergänzt und die wuchernden Pflanzen würden immer wieder dezimiert. Über dieses Dilemma ärgert sich jeder Hobbygärtner, der vor seinem Haus einen kleinen Teich besitzt.

Der Biologe Gerolf Steiner hat darauf hingewiesen, daß Lebewesen auf längere Sicht eigentlich nur in offenen Systemen gedeihen können [68]. Er zitiert dazu bestimmte physikalische Gesetzmäßigkeiten und folgert, die Ordnung im Lebendigen lasse sich nur auf Kosten der Ordnung in der Umgebung aufrechterhalten. Ein konkretes Beispiel: Was leben will, muß sich ernähren. Dazu muß es das Nahrungsangebot der Umwelt beanspruchen und diese damit verändern, mit anderen Worten, es muß die Umwelt um die entnommene Nahrung ärmer machen.

Dem liegt ein wichtiges Prinzip zugrunde: Kein lebender Organismus findet sich damit ab, daß seine Umgebung ein geschlossenes System sein könnte, also ein vom Ressourcen-Angebot her begrenztes System. Er tut vielmehr so, als sei sie ein offenes, aus dem er sich unbeschränkt versorgen kann.

So wird erklärlich, warum alles Organische zunächst die Tendenz hat, sich zu vermehren und auszubreiten, der Expansionsdrang dann aber seine Grenzen findet, weil selbst die ökologisch scheinbar offenen Umweltsysteme letzten Endes nicht unbegrenzt offen sind. Werden sie von allzuvielen Kostgängern überfordert, so erschöpfen sie sich wie der Gebirgsfluß, in dem allzuviele Forellen schwimmen. Dann wird die Individuenzahl der allzu Vermehrungsfreudigen so weit reduziert, wie es die vorhandenen Existenzbedingungen zulassen. Das heißt: Die überzählig Geborenen müssen sterben.

Was uns Menschen betrifft, so haben unsere Vorfahren als Jäger und Sammler ebenfalls noch ein offenes ökologisches System vorgefunden. Die Erde mit ihren Ressourcen schien zunächst unerschöpflich. Nahrungsquellen gab es praktisch unbegrenzt. So konnten die Frühmenschen überleben und ihre Bedürfnisse befriedigen, ohne daß ihre Umwelt darunter gelitten hätte. Weder überjagte man die Beutetiere, noch trieb man damals – im Gegensatz zu heute – Raubbau an den Bodenschätzen. Man ruinierte auch den Erdboden noch nicht durch Kahlschläge oder intensive Weide- und Landwirtschaft.

Diese umweltschonende Lebensweise war jedoch nur solange zu praktizieren, wie sich die Menschenzahl einigermaßen in Grenzen hielt. Als die Erdbevölkerung mit dem Seßhaftwerden merklich zuzunehmen begann, verlor sich auch der nur bei Nomadenvölkern und zurückgezogen, ärmlich lebenden Eingeborenenstämmen noch anzutreffende Sinn für das Kleinhalten der Sippen. Ackerbau und Viehzucht konnten schließlich mehr Menschen je Quadratkilometer ernähren als Jagen und Sammeln. Der dem Menschen innewohnende Trieb nach »immer mehr« und »immer weiter« bekam also neuen Spielraum.

Doch auch in den Siedlungen und auf seinen keineswegs aufgegebenen Jagdzügen verhielt sich der Mensch so, als bliebe die Welt, in der er lebte, ein für allemal ein offenes ökologisches System. So geschah es, daß er seine Beutetiere zeitweise stark dezimierte und bestimmte Arten auch schon früh ausrottete, wie etwa die aus dem Pleistozän überkommenen Großtiere, die den nordamerikanischen Indianern zum Opfer fielen.

Da es mit dem bloßen Sammeln von Früchten, Beeren, Pilzen und anderem Eßbaren bald nicht mehr getan war, versuchten die Seßhaften, geeignete Pflanzen systematisch anzubauen. Der Ackerbau kam auf. Und dort, wo der Boden zu wenig hergab, da reagierte der Mensch auch nicht etwa mit Geburtenbeschränkung, sondern ließ den ausgebeuteten Landstrich zurück und zog weiter in andere noch jungfräuliche Gebiete, um sein Glück erneut zu versuchen.

Inzwischen sehen wir Menschen uns in einer Lage, in der es nicht nur keine jungfräulichen Jagd- und Weidegründe mehr gibt, sondern die natürlichen Ressourcen zur Neige gehen und abzusehen ist, wann die Erträge der Landwirtschaft selbst bei massiver künstlicher Düngung und Schädlingsbekämpfung nicht mehr ausreichen werden, die wachsende Erdbevölkerung zu ernähren. Schon heute hält die Welt-Nahrungsmittelproduktion mit den zunehmenden Menschenzahlen nicht mehr Schritt. Aus den paar Millionen Menschen, die in der Altsteinzeit gelebt haben mögen, sind inzwischen fast fünf Milliarden geworden, eine gespenstische und zudem rasch weiterwachsende Zahl, die längst hoch über jener liegt, die der Planet Erde problemlos ernähren und auf die Dauer menschenwürdig behausen könnte.

Die Erde ist, wie Gerolf Steiner richtig erkennt, für uns Menschen von einem zunächst weitgehend offenen zu einem geschlossenen ökologischen Umweltsystem geworden, dem letztlich nur die Sonneneinstrahlung noch dauernde Energie zuführt. Dessen ungeachtet treibt uns unser Gehirn ständig zu einem Verhalten an, als habe diese Veränderung nicht stattgefunden. Es tut so, als lebten wir noch in dem quasi offenen System von einst. Und diesem Trugschluß erliegen sogar Leute, die es eigentlich besser wissen sollten. Man erinnere sich nur an die Beschwichtigungen des Wirtschaftsexperten Fritz Baade, die Erde könne bis zu 65 Milliarden Menschen und mehr (!) ernähren, was dann allerdings einer Besiedlungsdichte des heutigen Groß-New-York auf den besiedelbaren Erdgebieten entspräche [1]. Auch Baades Kollege Meier von der Universität Michigan schätzte, daß die Erde rund 50 Milliarden Menschen satt machen könne, und der britische Nationalökonom Clark kam immerhin auf 28 Milliarden, die »mehr als ausreichend« ernährt werden könnten, wenn in der ganzen Welt nur die landwirtschaftlichen Methoden Hollands praktiziert würden. Mit derart wirklichkeitsfernen Milchmädchenrechnungen wird die Menschenvermehrung nur noch gefördert, indem sich etwa die Kirche darauf berufen kann, um ihr Verbot empfängnisverhütender Mittel zu rechtfertigen, tatsächlich aber im Namen dessen, den sie den Schöpfer des Lebens nennt, den Untergang jenes Wesens vorbereitet, das sie als »sein Ebenbild« ausgibt.

Faßt man zusammen, so sind es im wesentlichen sieben große Probleme, die uns mit dem »Aus« bedrohen, von denen aber auch jedes einzelne für sich den Untergang der Menschheit herbeiführen könnte:

Erstens die Bevölkerungsexplosion. Sie hält an, ohne daß ein weltumspannendes Konzept zur Geburtenkontrolle gefunden, geschweige denn angewendet worden wäre. Als Folge davon hungert ein wachsender Teil der Erdbevölkerung oder ist unterernährt. Pferchungsnotstände in den Ballungsgebieten lassen die Kriminalität, die menschliche Entfremdung, Drogensucht und Terrorismus ansteigen. Die ungleichen Vermehrungsraten (stürmisches Wachstum dort, wo vor allem hilfebedürftige Menschen leben, und stagnierendes in den Ländern mit vorwiegend produktiver Bevölkerung) verlangten nach einer wirksamen Geburtenkontrolle vor allem in den Entwicklungsländern. Also Bremsen hier und allenfalls Ermunterung dort, doch würden Pläne für solche »selektiven Eingriffe in die Menschenrechte« auf heftigsten Widerstand stoßen – man vergegenwärtige sich nur die Zusammensetzung der UNO. Auch ließe sich die Springflut menschlichen Lebens in den Problemgebieten schon deshalb kaum künstlich aufhalten, weil dort das Analphabetentum wächst und die Einsichtsfähigkeit breiter Kreise immer geringer wird.

Illusionär schließlich ist es anzunehmen, daß importierter Wohlstand in jenen Ländern noch rechtzeitig zur Geburtenbeschränkung beitragen könnte. Immer wieder hört man die Legende, wenn es den Menschen dort erst einmal besser gehe, hätten sie auch weniger Kinder. Das verkünden Bevölkerungsfachleute, als gebe es den Zeitfaktor nicht. Schon in den Industrieländern hat dieser Prozeß aber mindestens zwei Jahrhunderte gebraucht, um Wirkung zu zeigen. Mit Sicherheit würde sich der gewünschte Erfolg selbst dann viel zu spät einstellen, wenn der Wohlstandsexport den schnellwachsenden Bevölkerungen einen höheren Lebensstandard bescherte. Viel wahrscheinlicher ist, daß solche einseitige Entwicklungshilfe über viele Jahre das Gegenteil bewirkt und die Nutznießer erst einmal noch geburtenfreudiger macht, wie es übrigens ein Vergleich der Bruttosozialprodukte mit den Wachstumsraten einiger »neureicher« Länder auch bestätigt (siehe Seite 32).

Nun ist der Mensch mit seinem Expansionsdrang allerdings kein Sonderfall unter den Lebewesen. Sehen wir uns im Tierreich um, so verhalten sich beispielsweise Lemminge oder Heuschrecken ähnlich vermehrungsfreudig, nur verringern sie periodisch ihre Gesamtzahl und passen sich so den Gegebenheiten, sprich den überweideten Lebensräumen, wieder an. Ein solches »Gesundschrumpfen« ist dem Menschen jedoch aus mancherlei Gründen verwehrt. Einen Instinkt dafür hat er nicht. Auch wäre ein verordnetes Massensterben unmenschlich. Also müßte er mit Hilfe seiner Vernunft dafür sorgen, daß es gar nicht erst zu überzähligen Geburten kommt. Offenbar bereitet ihm aber auch dies die größten Probleme, wie die kümmerlichen Erfolge einer Geburtenkontrolle in den Ländern der Dritten Welt zeigen. Alles sieht vielmehr danach aus, als würde die Krise, in der er heute an der Grenze seiner biologischen Verbreitungs- und Vermehrungsfähigkeit steckt, durch Kräfte außerhalb seiner Einflußmöglichkeiten reguliert werden. Dies werden indes sehr brutale und wirkungsvolle Kräfte sein, die gewaltsam das ersetzen werden, was die Heuschrecken und Lemminge dem Menschen an Instinktverhalten voraushaben. Und in dem bevorstehenden Drama wird ihm dann nicht einmal die Genugtuung bleiben, seinen humanen Tugenden bis ans Ende seiner Tage treu geblieben zu sein.

Das zweite große Problem ist die Zerstörung der Natur vor allem durch maßlose Bau- und sogenannte Kultivierungsmaßnahmen. Mit ihnen vernichtet der Mensch die Lebensgrundlagen zahlreicher anderer, für ein funktionierendes Ökosystem wichtiger Tier- und Pflanzenarten. Die Umwelt verarmt. Sie verliert zugleich auch an ästhetischem Reiz. Die Vielfalt »schöner« natürlicher Erscheinungsformen schwindet dahin und weicht zunehmend technischen Konstruktionen.

Keine Art vor dem Menschen, findet der Kieler Zoologe Berndt Heydemann, habe eine solche Dimension des Katastrophenumfangs gegen die übrigen Arten, nämlich fast alle, bewirkt. In der Geschichte des Lebens habe es noch nie eine

Art gegeben, die gleichzeitig in fast alle Ökosysteme an Land, im Süßwasser und im Meer hineingewirkt habe und nicht nur einzelne Arten konkurrierend oder konsumierend ausschalten könne, sondern auch noch ganze Ökosysteme von Grund auf ändere.

»Der Mensch«, fährt Heydemann fort, »verwandelte die feuchten Laubwald-Ökosysteme mit ihren jeweils 5000 bis 8000 Arten durch Rodung in die heute intensiv genutzten Acker-Ökosysteme mit nur noch 500 Arten und weniger. Diese bedecken mehr als die Hälfte der Fläche Mitteleuropas. 50 Prozent der einst hier lebenden Arten sind erst in den letzten hundert Jahren verschwunden. Im Zeitmaßstab der Evolution gesprochen, wäre dies das mindestens tausendfache Tempo des Niederganges im Verhältnis zur Entstehung neuer Arten, wenn man für eine Art eine Existenzdauer von drei bis zehn Millionen Jahren annimmt« [28].

Drittens die Umweltverschmutzung. Mit Wirtschaft und Industrie kommen zwar immer mehr Waren und Maschinen unter die Menschen. Hilfsgüter und Technologien sorgen für ein immer komfortableres Leben, doch hat dies alles auch seinen Preis: Gasförmige, flüssige und feste, teils giftige Abfallstoffe aus den Produktionsprozessen belasten die Umwelt. Als besonders problematisch erweist sich dabei in letzter Zeit der radioaktive Abfall. Für seine ungefährliche Lagerung war Anfang der achtziger Jahre noch immer keine sichere Lösung absehbar, dennoch werden in aller Welt fortgesetzt neue Kernkraftwerke gebaut. Sollte es in absehbarer Zeit gelingen, Energie in großen, fast unbeschränkten Mengen statt aus der Atomkernspaltung aus der Kernverschmelzung zu gewinnen (ähnlich wie es auf der Sonne geschieht), so würde zwar die Strahlengefahr verringert, andererseits aber nicht nur die weltweite Industrialisierung und der Druck auf die verbliebenen Rohstoffvorräte zunehmen, sondern auch die allgemeine Umweltbelastung würde neuen Auftrieb bekommen.

Viertens der Rüstungswettlauf. Die Zahlen sind gespenstisch. Anfang der achtziger Jahre gab es zusammengerechnet etwa 40000 bis 50000 Atomwaffen verschiedenen Kalibers auf der Erde mit einer Sprengkraft von insgesamt mehr als einer Million mal derjenigen der Hiroshima-Bombe. Das bedeutete ein Vernichtungspotential von rund drei Tonnen herkömmlichen Sprengstoffs Trinitrotoluol (TNT) pro Kopf der Erdbevölkerung.

Inzwischen steigern die Staaten ihre Rüstungsetats von Jahr zu Jahr. Gerade jetzt eskalieren sie wieder, nachdem die Sowjetunion die Zeit der sogenannten »Entspannungspolitik« dazu genutzt hatte, ihr Waffenarsenal aufzustocken und der Westen sich genötigt sieht, den Vorsprung auszugleichen. Nach einer Schätzung fließen rund um die Erde derzeit etwa eine Million Dollar je Stunde (!) in die Waffenproduktion. Ein Ende der Bedrohung ist nicht in Sicht, im Gegenteil, sie wächst. Denn mit der Verbreitung des know-how zur Herstellung von Atomwaffen erhöht sich auch das Risiko, daß durch Unachtsamkeit oder im Affekt, ja sogar durch Zufall ein alles vernichtender Atomkrieg ausgelöst wird.

Fünftens die Zunahme des Analphabetentums in weiten Teilen der Erde. Während in den Industriegesellschaften der materielle Wohlstand weiterbesteht, verarmen die Menschen in der Dritten Welt nicht nur, sondern es breiten sich dort auch Unwissenheit und Unmündigkeit aus. Insgesamt sollen derzeit etwa 28 Prozent der Erdbevölkerung Analphabeten sein, mindestens also jeder vierte Erdenbürger sei unfähig für die einfachsten Formen schriftlicher Kommunikation und des Umgangs mit geschriebenen oder gedruckten Zahlen. In Indien rechnen Beobachter mit einem Heer von 500 Millionen Analphabeten im Jahre 2000. Selbst in Europa mehren sich die Erwachsenen, die weder richtig lesen, schreiben noch rechnen können, also auch unzugänglich für gedruckte Informationen sind. Wer wollte von ihnen verantwortungsvolles Verhalten in einer Gesellschaft erwarten, deren Weiterexistenz auch zunehmend vom Informationsstand ihrer Mitglieder abhängt? Allein in der Bundesrepublik Deutschland sollen nach Angaben von John Blaschette vom

Europäischen Jugendforum zur Zeit etwa 800 000 Männer und Frauen mit dem Bildungsstand eines neunjährigen Kindes leben.

Hier kommt ein weiterer beunruhigender Tatbestand hinzu. Es wird zunehmend beobachtet, daß unsere Schüler immer weniger selbst formulieren, sondern statt dessen häufig in Schlagworten und aufgeschnappten, oft unzutreffenden Klischees reden. Zumal um das sprachliche Ausdrucksvermögen jener stehe es schlecht, beklagte der Hessische Philologenverband, die von den Grundschulen oder Förderstufen ins Gymnasium überwechseln. Das liege wahrscheinlich daran, daß in den ersten Schuljahren zu wenig darauf geachtet werde, sich in der deutschen Sprache korrekt und angemessen auszudrücken.

Eine besondere Unsitte sei es, die Schüler die Ergebnisse von Testaufgaben nicht mehr in Worten ausdrücken, sondern bereits vorgeschlagene Lösungen nur noch ankreuzen zu lassen (multiple-choice-Verfahren). Das Kreuz sei früher die Unterschrift der Analphabeten gewesen, rügte der Verbandsvorsitzende Jacobi, jetzt komme es an manchen Schulen wieder in Gebrauch.

Jacobi verwies auch auf den Hintergrund dieser Entwicklung. Er gibt die Schuld daran einer an den Hochschulen verbreiteten Theorie, wonach die Kinder aus den unteren sozialen Schichten durch eine allzu strenge Bewertung der Ausdrucksfähigkeit benachteiligt würden. Es sei aber eine falsche Konsequenz, deswegen die »Sprachlehre« zu vernachlässigen, um so eine vermeintliche Chancengleichheit herzustellen. Denn letztlich würden dann alle Kinder geschädigt, indem man sie nicht auf die später auf sie zukommenden Anforderungen vorbereite. So setze beispielsweise die Teilnahme an demokratischen Entscheidungsprozessen gewisse sprachliche Fähigkeiten voraus, fügte Jacobi hinzu. Schreib- und Sprachverödung also als Vorstufe zum Analphabetentum.

Sechstens die fragwürdige Zusammensetzung der Parlamente. Honoriges Bemühen der Abgeordneten in ihren Arbeitsbereichen sei unbestritten, doch qualifizieren sie sich eben vorwiegend aufgrund ihrer rhetorischen Talente. Außerdem kommen sie weitgehend aus der Wirtschaft, dem Beamtenstand, dem juristischen und politischen Bereich, so daß ihnen ökologische Zusammenhänge oft nur ungenügend bekannt sind. Darüber hinaus – erzwungen durch die Verfassungen – denken und handeln die meisten auch noch allzu kurzsichtig mit dem Blick auf die Legislaturperioden.

Ein Beispiel für diesen Mißstand lieferte Ende der siebziger Jahre der Fall des deutschen CDU-Abgeordneten Herbert Gruhl. Weitsichtig und verantwortungsbewußt nannte er die sich zuspitzenden ökologischen Weltprobleme beim Namen [25]. Er rief zur Besinnung und Umkehr auf, doch weder in seiner Partei noch sonst im deutschen Bundestag fand er viel Verständnis dafür. Politisch an den Rand gedrängt und mundtot gemacht, resignierte er schließlich und kehrte der CDU den Rücken, um sich seither für eine neugegründete »Ökologisch-demokratische Partei« (ÖDP) zu engagieren.

Siebentens muß der technische Fortschritt im Bereich der Miniaturisierung und Mikroelektronik genannt werden. Hier haben wir es mit einer besonders heimtückischen Gefahr zu tun, weil sie vergleichsweise im Gewand des Menschheitsbeglückers auftritt.

Immer kleiner und leistungsfähiger konstruierte elektronische Schaltelemente übernehmen heute Funktionen, für die einst umfangreiche Apparate notwendig waren oder anstrengende Denkarbeit geleistet werden mußte. Sinnvoll zusammengesetzt, besorgen die elektronischen Zwerge diese Arbeiten sicherer und schneller, und sie tun es obendrein nahezu verschleiß- und wartungsfrei. Meist sind sie in Geräte zur Lösung mathematischer oder angewandt-mathematischer Probleme integriert. Sie begegnen uns in vielerlei Gestalt, so als Taschenrechner, als Bestandteile von Raketensteuersystemen, als Navigationshilfen oder als Computer für die verschiedensten Zwecke. Und sie erobern rasch neue Anwendungsgebiete.

Der Vormarsch der Mikroelektronik bedeutet für den Menschen zunächst einmal Positives. Denn die rechnenden und schaltenden Winzlinge entlasten das menschliche Gehirn von Routineaufgaben, außerdem erweitern sie seine Möglichkeiten im Rahmen des logischen Denkens. Es wird mit ihrer Hilfe also gewissermaßen mehr Zeit verfügbar für geistige Prozesse höherer Ordnung, wenn man so sagen will: für künstlerische Betätigung, für schöpferisches Tun aller Art, aber natürlich auch für Muße und Nichtstun. Es wird Zeit gewonnen für den Feierabendspaß mit den ungezählten Angeboten der Freizeit-Industrie, von der Reise bis zum ausgefallensten Hobby. Das kann man für erfreulich halten. Es hat aber auch Schattenseiten – zumindest für solche Zeitgenossen, denen die Freizeit zum Danaergeschenk wird, weil sie sie nicht sinnvoll ausfüllen können. »Da wir biologische Wesen sind, ist das Bedürfnis, etwas zu leisten, ein angeborener Teil unseres Gehirns«, schrieb der Streßforscher Hans Selye. »Wir sind so beschaffen, daß wir etwas tun müssen; wenn wir nichts Konstruktives leisten, verfallen wir auf destruktive Handlungen als Kompensation für unsere Energie« [64].

Noch zwei weitere Konsequenzen hat die um sich greifende Mikroelektronik, die der Menschheit alles andere als willkommen sein können. Die eine ist, daß mit der zunehmenden Gehirn-Entlastung viele Menschen ihren Arbeitsplatz verlieren. Es gibt Berechnungen darüber, wie viele Arbeitsprozesse künftig in der Industrie, in den Verwaltungen, im Versandhandel, bei den Behörden und selbst im privaten Bereich von den mikroelektronischen Heinzelmännchen, sprich Computern, Mikroprozessoren oder »Chips«, übernommen werden können. Bis zum Jahre 1990, so befürchtet der Deutsche Gewerkschaftsbund, werde dies für 2,4 Millionen Angestellte den Verlust des Arbeitsplatzes bedeuten.

Ob die Betroffenen neue Arbeit finden, hängt davon ab, inwieweit die mikroelektronische Revolution neue Arbeitsplätze schafft, ähnlich wie der Autoboom oder der Bedarf an Wohnraum und Haushaltsgeräten in den fünfziger bis siebziger Jahren, oder ob die hier anfallenden Arbeitsplätze doch gleich wieder von denselben mikroelektronischen Elementen wegrationalisiert werden, weil diese sich nach dem Verfahren »Schneller Brüter« quasi selbst herstellen können.

Festzustehen scheint, daß zumindest ein großer Teil der jetzt oder demnächst Betroffenen keine Arbeit wieder finden wird, sich das Heer der Arbeitslosen also in jedem Fall als unerwünschtes Nebenprodukt des mikroelektronischen Siegeszuges eher vergrößern als verkleinern dürfte. Soziale Unruhen, zunehmende Kriminalität mit der wachsenden Freizeit und Drogensucht aus Verbitterung über ein »sinnlos« gewordenes Leben dürften den Menschen damit weiter heimsuchen, nachdem ihm die Fließbandarbeit im weitesten Sinn ohnehin schon lange die Freude am selbstgeschaffenen Ganzen verwehrt.

Die zweite Folge der mikroelektronischen Welle werden wir in einer wachsenden Kontrollier- und Überwachbarkeit des Menschen erleben. Schon im Jahre 1972 begann das Bundeskriminalamt in Wiesbaden, ein zentrales Informations- und Auskunftssystem einzurichten, das mittlerweile zum fortschrittlichsten auf der ganzen Welt entwickelt worden ist. Es beantwortet zur Zeit beispielsweise Anfragen von nicht weniger als 2300 Datenstationen in der Bundesrepublik innerhalb weniger Sekunden – darunter die von Polizeidienststellen, Grenzkontrollpunkten, Flughäfen und des Bundesgrenzschutzes.

Ohne daß wir es so recht bemerkt haben, sind wir dank der Mikroelektronik alle schon mehr oder weniger von Datenspeichern »erfaßt«. Das heißt, wir sind zumindest schon eines Teils unserer Intimsphäre beraubt worden. Rentenversicherungen, Banken, Versandhäuser, Krankenkassen, Krankenhäuser und Versicherungen – sie alle unterhalten elektronisch gespeicherte Karteien und Datensammlungen, die gar nicht so gut abgesichert sein können, daß jeder Mißbrauch ausgeschlossen wäre.

In ihrem Buch *Der programmierte Kopf* [6] verweisen die Autoren Brödner, Krüger und Senf auf eine solche Möglichkeit: »Wer von einem Versandhändler fälschlicherweise als säumiger Zahler an die Schutzvereinigung für das Kreditgewerbe gemeldet wird, gerät bei allen Banken in Mißkredit, die bei dieser zentralen Datenbank anfragen.«

Ein anderes Beispiel: Eine früher einmal eingespeicherte, inzwischen jedoch auskurierte Krankheit eines Stellenbewerbers kommt dem Arbeitgeber zu Ohren, weil versäumt worden ist, das betreffende Codezeichen zu löschen, oder, schlimmer noch, weil es bewußt nicht gelöscht worden ist. So kann der Bewerber – ohne Angabe von Gründen, versteht sich – abgelehnt werden, ohne daß er den Vorgang durchschaut.

Was schon in George Orwells Buch *1984* anklang, beginnt anscheinend Schritt für Schritt wahr zu werden – mit Folgen auch für die Psyche des Menschen. Was die Mikroelektronik da indirekt anrichtet, kann man einen schleichenden Abbau der Individualität nennen: etwas, das uns scheibchenweise jener Merkmale beraubt, die das eigentlich Menschliche am Menschen ausmachen. Duckmäusertum, Angst vor dem Risiko, Depressionen, Kuschen vor der Obrigkeit, Verlust an Unternehmungsgeist und abflauende Entscheidungsfreude – solche und ähnliche Konsequenzen sind zu erwarten, wenn die kleinen technischen Hilfen weiter vordringen. Dann kann es dahin kommen, daß die Opfer nicht nur für den sozialen Abfallhaufen reifgemacht, sondern mehr und mehr Menschen auch zu bloßen Handlangern ihrer elektronisch gesteuerten Apparatewelt degradiert werden.

Die Mikroelektronik also als Großhirnprodukt, das zwar vordergründig segensreich erscheint, das zahlreiche neue Möglichkeiten eröffnet, das den Menschen aber auch daran hindert, sich selbst zu verwirklichen, indem es ihn vollends zum Rädchen eines riesigen Getriebes macht: eines Getriebes, das er immer weniger durchschaut und dem er immer weniger entrinnen kann.

So könnte man weitere »Notstände« des *Homo sapiens* an der Schwelle des einundzwanzigsten Jahrhunderts aufzählen. Man könnte den schwelenden sogenannten Nord-Süd-

Konflikt zwischen den reichen Industrienationen und den ärmeren Ländern nennen, die Weltwirtschaftskrise, den steuerlosen wissenschaftlichen Fortschritt, der damit gerechtfertigt wird, die Forschung sei a priori »wertfrei«, die schwindenden Möglichkeiten zur persönlichen Lebensgestaltung angesichts der ständig und rasch sich verändernden Berufschancen, den immer schärferen Wettbewerb zwischen den Industrienationen und die sich wandelnden moralischen und ethischen Wertmaßstäbe.

Vor allen diesen Entwicklungen wird seit langem eindringlich gewarnt, ohne daß sich etwas geändert hätte oder viel ändern würde. Der Präsident des »Clubs von Rom«*), der Italiener Aurelio Peccei, beklagte im Jahre 1981, seit Gründung des Clubs im Jahre 1968 sei kein einziges der großen Weltprobleme ernsthaft in Angriff genommen, geschweige denn gelöst worden [52]. Schon jedes einzelne dieser Probleme für sich könne aber die Menschheit in die Knie zwingen. Besonders bedenklich sei, daß die negativen Faktoren sich gegenseitig beeinflußten, verstärkten und damit zu einer ausweglosen Situation führten. »Die Menschheit«, erklärte Peccei auf dem Weltkongreß der Sparkassen 1981 in Berlin, »befindet sich in einer rasch sich zuspitzenden Krise, die ihre Existenz bedroht. Und dies zu einem Zeitpunkt, da sie einen Höchststand an Wissen und Macht erreicht hat.«

Auch Peccei sieht in der Bevölkerungsexplosion den derzeit gefährlichsten Vorgang. Er hält sie sowohl für einen Multiplikator aller bestehenden Probleme, als auch für die Ursache von neuen. Wenn das nicht erkannt werde, schreibt er, dann werde die Lage nur noch schlimmer. Ein Wort, das sich insbesondere die katholische Kirche hinter die Ohren schreiben müßte.

»Erkannt« hatte die Gefahr freilich schon im Jahre 1798 der englische Wirtschaftsfachmann Thomas Robert Mal-

---

*) Der Club von Rom ist eine Vereinigung von etwa 70 Persönlichkeiten aus 25 Staaten mit der Aufgabe, die Ursachen und inneren Zusammenhänge der sich immer stärker abzeichnenden kritischen Menschheitsprobleme zu ergründen und Lösungsmöglichkeiten aufzuzeigen.

thus, als er in seinem Essay »On the Principle of Population« eine ebenso einfache wie furchtbare Wahrheit beschwor, die sich in drei Sätzen zusammenfassen läßt:

»Erstens: Die Bevölkerung neigt ständig dazu, sich stärker zu vermehren, als es den verfügbaren Unterhaltsmitteln angemessen wäre – wenn sie nicht daran gehindert wird. Zweitens: Die Bevölkerungszahl wird durch die vorhandenen Nahrungs- und Unterhaltsmittel begrenzt. Drittens: Den Ausgleich zwischen Bevölkerungszunahme und Nahrungsmittelproduktion besorgen natürliche Regulative wie Krankheiten, Not, hohe Sterblichkeitsziffern, Seuchen und Kriege.«

Mit sozialen Maßnahmen, schrieb Malthus in einer Streitschrift gegen die ersten englischen Sozialfürsorgevorhaben, werde zur Linderung der Not wenig ausgerichtet. Im Gegenteil, die bevölkerungspolitische Lage verschlimmere sich nur noch mehr, denn Not und Elend gingen nicht auf soziales Unrecht zurück, sondern seien naturgesetzlich bedingt. Malthus kam zu der erbarmungslosen Konsequenz: »Ein Mensch, der in einem bereits übervölkerten Land geboren wird, ist überflüssig in der Gesellschaft. Es gibt für ihn kein Gedeck an dem großen Gastmahl der Natur.«

Allen Anfeindungen und Verunglimpfungen des Engländers zum Trotz hat sich inzwischen bestätigt, was ihm – der ursprünglich Pfarrer gewesen war – vor fast zwei Jahrhunderten wie Schuppen von den Augen fiel. Aber zu viel und zu eingehend ist über seine Thesen schon geschrieben und diskutiert worden, als daß wir sie hier nochmals ausbreiten müßten. Zwei Fragen sollten allerdings näher untersucht werden, nämlich, wo und wann die Bevölkerungsexplosion begonnen hat und welche Folgen es für die Menschen haben kann, wenn durch den einsetzenden Pferchungsdruck die sozialen Gefüge zusammenbrechen.

Daran, daß sich die Weltbevölkerung heute so stürmisch vermehrt, ist vor allem die Medizin »schuld« – wenn man die Schuldfrage hier überhaupt stellen kann. Dank medizinischer Fortschritte erhöhte sich das durchschnittliche Lebensalter und verringerte sich die Säuglingssterblichkeit. Dabei muß man bedenken, daß gerade in der Dritten Welt die Segnungen der Medizin vielfach noch ausstehen – hier ist der medizinisch verursachte Bevölkerungsschub also erst noch zu erwarten. In jedem Fall geht das übermäßige Bevölkerungswachstum auf Erkenntnisse des Großhirns zurück – auf gepriesene Geistestaten, die zwar dem Individuum zugute kommen, aber aufs Ganze der Menschheit und langfristig gesehen, sich negativ auswirken.

Wie war es früher? Zu der Zeit, als die ersten Aufrechtgeher lebten, dürfte ihre Vermehrungsrate jährlich nur etwa 0,001 Promille der Gesamtbevölkerung betragen haben (das wären bei einer angenommenen Zehn-Millionenbevölkerung jährlich nur etwa zehn Menschen mehr!) Lange Zeit so gut wie gar nicht, und dann auch nur ganz allmählich, stieg aber die Vermehrungsrate an. Warum blieb die Kopfzahl der Menschen nicht konstant? Oder besser gefragt: Warum vermehrten sich die Menschen nicht nur bis zu einem Stand, der ein Leben im Einklang mit den Umweltgegebenheiten ermöglichte?

Eine interessante Überlegung dazu führt wieder auf das Denkorgan im Menschenschädel zurück. Denn das Großhirn lieferte das geistige Rüstzeug für jene Wende in der Lebensweise, die aus den einstigen Jägern und Sammlern schließlich seßhafte Bauern und Viehzüchter werden ließ. Bestimmte Spekulationen beziehen sich nämlich auf eben diese Umstellung. So heißt es, erst mit der »seßhaften«, also trägeren Lebensweise habe sich der Mensch stärker zu vermehren begonnen [53]. Das fand sich sogar noch in letzter Zeit bestätigt bei kleinen, zurückgezogen lebenden Nomadenstämmen, die aus verschiedenen Gründen das Umherziehen aufgegeben haben und seither ortsgebunden wohnen.

Beispielhaft dafür ist die Eskimosiedlung Anaktuvuk im zentralen Alaska. Sie präsentiert sich heute als ein registrierter Ort mit Postleitzahl, Flugzeug-Landepiste, Grundschule und Postamt. Bis zum Jahre 1950 gab es hier praktisch nur Eskimos, die als Jäger den Rentieren nachstellten. Demoskopische Erhebungen durch Wissenschaftler der Universität von Neu Mexiko zeigten, daß sich die Geburtenrate in Anaktuvuk zwischen 1950 und 1964 fast verdoppelte und die Einwohnerzahl (ohne Zuzüge von außen) von 76 auf 128 Personen anstieg.

Ähnliches gilt für eine Gruppe australischer Ureinwohner im nördlichen Teil des Kontinents. Hier bekamen die Frauen zwischen den Jahren 1910 und 1940 durchschnittlich nur alle viereinhalb Jahre ein Kind. Dann aber, als die bis dahin umherstreifenden Jäger und Sammler nahe einer Missionsstation (!) feste Wohnsitze bezogen und dort offenbar auch zum christlichen Glauben angehalten wurden, verringerte sich die Zeit zwischen den Geburten auf durchschnittlich 3,3 Jahre. Bis zum Jahre 1960 hatte sich die Bevölkerung hier bereits um mehr als zehn Prozent vermehrt.

Ein drittes Beispiel lieferten Buschmänner-Siedlungen in der südafrikanischen Kalahariwüste. Solange die Frauen hier mit den Männern Jäger- und Sammlergemeinschaften bildeten, brachten sie etwa alle drei Jahre ein Baby zur Welt. Nachdem inzwischen immer mehr Frauen in festen Siedlungen wohnen, liegen zwischen den Geburten nur noch durchschnittlich zweieinhalb Jahre.

Woran mag das liegen? Einige Wissenschaftler vermuten, daß seßhafte Frauen ihre Kinder weniger lange stillen und sie daher rascher wieder empfängnisfähig werden. Auch mögen bei ihnen weniger Fehlgeburten vorkommen. Eine andere Ursache wäre bei den Männern zu suchen. Da sie jetzt längere Zeit in der häuslichen Gemeinschaft verbringen, aber noch nicht durch äußere Zerstreuungen wie etwa das Fernsehen abgelenkt werden, bietet ihnen die Liebe einen um so begehrteren Zeitvertreib, als ihre Kräfte auch noch weniger von der anstrengenden Jagd beansprucht sind. Eine dritte Möglichkeit wäre die, daß die seßhafte Lebensweise die allgemeine Not linderte und deshalb die einst verbreiteten Kindestötungen entbehrlich machte.

Schließlich könnte die früher eintretende Geschlechtsreife bei den jungen Mädchen mitentscheidend sein. Wahrscheinlich wird ja der Beginn der Monatsblutungen beim jungen Mädchen weniger von dessen Alter, als von seinem Körpergewicht bestimmt. Der allmonatliche Eisprung, so meint die amerikanische Ethnologin Rose Frisch vom Harvard Center for Population Studies, setze voraus, daß der Fettgehalt im Körper über einem bestimmten Minimum gehalten wird. Dies sei bei seßhaften Frauen eher gewährleistet als bei solchen, die mit den jagenden Männern umherzögen und Früchte und Beeren sammelten. Daraus ergäbe sich, daß die seßhafte, bequemere, notwendigerweise zu stärkerem Fettansatz führende Lebensweise nicht nur frühere Geschlechtsreife bedeute, sondern auch rascher wiederkehrende Empfängnisfähigkeit nach der kräfte- und damit fettzehrenden Stillzeit.

Dank der »problemlösenden« Fähigkeiten seines Gehirns gelang es dem Menschen, seinen Lebensunterhalt auf eine neue Art und Weise zu bestreiten. Ackerbau und Viehzucht in ortsfesten Siedlungen ließen immer mehr Menschen ihr Auskommen finden. Vielleicht liegt hier tatsächlich die ursprüngliche Wurzel jener weltweiten Bevölkerungsvermehrung, die seit etwa 100 Jahren ein so gespenstisches Tempo angenommen und Folgeprobleme heraufbeschworen hat, die die Menschheit jetzt in die Überlebenskrise gestürzt haben.

Ob es erlaubt ist oder nicht, es muß hier auch gefragt werden, warum mit dem »wachsenden Wohlstand« der Menschen (wenn man die schnelle Zunahme der Weltbevölkerung einmal als vordergründiges Indiz dafür nehmen will) auch die Krankheiten und erblichen Gebrechen anscheinend zugenommen haben.

Einer der Gründe dafür liegt wahrscheinlich darin, daß überall dort, wo sich Wohlstand ausbreitet, die Kranken und Schwachen besser gepflegt und gehütet, also vor einem sonst frühen Tode bewahrt werden können. Mit anderen Worten: Mehr krankhaft veränderte Organe, soweit sie keine tödliche Bedrohung für den Träger bedeuten, bleiben erhalten. Biologisch gesehen können sich nachteilige Erbveränderungen, wenn die natürliche Auslese nicht mehr wirkt, fortpflanzen und so insgesamt einen »Erbverfall« der ganzen Population herbeiführen, beispielsweise die Schwächung der Immunsysteme, was wiederum den Nährboden für alle möglichen chronischen und akuten Erkrankungen bereitet.

Angesichts der stürmischen Menschenvermehrung und der zahlreichen erbschädigenden Einflüsse im modernen Leben befürchtete dies schon der amerikanische Genetiker Hermann Joseph Muller: »So würde schließlich in diesem utopischen Bild kommender physischer Minderwertigkeit, auf das hin wir schon Kurs genommen haben, die Bevölkerung ihre Freizeit nur noch damit verbringen, ihre Leiden zu pflegen, und sie würde so viel wie möglich arbeiten müssen, um die Mittel zu erwerben, mit denen diese Leiden dann behandelt werden könnten. Dann hätten wir wahrlich den Gipfel der Segnungen moderner Medizin, moderner Industrialisierung und moderner Sozialmaßnahmen erklommen. Weil aber derartige Evolutionsvorgänge von säkularer Dauer sind, kämen die Verschiebungen so langsam und unmerklich in unsere Welt, daß niemand sich dieser Wandlungen bewußt würde, abgesehen von ein paar Außenseitern, die die Genetiker ernst nehmen, und vielleicht noch von einigen Archäologen . . .«

Ein Bevölkerungswachstum durch Wohlstand, um darauf zurückzukommen, kann so vehement werden, daß schließlich »Hemmfaktoren« zu wirken beginnen, die eine solche Population am Ende in kurzer Zeit völlig zusammenbrechen lassen.

Dazu gehören zunehmende psychische Erkrankungen beim engen und »ausweglosen« Beieinanderwohnen unter womöglich kärglichen Lebensbedingungen, sich häufende Gewalttätigkeiten und Kriminalität. Aus Tierversuchen weiß man von Verhaltensstörungen, übertriebenen Revierkämpfen und nachlassender Fruchtbarkeit. Der Mensch vernachlässigt die Kinder und gibt »humane« Verhaltensweisen auf, darunter Mitleid und Hilfsbereitschaft. Dies kennzeichnet den Zustand einer Gesellschaft in extremer Notlage, wenn es nur noch ums Überleben geht.

Versuche an Säugetieren in künstlich übervölkerten Gehegen, in denen die Insassen nichtsdestoweniger genügend Nahrung und Wasser vorfanden, ergaben Resultate, wie wir sie vom Verhalten Gefangener in Massen-Internierungslagern kennen: Streit und Mißgunst, Neurosen und Depressionen, vor allem auch Kämpfe um einen wenn auch kleinen eigenen Platz, der dann erbittert verteidigt wird.

Der Wuppertaler Verhaltensforscher Paul Leyhausen behauptet sogar, der heutige Mensch sei angesichts seiner Massenvermehrung schon nicht mehr weit von der Situation derart eingesperrter Lagerbewohner entfernt, und dies allein deshalb, weil sein Bedürfnis nach einem eigenen Territorium immer weniger befriedigt werde:

»Gleichgültig, wie groß oder klein der eigene Platz eines Menschen sein mag, und gleichgültig, welchen Rang der einzelne in den verschiedenen Hierarchien der Gesellschaft einnimmt, als Gebietseigner ist er Gleicher unter Gleichen. In dieser Eigenschaft ist das menschliche Individuum in der Lage, als verantwortungsbewußter, teilnehmender, mitarbeitender, unabhängiger und sich selbst versorgender Staatsbürger in eine gemeinsame Organisation einzutreten, die wir Demokratie nennen. Übervölkerte Verhältnisse sind jedoch eine Gefahr für die Demokratie.

Tyrannei ist das unvermeidliche Ergebnis jeder Überbevölkerung, ganz gleich, ob sie nun von einem persönlichen Tyrannen oder von einem abstrakten Prinzip wie dem des Gemeinwohls ausgeübt wird, das für die Masse der Individuen überhaupt kein Wohl mehr ist. Solange die Bevölkerungsdichte noch zu tolerieren ist, werden sich die für eine gemeinsame Sache gebrachten Opfer auf die eine oder andere Weise für den einzelnen auszahlen und zu seiner persönlichen Lebenserfüllung beitragen. Bei der Überbevölkerung jedoch steigen die Anforderungen des Gemeinwohls steil an, und was dem einzelnen genommen wird, ist meist unwiederbringlich für ihn verloren – der einzelne sieht meistens nicht einmal, daß das, was ihm genommen wurde, anderen zugute kommt, denn auch diese werden ohne Entschädigung beraubt.«

Welche Folgen Übervölkerung unter sonst optimalen Umweltbedingungen hat, kann man auch im Tierversuch demonstrieren. Rädertierchen beispielsweise, winzige Wasserbewohner aus der Klasse der Würmer, gedeihen gut bei 15 Grad Celsius Wassertemperatur. Füttert man sie im Aquarium regelmäßig, so vermehren sie sich innerhalb von zehn Tagen lebhaft bis auf eine etwa gleichbleibende »Kopfzahl«.

Erhöht man die Temperatur auf 20 Grad, so folgen einer anfangs raschen Vermehrung in Abständen von etwa zehn Tagen Phasen des Zusammenbruchs, aber auch wieder Erholungsperioden. Bringt man die Rädertierchen dagegen in Wasser von 25 Grad Celsius, so wächst die Population zunächst stürmisch innerhalb von sechs Tagen bis zu einer hohen Dichte an, die um etwa ein Drittel größer ist als die Zahl der bei 15 Grad Celsius gehaltenen Tiere. Nach dieser Übervölkerung in der offenbar wohltuenden Wärme kommt es dann zu einem dramatischen Rückgang, dem zwar noch zweimal kurzfristige Erholungsphasen folgen, dann aber – nach vier Wochen – das unweigerliche Ende: Die Rädertierchen-Gesellschaft stirbt aus, ihr endgültiger Massentod ist besiegelt [16].

Nun ist der Mensch natürlich kein Rädertierchen. Trotzdem sollte der Versuch zu denken geben. Er zeigt, daß eine Population gerade dann gefährdet ist, wenn sie durch zunächst üppige Lebensbedingungen – abzulesen an der stürmischen Vermehrung – zu hoher Blüte gelangt ist. Wird die Bevölkerungsdichte dann aber zu groß, so sinkt die Geburtenrate rasch ab, während die Sterblichkeit dramatisch zunimmt. Allenfalls hält sich die Art jetzt noch kurzfristig dadurch über Wasser, daß die kranken und schwachen Mitglieder sterben und Platz für andere schaffen, doch funktioniert dieses Regulativ nicht immer. Namentlich in geschlossenen ökologischen Systemen und bei extrem rascher Vermehrung, wie wir es bei der Erdbevölkerung mit ihrer steil nach oben schießenden Wachstumskurve heute erleben, folgt der unausbleiblichen Anpassung an die gegebenen Ressourcen durch ein Massensterben (wenn die »Grenzen des Wachstums« erreicht sind) der Artentod. Für die Überlebenden bleibt dann keine Zeit mehr für die Regeneration. Sie gehen zugrunde, während sich die Umwelt von der Belastung erholt.

Setzen wir den vielleicht gar nicht mehr so hypothetischen Fall eines baldigen menschlichen Massentodes, so werden ihm weitverbreitet sicher Hunger und Krankheit vorausgehen, wenn wir eine atomare Katastrophe hier einmal aus den Überlegungen verdrängen. Aber auch zu moralisch-ethischen Verfallserscheinungen wird es kommen, wie wir sie im sechsten Kapitel beschrieben haben. Manche gerade jener Merkmale werden dabei verkümmern und verschwinden, die den Menschen nach seinem eigenen Verständnis erst zum Menschen, also zu einem »humanen« Wesen, gemacht haben.

Auch hierin, im »Abbau des Humanen« unter äußersten Notbedingungen, könnte man einen letzten verzweifelten Anpassungsversuch der Natur an unerträglich gewordene Lebensumstände sehen, auf die schließlich nur noch der Tod als einzige Antwort bleibt.

Daß dies keine bloßen Spekulationen sind, dafür gibt es auf der Erde mindestens schon ein Beispiel, auf das der englische Anthropologe Colin M. Turnbull und der deutsche Paläontologe Heinrich Karl Erben aufmerksam gemacht haben [16]. Und fast wie ein Hohn erscheint es, daß dieses Beispiel ausgerechnet aus jenem Erdteil kommt, in dem wir die Entstehung des Menschen vermuten, nämlich aus der Gegend des heutigen Turkana-Sees, des früheren Rudolfsees in Kenia.

Hier, im Dreiländereck von Uganda, Kenia und dem Sudan, lebte im Tal des Kipedo-Flusses viele Jahrhunderte das Jägervolk der Ik. Eines Tages aber wurde ihre Heimat zum Naturschutzgebiet erklärt. Die Behörden zwangen die Ik, ihre Hütten aufzugeben, sie siedelten sie in eine regenarme, gebirgige Ecke im nördlichen Uganda um, wo sie nun schon über drei Generationen ein kümmerliches Dasein fristen. Nicht nur blieb es ihnen wegen des dort spärlichen Wildvorkommens versagt zu jagen, sondern auch der ungewohnte

Ackerbau warf zu wenig ab, um ihnen eine neue Ernährungsgrundlage zu bieten. So zerbrachen als Folge der Vertreibung, des ständigen Hungers und der härtesten Existenznot nach wenigen Jahrzehnten die sozialen Bindungen der Menschen untereinander in einer Weise, wie es erschreckender kaum vorstellbar ist.

Heinrich K. Erben schildert die erschütternden Eindrücke Colin M. Turnbulls vom Leben der Ik aus dessen leider vergriffenem Bericht [16]. Der gesellschaftliche Zusammenhalt bei diesem Volk sei völlig zusammengebrochen, die Menschen erwiesen sich als extreme Egozentriker, deren einziges Trachten der bescheidene Nahrungserwerb sei. Auf der Strecke geblieben sei die Sorge für den Nachwuchs. Die Kinder würden nur lieblos versorgt und im Alter von drei Jahren rücksichtslos ausgestoßen. Sich selbst überlassen, bildeten sie Jugendbanden, in denen das Recht des Stärkeren regiere. Diejenigen Kinder, die diesen brutalen Kampf ums Dasein überlebten, seien für den Rest ihres Lebens negativ geprägt.

Hilfsbereitschaft, schreibt Turnbull, sei bei den Ik durch Neid und Mißgunst ersetzt. Als ein Überbleibsel früherer Sitten sei allein die Gewohnheit geblieben, daß jeder, der etwas esse, einem zufällig dazukommenden Stammesgenossen davon abgebe. Dies habe inzwischen dazu geführt, daß man sich im Dorf unablässig gegenseitig belauere, um einen Bissen zu erhaschen, und jeder, der etwas Eßbares habe, schlinge es hastig und heimlich herunter, um nicht mit anderen teilen zu müssen. Darunter litten nicht nur die Kinder, sondern auch die hilflosen Alten und Kranken. Ihnen etwas zu essen zu geben, sähe man überdies als Verschwendung an, da sie ja sowieso bald sterben müßten.

Der Sittenverfall bei den Ik habe aber noch andere Formen angenommen. Turnbull schreibt: »Ich habe nur wenig gesehen, was man als Ausdruck von Zuneigung hätte bezeichnen können. Vielmehr habe ich Dinge gesehen, über die ich am liebsten geweint hätte. Aber bisher habe ich noch keinen Ik Tränen der Trauer vergießen sehen. Nur die Kinder weinten – Tränen der Wut, der Bosheit, des Hasses.«

Als der Engländer selbst helfend eingreifen wollte, habe man ihn verhöhnt. Bosheit und Schadenfreude seien zum alltäglichen Gebaren geworden: »Ein Blinder stürzt – er wird verlacht. Ein Kleinkind krabbelt ahnungslos zum offenen Feuer – die Männer sehen erwartungsvoll zu und amüsieren sich, wenn es sich die Händchen verbrennt.«

Turnbulls Bericht, schreibt Erben, lese sich wie ein Alptraum. Aber der Engländer liefere auch eine Erklärung. Die Ik seien offenbar zu der Auffassung gelangt, »daß der Mensch selbstsüchtig und es sein natürliches Streben ist, als Individuum vor allen anderen zu überleben. Dies halten sie für das Grundrecht des Menschen, und sie haben immerhin genug Anstand, anderen zu erlauben, dieses Recht nach Kräften wahrzunehmen, ohne deswegen irgend jemandem Vorwürfe zu machen.«

Besonders bedrückend wird die Situation der Ik noch dadurch, daß selbst Hilfsmaßnahmen der ugandischen Regierung nichts an dem Verhalten des sozial zerrütteten Stammes ändern konnten. Man habe regelmäßig Lebensmittel bereitgestellt, jedoch den Fehler begangen, den gesunden und jungen Ik auch jene Rationen zum Transport in die Dörfer anzuvertrauen, die den Älteren und Kranken zugedacht waren. Statt redlich zu teilen, hätten sich die zum Lebensmittel-Empfang Abgesandten nicht nur schon unterwegs sattgegessen, sondern auch noch zusätzlich so viel als möglich in sich hineingestopft, nur um zu Hause nichts abgeben zu müssen.

Turnbull deutet die soziale Deformierung der Ik als eine Anpassungserscheinung, die dem Einzelindividuum das Überleben ermöglichen soll. Ihr Verhalten lasse erkennen, daß die sozialen Tugenden des Menschen sich letztlich als nutzloser Ballast erwiesen, der nur unter günstigen Lebensbedingungen aufrechterhalten werden könne. Der Mensch sei ursprünglich nicht sozial, sondern aufgrund seines Selbsterhaltungstriebes primär egoistisch veranlagt.

Erben widerspricht in diesem Punkt, indem er darauf hinweist, daß gegenseitiges Helfen letztlich allen Sozialpartnern nütze und die Sozialisierung bei der menschlichen Stammesentwicklung offenkundig von großer Bedeutung gewesen sei. Wir können dem nur hinzufügen, daß in der Tat Gemeinschaftssinn schon deshalb einen hohen Auslesewert gehabt haben wird, weil eine intakte Gruppe in Zeiten der Not oder Gefahr oft die einzige Gewähr für das Überleben des einzelnen bot und sich Altruismus also indirekt auch als Egoismus erweisen konnte.

Interessant ist auch ein weiterer Hinweis Erbens. Offenbar bestehen Parallelen im Verhalten der Ik als Volksgruppe unter extremen Streßbedingungen mit jenem von höheren Tieren, die man sehr zahlreich auf kleinem Raum zusammenpfercht: »Hier wie dort handelt es sich um das streßbedingte Ausfallen oder die Fehlentwicklung instinktgesteuerter Verhaltensweisen: den Verfall des Brutpflege-Verhaltens und den Verlust der sozialen Gruppenbildung.«

Haben es also die Ik mit ihrem Verhaltenswandel fertiggebracht, um den Preis der Menschlichkeit zu überleben? Vordergründig scheint es so. Näher jedoch liegt, daß die verfallenden Sitten und der Verlust des Gemeinschaftssinns auch nur Symptome des bevorstehenden totalen Untergangs sind. Ihre Situation wäre also die eines Übergangs: eine Zwischenperiode, die zum gänzlichen Erlöschen der Population führt, wenn etwa die Hilfeleistungen eingestellt würden, aber vielleicht auch trotz der Hilfe, wenn die Ik weiterhin sich selbst überlassen bleiben.

Wer vom langsamen Sterben dieses afrikanischen Stammes hört, dem fallen natürlich ähnliche Naturvölker ein, die dem gleichen Schicksal entgegenzugehen scheinen oder schon ausgestorben sind: die Feuerländer und einige süd- und nordamerikanische Indianerstämme, die krank und degeneriert in ihren Reservaten dahinsiechen, oder die Lacandonen als letzte mexikanische Hochland-Mayas.

Gewiß: Jedes dieser Völkerschicksale hat seine eigene Tragik. Es ist viel darüber geschrieben und geklagt worden, wie hier Menschen unter den erbärmlichsten Umständen zugrunde gehen, Völker, die sich dem Fortschritt der Zivilisation nicht anpassen konnten. Wäre es aber denkbar, daß ein ähnliches Geschick eines Tages die Erdbevölkerung insgesamt träfe?

Um dieses Risiko abzuschätzen, muß man möglichst genaue Informationen über die Entwicklungstrends der wesentlichsten Menschheitsprobleme zu gewinnen suchen. Diese Einsicht und der Vorsatz, seine längerfristigen Regierungspläne so effektiv wie möglich zu gestalten, bewogen den ehemaligen amerikanischen Präsidenten Jimmy Carter im Jahre 1977, eine »Zukunftserforschung« durchführen zu lassen. Die Studie, später *The Global 2000 Report* genannt (»Bericht an den Präsidenten«) wurde vom Mai 1977 bis zum Frühjahr 1980 vom amerikanischen Außenministerium und dem »Council on Environmental Quality« gemeinsam mit zahlreichen Forschungsinstituten und Fachbehörden erarbeitet. Sie sollte die wahrscheinlichen globalen Veränderungen bis zum Ende des Jahrhunderts aufzeigen.

So startete der bisher wohl umfassendste und ernsthafteste Großversuch mit dem Ziel, ein Bild von der Zukunft der Menschheit und ihrem Lebensraum zu gewinnen. Das dreibändige Werk [24] ist dann zwar zu einem Weltbestseller geworden und es hat auch einen Nachfolgebericht mit dem Titel *Global Future – Time to Act* mit Handlungsempfehlungen gegeben (deutsche Ausgabe im Dreisam-Verlag, Freiburg i. Br. 1981), doch muß befürchtet werden, daß aus ihnen ebenso wenig Lehren gezogen werden wie seinerzeit aus der beschwörenden Mahnung des Clubs von Rom *Die Grenzen des Wachstums* [44]. Und dies, obgleich *Global 2000* in mancher Hinsicht schon aufgrund der außerordentlich aufwendigen Recherchen noch bedeutsamer ist.

Da es sich hier verbietet, auf das Gesamtwerk einzugehen, seien nur die wichtigsten Erkenntnisse aus dem ersten Kapitel (»Entering the Twenty-First-Century«) kurz zusammengefaßt. Da heißt es, in der Welt des Jahres 2000 werde es mehr Menschen und mehr Armut geben als heute. Vier Fünftel der Weltbevölkerung würden in den Entwicklungsländern leben. In absoluten Zahlen ausgedrückt läge der jährliche Menschenzuwachs im Jahre 2000 um 40 Prozent höher als im Jahre 1975. (Bei einem angenommenen Bevölkerungswachstum von derzeit etwa 2 Prozent jährlich wären dies 2,8 Prozent; statt rund 80 Millionen wie heute würde die Menschheit im Jahre 2000 jährlich um 112 Millionen, also täglich um mehr als 300 000 Menschen zunehmen.) Auch die Kluft zwischen den armen und reichen Nationen sei trotz der gegenwärtigen Anstrengungen, die Gegensätze zu lindern, größer geworden. Weiterer Konfliktstoff würde sich angehäuft haben.

Während im Jahre 1975 weltweit pro Kopf der Bevölkerung noch etwa 0,4 Hektar anbaufähigen Landes verfügbar gewesen wären, würden es laut Studie um die Jahrtausendwende nur noch etwa 0,25 Hektar sein. Die noch vorhandenen Welt-Erdölreserven würden zwischen den Jahren 1975 und 2000 um etwa die Hälfte schrumpfen. Weiter heißt es, der Druck auf die Wasservorräte der Erde werde sich erhöhen. Allein als Folge des Bevölkerungswachstums werde das verfügbare Süßwasser um etwa ein Drittel pro Kopf abnehmen. Schlimmer noch wird es um die Holzreserven stehen, denn im Jahre 2000 soll kaum die Hälfte der 1975 noch nachgewachsenen Holzmenge verfügbar sein, vor allem als Folge der maßlosen Rodungen und Kahlschläge in den tropischen Urwäldern. In den Entwicklungsländern werden von den 1978 noch vorhanden gewesenen Wäldern weitere rund 40 Prozent abgeholzt sein. Und weil die Wälder nicht nur Sauerstoff liefern, sondern auch Kohlendioxid aufnehmen, werden mit ihrem Dahinschwinden auch die Hauptabnehmer des wachsenden Kohlendioxidgehalts der Luft dezimiert sein. Das bedeutet: Es wird immer mehr Kohlendioxid in der Atmosphäre geben. Die »Treibhauswirkung« wird sich also steigern. Dies wieder wird zu einer Erwärmung führen, deren Folgen noch gar nicht absehbar sind. Der Kohlendioxidgehalt wird laut *Global* 2000 im Jahre 2000 um fast ein Drittel höher liegen als vor der Industrialisierung.

Weiter heißt es in dem Bericht, durch die Bodenerosion würden im Jahr 2000 weltweit durchschnittlich mehrere Zentimeter fruchtbaren Ackerlandes abgetragen worden sein.

Die Wüsten würden sich weiter ausgebreitet haben. Eine der beschämendsten Prophezeiungen aber besteht darin, daß in wenig mehr als zwei Jahrzehnten 15 bis 20 Prozent aller Pflanzen- und Tierarten der Erde ausgerottet sein werden, was einem Verlust von mindestens 500 000 Arten gleichkäme.

Steigende Preise (z.B. um über 150 Prozent für Energien) und anhaltender Inflationsdruck sind weitere Hiobsbotschaften. Anwachsen wird die Gefahr von Mißernten und das Risiko von Kriegen. Über die Umweltprobleme heißt es: »Die vollen Auswirkungen einer zunehmenden Konzentration von Kohlendioxid, des Ozon-Abbaus in der Atmosphäre, der Auslaugung der Böden, der Einbringung immer größerer Mengen komplexer, bleibender Giftchemikalien in die Umwelt und der massiven Artenausmerzung werden wohl erst einige Zeit nach der Jahrtausendwende zutage treten. Doch sind solche Prozesse globaler Umweltveränderungen erst einmal in Gang gekommen, lassen sie sich nur sehr schwer wieder umkehren.«

Am unmittelbarsten, stärksten und in ihrer Auswirkung tragischsten zeige sich laut *Global 2000* die abnehmende Belastbarkeit der Erde in den ärmsten Entwicklungsländern: »Afrika erlebt südlich der Sahara das Problem einer Erschöpfung seiner grundlegenden Ressourcen in besonderer Schärfe. Hier sind viele Ursachen und Wirkungen zusammengekommen, um ein Übermaß der Umweltbeanspruchung zu erzeugen, das zur Ausdehnung der Wüste führt. Überweidung, Brennholzsammeln und destruktive Erntemethoden sind die wichtigsten unmittelbaren Ursachen für tiefgreifende Veränderungen, die aus offenem Wald erst Buschland, dann empfindliche semiaride Weidegründe, wertlose Unkrautböden und schließlich die nackte Erde werden lassen. Die Situation wird noch verschlimmert, wenn Menschen durch Brennholzmangel gezwungen werden, Viehdung und Ernterückstände zu verbrennen. Der organischen Stoffe beraubt, verliert der Boden seine Fruchtbarkeit und die Fähigkeit, Wasser zu binden: die Wüste breitet sich aus. In Bangladesch, Pakistan und großen Teilen von Indien gehen die Anstrengungen einer wachsenden Zahl von Menschen, ihre Grundbedürfnisse zu befriedigen, zu Lasten der Äcker, Weiden, Wälder und Wasservorräte, auf die sie für ihren Lebensunterhalt angewiesen sind. Die Wiederherstellung der Ländereien und Böden würde Jahrzehnte – wenn nicht Jahrhunderte – erfordern, *nachdem* die Ausbeutung des Landes nachgelassen hat. Aber die Ausbeutung nimmt zu, nicht ab.«

Bei alledem gebe es keine schnellen und leichten Lösungen für die genannten Probleme, sagt der Bericht. Am allerwenigsten seien sie dort zu erwarten, wo der Bevölkerungsdruck die Belastbarkeit des Landes schon überfordert. »Tatsächlich lassen die genauesten Unterlagen, die derzeit zur Verfügung stehen, darauf schließen, daß im Jahre 2000 die Weltbevölkerung vielleicht nur noch wenige Generationen von dem Zeitpunkt entfernt ist, an dem die Grenze der Belastbarkeit des gesamten Planeten erreicht ist.« Das Kapitel schließt mit dem beschwörenden Hinweis:

»Die Zeit zum Handeln, um eine solche Entwicklung abzuwenden, geht zu Ende. Wenn die Nationen nicht einzeln und gemeinsam kühne und einfallsreiche Schritte unternehmen, um die sozialen und ökonomischen Bedingungen zu verbessern, die Fruchtbarkeit zu verringern, besser hauszuhalten mit den Rohstoffen und die Umwelt zu schützen, dann muß die Menschheit auf einen ziemlich unruhigen Einstieg ins 21. Jahrhundert gefaßt sein.«

IX.
Das hilflose Gehirn

Wenden und drehen wir uns, wie immer wir wollen: Jede einzelne der bedrohlichen Entwicklungen, wie sie *Global 2000* beschworen hat, geht direkt oder indirekt auf Taten des Menschen selbst zurück. Weder haben uns »höhere Gewalt«, eine plötzliche Klimaverschlechterung, ein Meteoriteneinschlag oder eine Sintflut das Leben schwer gemacht, noch sind feindselige Bewohner fremder Planeten auf der Erde gelandet, um uns zu vernichten. Auch gibt es keine Lebewesen, die den Menschen mit der Ausrottung bedrohten. Nicht einmal schwerwiegende Krankheiten suchen uns heim, daß wir unter ihrem Angriff demnächst aussterben müßten.

Nein, alle unser Überleben gefährdenden Vorgänge sind hausgemacht. Sie sind durch uns Menschen selber verursacht, die wir immer mehr wollen und fortgesetzt Neues brauchen. Sie sind Produkte unseres gewucherten Geistesorgans, jenes ruhelosen Großhirns, dessen Antriebsüberschuß nicht zu bändigen ist. Ihm sind wir als Tötungsmaschinerie ausgeliefert, und nur die Frage ist noch offen, welches ungelöste Problem uns schließlich den Fangstoß gibt. Denn unverkennbar schickt sich das Gehirn jetzt an, jenes Wesen umzubringen, dem es einst zu seiner herausragenden Stellung im Tierreich verholfen hat.

Diese Erkenntnis schaffen auch permanent zuversichtliche Zeitgenossen nicht vom Tisch, die immer wieder Optimismus verbreiten, indem sie mit ständig wiederkehrenden Parolen ihre Mitmenschen beruhigen und eine rosafarbene Zukunft versprechen: Propheten, die sich nicht scheuen, die fröhlichsten Botschaften zu verbreiten und damit auch Resonanz finden, zugleich aber für Skeptiker nur wohlfeilen Schimpf haben.

Leider, so muß man sagen, kommen diese Rosaseher zumeist aus Wirtschaft und Politik, und leider machen sie mit ihren Reden und Druckwerken oft genug jene ohnehin bescheidenen Erfolge derer wieder zunichte, die der Menschheit ihr gefährliches Anspruchsverhalten vor Augen führen und helfen wollen, eine zunehmend zerstörerische Lebensweise abzubauen.

Da werden die »Umweltschützer« pauschal für weltfremde Spinner erklärt und in die Nähe von Anarchisten oder Terroristen gerückt, sobald ihnen einmal der Kragen platzt. Aber auch feinere Formen der Verunglimpfung sind üblich. Als rhetorisch geschickter Vertreter ist hier der Zürcher Theologe und Bankier Ernst Bieri zu nennen. Auf einem Symposium »Industriegesellschaft und technologische Herausforderung« in Köln im Jahre 1980 hielt er ein mit prasselndem Beifall bedachtes Schlußreferat, in dem er vehement gegen die Kritiker unserer Konsumwelt wetterte. Einige seiner Kernsätze seien kommentarlos wiedergegeben [3]:

»Es besteht nicht der geringste Anlaß, unserer Welt, der vom Menschen gestalteten, mit von ihm gemachten Dingen ausgestatteten Welt, mit Mißtrauen oder Angst zu begegnen. Wir können uns in der Zivilisation gerade deshalb, weil unser Lebenszweck mehr ist als der bloße Konsum materieller Güter, mit einem sehr guten Gewissen bewegen . . . Die ›Sinnesleere‹ oder gar die Verzweiflung, unter denen nicht wenige Angehörige der jungen Generation leiden, ist nicht die Folge der heutigen Zivilisation, der Technik, des Wohlstandes oder der ›versagenden‹ Eltern; sie wurde und wird vielmehr produziert von der permanenten Herabwürdigung der Gegenwart . . . Nicht die Wohlstandsgesellschaft, sondern diejenigen, die sie verketzern, tragen die Schuld am gebrochenen Verhältnis vieler Menschen zur Welt und zu sich selbst, an ihrer Ungeborgenheit und emotionellen Leere. Ethisch handelt heute, wer die technische Zivilisation in Schutz nimmt vor der reaktionären Welle der Wohlstandsfeindlichkeit, vor der hochnäsigen Aristokratie der neuen Klasse von

Schwarzmalern mit ihrer tiefen Verachtung für das wirkliche Leben der Massen ... Die Vorwürfe ›sinnloser Konsum‹, ›Quantität statt Qualität‹, ›Zerstörung der Natur‹ und ›Die Technik ist der Kontrolle des Menschen entglitten‹ sind kümmerliche Klischees und haben wenig Bezug zur Realität ... In bezug auf die Ressourcen dürfen wir unbesorgt sein; die Kassandrarufe des Clubs von Rom haben einer sorgfältigen Überprüfung nicht standgehalten, vor allem weil die Möglichkeit der Substitution kaum berücksichtigt wurde ... Wir dürfen ruhig Vertrauen in die Fähigkeit des Menschen haben, negative Nebenfolgen der Technik auf die Natur zu beheben, Vertrauen auch in die großartige Regenerationsfähigkeit der Natur selbst ...«

Auch Julian Simon, Wirtschaftswissenschaftler der Universität von Illinois, versuchte sich in der Widerlegung akribisch erarbeiteter Fakten, die im »Bericht an den Präsidenten« erst in jüngster Zeit wieder die bedrohliche Situation der Menschheit in aller Schärfe deutlich gemacht haben [24]. Ausgerechnet das angesehene amerikanische Wissenschaftsjournal *Science* gab sich dafür her, seine – wie sich erwies – zweifelhaften Einlassungen zu drucken [65]. Unter dem Titel »Statistische Lügen« referierte wohlwollend auch die deutsche *Naturwissenschaftliche Rundschau* die Thesen Simons, sah sich aber bald von der Zuschriftenflut aufgebrachter Leser genötigt, gegen jede Gepflogenheit wenigstens vier massive Gegendarstellungen abzudrucken.

Es mag hier vielleicht erlaubt sein, einmal die redlichen Warner vor jenen Herabsetzungen in Schutz zu nehmen, die sie in den letzten Jahrzehnten mit Ausdrücken wie »Panikmacher«, »Pessimisten«, »Weltuntergangspropheten«, »Schwarzmaler« und ähnlichen bedacht haben. Ich nenne hier stellvertretend für viele nur Ludwig Klages, Rachel Carson, Albert Schweitzer, Konrad Lorenz, Franz Weber, Günther Anders, Dennis Meadows, Aurelio Peccei, Horst Stern, Herbert Gruhl, Hubert Weinzierl, Gerhard Thielcke, Robert Jungk, Alvin Toffler und René Dubos.

Schlimm genug, daß auch die Bezeichnung »Umweltschützer« schon den Stempel des Außenseiterischen, des Sektiererhaften bekommen hat, daß abfällig selbst über jene gespottet wird, die der Versuchung widerstanden haben, sich in ihrer Arbeit für extreme politische Ziele einspannen zu lassen. Gelegentlich hört man sogar den Vorwurf, jene »Stimmungsmacher« betrieben mit ihren Katastrophenwarnungen bloß eigene Geschäfte, denn man wisse ja, daß »Schauergeschichten« wesentlich besser zu verkaufen seien als erfreuliche Nachrichten.

Abgesehen von der Torheit solcher Anklagen finden wir aber auch hier noch ein Indiz für die »elitäre Arroganz« des Gehirnwesens Mensch. Das Motto ist: Nur keinen Zweifel an der Weisheit, der Überlegenheit, der Weitsicht, der Könnerschaft, kurz, an der »Krone der Schöpfung« aufkommen lassen. Nur nicht sich das Selbstwertgefühl rauben lassen und etwa zu einem einfacheren Leben zurückkehren angesichts von »Unkenrufern«.

Gewiß, wir kennen die düstere Kraft, die allen unfrohen Voraussagen innewohnt, wir wissen, daß sie Menschen entmutigen, ihnen den Antrieb zur Umkehr nehmen und schließlich das Gegenteil dessen bewirken kann, was mit der Beschwörung der Apokalypse bezweckt worden war – nämlich zur Rettung »noch in letzter Minute« beizutragen. Dazu jedoch zweierlei:

Blieben die warnenden Stimmen vergleichsweise maßvoll, so würden sie in einer Zeit wenig helfen, da die Gefühle weithin schon abgestumpft sind und die Medien auf immer deftigere Reize verfallen müssen, um die Erregungsschwellen ihrer Konsumenten noch zu erreichen. Und das zweite: Folgten und glaubten wir den gefährlichen Optimisten jetzt – »zwei Minuten vor zwölf« –, gingen wir ihren Beschwichtigungen auf den Leim, wir würden als Spezies *Homo sapiens* ganz sicher mit noch weit lebhafter flatternden Fahnen dem Abgrund zueilen, dem wir ohnehin schon entgegensteuern.

Kommen wir damit auf unsere eigentliche Frage zurück, warum das Menschenhirn von seiner Aufgabe heute überfordert ist, die Lebensumstände des Menschen noch zu durchschauen und sie überregional so sinnvoll zu beeinflussen, daß unserer Art ein menschenwürdiges Überleben für längere Zeit gesichert wäre. Einer der Gründe ist offenbar der, daß dieses Organ mit seinem Neugierverhalten und seinem Trend zum Rationalen seine Träger in ein immer mehr »maschinisiertes«, auf materiellen Gewinn und raschen Genuß erpichtes, auf Umweltzerstörung geradezu programmiertes Verhalten drängt.

Diese seine Achillesferse können wir dem Großhirnwesen nicht einmal vorwerfen, denn sein geistiges Steuerorgan ist für die Anforderungen einer anderen Zeit mit anderen Umweltbedingungen entstanden. Damals, vor Millionen Jahren, bestand ja noch kein Bedürfnis, so vielschichtige Probleme durchschauen zu müssen wie den Zusammenhang zwischen Bevölkerungslawine und Lebensstandard, zwischen Wirtschaftswachstum und Arbeitsplätzen, Konsumverhalten und Rohstoff-Verbrauch, Verstädterung und Kriminalität, zwischen psychischer Vereinsamung und Drogensucht. Alle diese Probleme und viele mehr gab es nicht. Alles war einfach. Die Lebensumstände ließen sich mit vergleichsweise geringem »geistigen Aufwand« überschauen und in den Griff bekommen. Ein Kind wurde geboren, die Mutter ernährte es, die Männer sorgten für Unterkunft und Nahrung, die Frauen sammelten Früchte, das Kind kam durch oder es starb. Die Horde, zu der es gehörte, schlug sich mit Wind und Wetter herum, es gab Verletzte und Tote, Freude und Schmerz, man stellte Steinwerkzeuge her, man nutzte das Feuer. Wenn es Schwierigkeiten gab, dann elementare: Pech bei der Jagd, Zank um den Anteil der Beute, Streit um Frauen vielleicht, Angst bei Steppenbränden oder Unwettern, Kampf um den Besitz bevorzugter Höhlen und Sorge um die zu sammelnde Nahrung. Das blieb so über jene vielen Jahrhunderttausende, in denen das Großhirn wuchs.

Erst ganz allmählich – dann jedoch immer schneller – nahm die Kompliziertheit des Lebens zu. Dafür sorgten die wachsende Mobilität der zusammenlebenden Gruppen, der differenzierter werdende Gerätebestand, die verfeinerten

Methoden der Jagd, die Vervollkommnung der Sprache, das Bauen von Unterkünften und die Erfahrungen mit der Umwelt schlechthin. Immer mehr gab es zu bedenken. Immer neue Erkenntnisse und Wahrnehmungen wollten verarbeitet sein, bevor man etwas entschied.

Mehr und mehr nutzte man auch die Naturkräfte für die eigenen Zwecke aus. Man lernte, mit Wasser und Wind umzugehen, Rad und Hebel anzuwenden, Land- und Wasserfahrzeuge zu bauen, schwere Lasten auf ihnen zu transportieren und immer größere Entfernungen zu überbrücken. Der Tauschhandel mit Salz, Gewürzen, Metallen und Geräten kam auf und begründete eine erste primitive Wirtschaft. Die Kunst regte sich. Bestattungsrituale, Religion, Sitten und Gebräuche, Kleidung und Schmuck, – all das erhob den Menschen immer weiter über seine tierischen Vorfahren und erweiterte seinen Horizont.

Zunehmend mehr hatte aber unterdessen auch der Denkapparat in seinem Kopf zu bewältigen. Je komfortabler sich der Mensch auf der Erde etablierte, um so verschiedenartiger wurden die Erwägungen und gedanklichen Verknüpfungen, die er anstellen mußte, um in der Gemeinschaft zu bestehen. Und je komplizierter der Denkapparat wurde, um so besser gelang dies auch, bis dessen Wachstum, seine Ausdifferenzierung etwa um die Zeit des Neandertalers »stehenblieb«.

Wir wissen, daß das menschliche Gehirn sich seit 100 000 Jahren kaum noch verändert hat, und es gibt auch Überlegungen, warum. Es war, als wollte es sich auf seinen Erfolgen ausruhen, ohne zu ahnen, welch unheilvolle eigengesetzliche Entwicklung nun beginnen sollte. Viele Jahrtausende verliefen noch verhältnismäßig »ruhig«, während der Mensch seinen einmal eroberten Platz auf der Erde absicherte. Allmählich aber wuchs die Zahl der Zweibeiner an. Mit ihren Gehirnen gelang es ihnen immer besser, ihre Herrschaft über die Natur auszubauen.

Doch irgendwie verlief die Entwicklung disharmonisch. Rückschläge kamen: Der Mensch mag sich schon früh als unvollkommenes Wesen erkannt haben, als Werdender, dessen Verhängnis sich mit eben jenem Werden anbahnte. Typisch menschliche Nöte, wie sie im Tierreich unbekannt sind, suchten ihn heim: soziale Not, seelische Konflikte, Herrschsucht und Ausbeutung, Geisteskrankheiten, Mord und Totschlag aus Habgier oder religiösem Eifer und schließlich der »Siegeszug der Technik«, dessen moralische Bewältigung dem *Homo sapiens* bis heute versagt geblieben ist. Es war, als blähte sich ein Luftballon auf, in dessen Gummihaut dünne Stellen eingelagert sind. Die dünnen Stellen schossen pilz- oder geweihhaft aus dem Ballon hervor, während der Rest zurückblieb. Auch dies ist freilich nur ein Teil des Menschenproblems.

Was schwerer wog, lag auf einem anderen Feld: Der Denkapparat begann zusehends an seine Grenzen zu stoßen. Nicht, daß er keine großen Leistungen mehr vollbrachte. In den letzten Jahrhunderten hat es weltgeschichtliche Entdekkungen gegeben, berühmte Kunstwerke wurden geschaffen, Dichtung, Musik und Wissenschaft feierten Triumphe. Was aber der Menschheit abging, war die Fähigkeit zu erkennen und Antworten darauf zu finden, in welche Gefahr sie mit ihrer ungebremsten Massenvermehrung und dem gleichzeitig wachsenden Anspruch auf einen immer höheren Lebensstandard zusteuerte.

Als endgültig verhängnisvoll erwies sich diese Unfähigkeit in den letzten hundert Jahren, da die Problemverflechtungen, das wirtschaftliche, politische und gesellschaftliche Wirkungs- und Abhängigkeitsgefüge zu immer größeren Spannungen führte. Heute ist es nicht nur so, daß relativ geringfügige Anlässe einen weltweiten und alles vernichtenden Atomkrieg auslösen können, sondern praktisch jede weiterreichende Entscheidung schon den Keim des Fehlerhaften, des Vergeblichen in sich trägt, weil die als Entscheidungshilfen verfügbaren Erkenntnisse nach immer kürzerer Zeit ihre Verläßlichkeit wieder verlieren. Gemessen an den systemanalytischen Fähigkeiten des Großhirns (und seiner elektronischen Hilfen!) wären viel zu viele variable Faktoren zu berücksichtigen, um wirklich langfristig sinnvolle Beschlüsse zu fassen. Auch müßten die beschlossenen Maßnahmen dann weltweit durchsetzbar sein und dürften nicht an den widerstrebenden Interessen einzelner oder von Gruppen scheitern. Man vergegenwärtige sich nur einmal den Widersinn, daß es der amtierende Papst Johannes Paul II. im Jahre 1982 fertigbringt, im bevölkerungsreichsten afrikanischen Land Nigeria die Empfängnisverhütung zu verdammen.

Erschwerend kommt hinzu, daß menschliches Denken und Handeln gemäß seiner ursprünglichen Bestimmung auf kurzfristige Ziele ausgerichtet ist, während die existentielle Bedrängnis des *Homo sapiens* heute gerade tragfähige, das heißt, langfristig sinnvolle Entscheidungen erforderte.

Beispiele: Das rigorose Abholzen des tropischen Regenwaldes bringt zwar der Holz- und Papierindustrie oder den exportierenden Staaten rasch Gewinne und ermöglicht in Brasilien vorübergehend auch die sogenannte Wanderfeldwirtschaft. Es schädigt aber den dünnen tropischen Humusboden derart, daß das Land durch Erosion alsbald einer nicht wiedergutzumachenden Versteppung entgegengeht. Oder: Das Festhalten am Wachstumsdenken in der Wirtschaft kann zwar zunächst das Arbeitslosenproblem entschärfen und den allgemeinen Wohlstand heben oder halten. Es treibt aber unweigerlich auf einen Punkt zu, an dem das »geschlossene System Erde«, auf das wir angewiesen sind, als Versorgungsbasis und Lebensraum erschöpft ist.

Obwohl indes die Bedrohlichkeit ihres Verhaltens offenkundig ist, kann die Menschheit insgesamt die vielbeschworene »Umkehr« beim besten Willen wohl kaum noch vollziehen. Denn nicht nur müßte der *Homo sapiens* dazu integrale Wesensmerkmale aufgeben. Die Probleme, vor denen er sich sieht, setzten zur Lösung zudem ein anderes als das für Steinzeitaufgaben programmierte Großhirn voraus. Mit dem Bamberger Psychologen Dietrich Dörner kann man sagen: »Wo früher relativ viele Subsysteme mit geringen Wechselwirkungen nebeneinanderher existierten, gibt es heute bereits ein (einziges) den Globus umspannendes System enger

Wechselwirkungen ökologischer, ökonomischer und sogar ideologischer und klimatologischer Variablen« [12].

Das offenbart sich auf Schritt und Tritt jedem, der offenen Auges das Weltgeschehen verfolgt. Das Zinsgefüge des einen wirkt sich auf die Kapital- und Arbeitsmärkte in anderen Ländern aus. Technische Großprojekte, wie Kernkraftwerke oder Staudammbauten, werfen internationale Probleme von immer größeren Dimensionen auf. Die Schädlingsbekämpfung mit chemischen Giften und die Antibiotika-Behandlung ließen weltweit das Resistenzproblem entstehen, die florierende Mikroelektronik bedroht in den Industrieländern immer mehr Arbeitsplätze ...

Was sich zeigt, ist die Kapitulation des Großhirns gerade vor solchen Maßnahmen, deren Sekundär- und Tertiärfolgen bedacht sein wollen. Sein ursprüngliches Problemlösevermögen in Ehren, aber von der kompliziert gewordenen Welt wird es zunehmend überfordert. Es ist für eine einfachere Welt geschaffen, es bewältigt seine selbstverursachten Schwierigkeiten nicht mehr.

Aufschlußreiche Indizien dafür hat der schon erwähnte Psychologe Dietrich Dörner mit einer originellen Versuchsreihe beigesteuert. Er hat den Umgang des Menschen mit komplexen dynamischen (veränderlichen), zugleich aber intransparenten (nicht leicht durchschaubaren) Wirkungsgefügen untersucht. In einem von der Deutschen Forschungsgemeinschaft geförderten Programm benutzte er dazu einen speziell programmierten Computer [12]. Das Gerät simulierte verschiedene komplexe Wirkungsgefüge, etwa das einer kleinen Stadt. Zahlreiche Kräfte, die das Leben und die Entwicklung in ihr beeinflussen, brachte Dörner in eine mathematische Form. Diese wiederum erlaubte es, die Folgen bestimmter »Eingriffe« abzulesen.

Dörner hat seine Studenten dann als Versuchspersonen auf die einzelnen Komponenten des Systems Einfluß nehmen lassen. Die fiktive kleine Stadt sollte blühen und gedeihen. Der zum »Bürgermeister« erhobene Prüfling konnte die Steuern neu festsetzen, Löhne verändern, den Wohnungs-

und Straßenbau fördern oder bremsen und ähnliches mehr. Was dabei herauskam, setzte der Computer logistisch um. Da erfuhr man, ob die Stadtbewohner mit ihrem Bürgermeister zufrieden waren, ob es mit der Wirtschaft bergauf oder bergab ging, wie es mit der Auswanderungstendenz stand, ob es zu Streiks kam, welche Berufsgruppen bevorteilt oder benachteiligt würden, ob die Gemeinde sich verschulden mußte oder sparen konnte und anderes mehr.

»Die Versuchspersonen«, erläutert Dörner, »müssen mit einem sehr komplexen, also merkmals- und beziehungsreichen System umgehen, welches sich aufgrund eigener Gesetzmäßigkeiten fortentwickelt, ›dynamisch‹ ist. Dieses System ist ihnen teilweise unbekannt und nicht bezüglich aller Merkmale durchsichtig.«

Obwohl es sich um eine Spielsituation handelte, war es möglich zu beurteilen, ob die Beteiligten sich komplexen Wirkungsgefügen gewachsen zeigten. Das Ergebnis gab zu denken: Bestimmte Fehlleistungen unterliefen fast allen Versuchspersonen. Dazu gehörte »lineares Denken« in Ursache-Wirkungsketten, statt in Wirkungsnetzen. Die fiktiven Bürgermeister berücksichtigten fast alle nicht, daß ihre Maßnahmen nicht nur die gewünschten, sondern auch Neben- und Fernwirkungen hatten, die keineswegs erstrebenswert waren. Dörner: »Sie sehen nur den Haupteffekt. Dies hat zur Folge, daß die Maßnahmen zwar das eine Übel beseitigen, dafür aber zwei neue schaffen.«

Man kann nun leicht zeigen, daß die gleiche kurzsichtige Denk- und Handlungsweise auch im täglichen Leben im kleinen und großen vorkommt. Dörner zitiert dazu das Beispiel des DDT: »Wer dachte schon an DDT in der Muttermilch, als er dieses Mittel zur Ungezieferbekämpfung einsetzte?«

Besonders grobe Fehlleistungen ergaben sich bei Trendabschätzungen. Ein Beispiel: Wenn herausgefunden werden sollte, wie ein Anfangskapital von 1000 DM in 20 Jahren bei sechs Prozent Zinsen wächst, gingen die meisten Prüflinge »linear« vor. Das heißt, sie überlegten etwa so: Wenn tausend Mark im ersten Jahr um 60 Mark wachsen, so wachsen sie in 20 Jahren um 20 mal 60, also 1200 DM, und dann kommt noch ein bißchen Zinseszins hinzu – vielleicht nochmals 200 Mark, macht zusammen etwa 2400 DM. Tatsächlich sind es aber etwa 3207 DM.

Dörner kommt zu dem Schluß: »Die Tatsache der Fehleinschätzungen exponentieller Entwicklungen führt dazu, daß Personen oft völlig fassungslos der Geschwindigkeit, der Beschleunigung und dem plötzlichen Umkippen von Entwicklungen gegenüberstehen und mitunter bezweifeln, daß ›alles mit rechten Dingen zugeht‹. Wir möchten aufgrund unserer Ergebnisse auch bezweifeln, daß selbst der gebildete Zeitungsleser überhaupt versteht, was er liest, wenn ihm mitgeteilt wird, daß ein Wirtschaftswachstum von sechs Prozent ›über längere Zeiträume möglich sei‹. Das menschliche Gedächtnis ist ein schlechtes Instrument für den Umgang mit Zeitreihen.« Dies aber läßt weiter schließen: »Offenbar bestand im Laufe der Evolution der Menschheit im Gegensatz zu den heutigen Umständen kein großer Bedarf nach einem gut funktionierenden Zeitreihen-Trend-Analysator, da die Lebensumstände sich im Laufe eines Lebens nur wenig wandelten.«

Noch ein drittes allzu menschliches Verhalten enthüllten die Dörnerschen Versuche, und auch dies steht der Lösung komplexer Probleme entgegen. Es ist eine Art Hilflosigkeit, eine bereits verfahrene Situation durch sinnvolle Maßnahmen noch zu retten. Was tatsächlich geschieht, ist eine »Notfallreaktion«, wie Dörner es ausdrückt. Es sind mehr oder weniger affektbetonte Handlungen, die alles andere als der prekären Lage angemessen erscheinen. Die Versuchsteilnehmer träfen sehr »grobschlächtige und rabiate Entscheidungen«. Sie versuchten erst gar nicht, die Situation mit der erforderlichen Sorgfalt zu analysieren. Der einzelne Prüfling, so Dörner, kontrolliere sich dann kaum noch selbst und schalte »höhere kognitive Prozesse« fast gänzlich aus.

So steckte ein Teilnehmer in einer Krisensituation das gesamte restliche Stadtkapital in eine überdimensionale Werbekampagne für den Fremdenverkehr und den Ausbau von

Hotels, ohne zuvor geprüft zu haben, ob eine Werbung angesichts des Ortes überhaupt Aussicht auf Erfolg haben könnte. Der Handelnde, kommentiert Dörner, erhoffte sich mit solchen Gewaltkuren die große Wende. Er bestätigte sich aber nur seine eigene Macht und Kompetenz und verschleierte vor sich selbst die eigene Ohnmacht.

Während Dietrich Dörner noch Hoffnungen hegt und annimmt, seine Versuchsergebnisse könnten der Gesellschaft nützen (»Eine Ausbildung in der intellektuellen Bewältigung von Unbestimmtheit und Komplexität könnte mithelfen, eine Quelle schädlicher Verhaltenstendenzen zu verschütten«), scheint eine andere Einsicht näherzuliegen:

Zunächst dürften die Erfahrungen aus dieser leider wenig bekannt gewordenen Studie insofern bedeutsam sein, als Dörner mit Psychologiestudenten »experimentierte«, also Trägern von Großhirnen, die nicht gerade als »unterbelichtet« einzustufen sein dürften. Man wird ihnen also, gemessen am Durchschnittsbürger, ein überdurchschnittliches Problemlösevermögen zuschreiben dürfen. Das Gros der Menschen jedenfalls, von Analphabeten zu schweigen, würde von den hier geschilderten Aufgaben sicher überfordert sein. Vor allem hätte der Durchschnittsbürger schwerlich unpopuläre Maßnahmen getroffen, zu denen klügere Zeitgenossen eher bereit sind. Generell bestimmen jedenfalls in weiten Bereichen des Lebens solche Gehirne den Gang der Dinge, die Probleme höheren Schwierigkeitsgrades unbewältigt lassen. Dazu trägt womöglich sogar das demokratische Wahlrecht bei (gleichwertige Stimmen aller Wahlbürger).

Doch das ist nicht alles. Weithin werden heute auch Entscheidungen von Gehirnen getroffen, die einen ständigen Überschuß an elementaren Antrieben, primitiven Bedürfnissen und Erwartungen abzureagieren versuchen. Anders gesagt: Im Gegensatz zu den übrigen Tierarten ist der Mensch mit dem Gegebenen permanent unzufrieden. Getrieben von seinem »Steinzeit-Gehirn« will er fortwährend über einen einmal erreichten Zustand – sprich Lebensstandard – hinausgelangen. Unablässig will er verbessern und verändern, ungeachtet der Spätfolgen seines Tuns. Alles das ist aber keine Basis mehr für sein langfristiges Überleben auf einer Erde, wie sie heute ist. Denn die Ressourcen dieses Planeten sind nicht unerschöpflich. Die Erde kann nicht zur dauernden Heimstatt einer fortgesetzt und neuerdings dramatisch sich vermehrenden Bevölkerung mit eben diesen Ansprüchen und Antrieben werden.

Was unserem Großhirn für ein sinnvolles Überlebensverhalten unter anderem fehlt, ist die Fähigkeit, viel mehr Parameter mit viel mehr anderen Parametern in Verbindung zu bringen, als es ihm nach seiner derzeitigen und nicht mehr veränderlichen Beschaffenheit möglich ist: Fähigkeiten, die auch seine elektronischen Hilfsmaschinen nicht haben können, weil diese ja – wenn auch sehr schnell – nur leisten können, wofür der Mensch sie programmiert hat. Unsere Gehirne müßten außerdem Wechselwirkungen von Faktorennetzen viel genauer erkennen oder zumindest einigermaßen verläßlich abschätzen können. Und es müßte sich weltweit durchsetzen lassen, was bei solchen Analysen herauskommt. Weder läßt sich aber ein qualitativ erheblich gesteigertes Problemlösevermögen »erlernen«, wie es Dietrich Dörner erhofft, noch würden sich Verhaltensweisen durchsetzen lassen, die als Ergebnis solcher, sagen wir einmal, »Systemanalysen höheren Schwierigkeitsgrades« herauskämen.

Die Sprachverwirrung, die es der Sage nach den Erbauern des Turmbaus zu Babel verwehrte, ihr Werk zu vollenden, sie erscheint daher noch harmlos gegen die Not der heute Lebenden, diese ihre Welt mit ihren Geistesorganen zu durchdringen und das Leben auf ihr zu bewahren. Es ist, als säßen wir in einem bergab schießenden Karren, dem die Bremsen versagten. Selbst in der Wissenschaft wird es immer schwieriger für die Forscher, Querverbindungen zwischen den Fachgebieten herzustellen und sie zu nützen. Denn immer weniger Wissenschaftler behalten noch die Übersicht auch nur über die wichtigsten Erkenntnisse aus benachbarten Forschungsbereichen. Sprachbarrieren kommen hinzu. Es ist, als sähen sich selbst die klügsten Köpfe hilflos vor der

Aufgabe, ein Mosaikbild in einer begrenzten Zeitspanne zusammenzusetzen, während ihr Vorrat an Steinchen durch einen mysteriösen Zauber rasch zahlreicher wird und die Steinchen zudem immer kleiner werden und außerdem noch ihre Farbe ändern. Sie müssen scheitern, auch wenn sie mit noch so hexenhafter Geschwindigkeit die Steinchen setzten, weil ihr Schaffensprozeß fortlaufend von der Vermehrung, der Verkleinerung und den immer neuen Farbtönen ihres Arbeitsmaterials gestört wird.

Ganz ins Praktische übersetzt: Unser Überlebensrezept dürfte nicht Wachstum oder Stabilisierung der Erdbevölkerung bei acht oder zehn Milliarden Menschen heißen, sondern es müßte schleunigst eine mit allen Kompetenzen ausgestattete Weltregierung etabliert werden. Ihr hätten solche Köpfe anzugehören, die über Ländergrenzen und -interessen hinweg zu denken und zu entscheiden in der Lage wären. Eine solche Regierung müßte zugleich mit allen geeigneten technischen Hilfsmitteln die politischen Gegensätze, die sozialen Spannungen und die ökologischen Veränderungen fortlaufend analysieren und sinnvoll in dieses Wirkungsgefüge eingreifen können. Sie müßte vordringlich das Bevölkerungswachstum stoppen und dafür vor allem die Kirchen gewinnen. Sie müßte Entscheidungen durchsetzen können, denen jene höheren kognitiven Prozesse zugrunde liegen, aufgrund derer allein noch eine Wende möglich wäre. Daß dies alles eine Utopie bleiben wird, wissen wir nicht erst seit Bestehen der UNO. Da es dafür außerdem sehr langer Zeiträume bedürfte und zudem weltweiter Übereinstimmung hinsichtlich der Zukunftsziele, steht es um uns Menschen in jedem Falle schlecht. Wir können uns nicht mehr von den Zwängen der eigenen Ansprüche befreien. Im Wettlauf ums Überleben haben uns die selbstgeschaffenen Probleme überholt. Dem Zauberlehrling aus Goethes Gedicht vergleichbar, werden wir die Geister, die uns seit Urzeiten im Blute spuken, nicht mehr los. Nicht einmal auf den alten Meister können wir noch hoffen, der da vom Himmel herab gebietet: »Besen steh!«

X.
Die Erde nach dem Menschen

Wenn wir noch darüber sprechen wollen, wie die Erde aussehen wird, wenn es keine Menschen mehr auf ihr gibt, so können wir nur spekulieren. Einigermaßen sicher dürfte sein: Die Lage »danach« wird davon abhängen, in welcher Zukunft das Aussterben beginnt und wie der Planet in der letzten Phase des *Homo sapiens* beschaffen sein wird. Mit anderen Worten, es wird darauf ankommen, was der Mensch bis zu seinem Artentod noch anrichtet, was er auf der Erde noch verändert, wie und wie nachhaltig er die Umweltverhältnisse noch weiter stören wird.

Nehmen wir an, das große Sterben verliefe wellenförmig. Auf einen ersten Schub, vielleicht ausgelöst durch Hungersnot oder nicht mehr beherrschbare Epidemien, folgte zunächst noch einmal eine Erholungsphase. In ihr würde die entstandene Lücke zwar nicht wieder geschlossen, doch stagnierte die verringerte Bevölkerungszahl. Irgendwann käme es dann zur nächsten Welle und so fort, bis die letzten Vertreter des *Homo sapiens* ausgestorben wären.

Der Untergang selbst könnte lange dauern. Sein Beginn würde vielleicht nicht einmal als solcher begriffen, ja, die ersten Symptome würden die ewigen Optimisten womöglich sogar frohlocken lassen. Sie würden verkünden, ein allgemeines Gesundschrumpfen habe eingesetzt und reduziere jetzt die Weltbevölkerung auf ein erträgliches Maß. Wie auch immer – zwei theoretische Modelle bieten sich an. Einmal könnten wir von einem relativ frühen Untergangsbeginn zu einem Zeitpunkt ausgehen, zu dem noch Reste von Naturlandschaft und – in entlegenen Gebieten – sogar kleine, relativ ungestörte pflanzlich-tierische Lebensgemeinschaften erhalten geblieben sind. Das könnte nach etwa sechs bis acht

Generationen der Fall sein, also etwa zwischen 2170 und 2250 nach der Zeitwende, sofern nicht schon vorher ein alles vernichtender Atomkrieg alle Spekulationen zunichte macht und ein eigengesetzlicher Ablauf begonnen hat.

Es wäre aber auch ein verhältnismäßig spätes Auslaufen der Sterbewellen nach schätzungsweise zwanzig Generationen um 2600 nach der Zeitwende denkbar. Voraussichtlich wäre die Erde dann bis auf den letzten Quadratmeter intensiv genutzt, die natürlichen Reserven wären nahezu restlos aufgebraucht und die Regenerationskräfte erschöpft.

Nicht zuletzt wegen der gegenwärtig rasch wachsenden Verfügbarkeit der Kernenergie würde schon im ersteren Fall die Industrialisierung und Technisierung massiv zugenommen haben. Die natürliche Pflanzenbedeckung, namentlich die großen Urwälder, werden stark dezimiert sein. Die Luft-, Boden- und Wasserverschmutzung hätte beträchtlich zugenommen, und an dieser Verschmutzung wäre auch der radioaktive Müll in erheblichem Maß beteiligt.

Wegen des Raubbaus an den Wäldern wird der Sauerstoffgehalt der Atemluft zurückgegangen und das Kohlendioxid erhöht sein – letzteres hauptsächlich wegen der CO_2-liefernden industriellen Verbrennungsprozesse. Für die Zeit nach dem Menschen werden es also wahrscheinlich jene Lebewesen schwerer haben, die viel Sauerstoff benötigen, sofern sie überleben. Zu ihnen gehörten viele Bewohner der heute noch sauerstoffreichen Gebirgsflüsse, aber auch zahlreiche Lurche. Denn so rasch, wie der Sauerstoff in der Luft abnehmen wird, können sich zumindest höher entwickelte Lebewesen mit langsamem Generationswechsel genetisch nicht umstellen.

Da die Bodenerosion nach dem Abholzen der tropischen Wälder kaum aufzuhalten sein wird, dürfte es auf einer zukünftigen Erde ausgedehnte öde, verkarstete oder wüstenähnliche Landflächen geben. Erst allmählich, rascher im ersten Modell, sehr viel langsamer im zweiten, wird es über Mikroorganismen, Algen und genügsame andere Pflanzen wieder zu einem gewissen Neubewuchs kommen. Wenn es die klimatischen Verhältnisse zulassen, wird sich dann wieder eine erste Humusschicht bilden können und die Lebensgrundlage für höher entwickelte Tier- und Pflanzenarten schaffen. Dieser Prozeß würde jedoch sehr lange dauern. Er müßte auch ungestört von solchen Tieren oder Mikroben verlaufen können, die das aufkeimende Leben sogleich wieder abfressen, abweiden oder zersetzen. Möglicherweise werden zunächst Insekten die beherrschenden Tiere sein, doch auch dies ist nur eine Spekulation.

Die Schwierigkeit, sich von einer menschenleeren Erde ein Bild zu machen, liegt darin, daß wir heute noch nicht wissen, welche Pflanzen und Tiere uns tatsächlich überleben werden, wie die biologische Konkurrenzsituation zwischen ihnen sein wird und welche konkreten Umweltverhältnisse der Mensch hinterläßt. Es wird von Bedeutung sein, ob es noch wesentliche klimatische Veränderungen gegeben hat, wie etwa eine durch den Kohlendioxidanstieg bewirkte Erwärmung der Luft. In diesem Fall würde es bedeutsam sein, ob der Temperaturanstieg das Polareis teilweise abschmelzen ließ, der Meeresspiegel daraufhin angestiegen ist und wie rasch das Abschmelzen vor sich gegangen ist.

Wie wir wissen, sterben gegenwärtig immer mehr Tier- und Pflanzenarten in rascher Folge aus. Betroffen sind vor allem solche Arten, die für ihre Fortpflanzung ungestörte Biotope oder spezielle Existenzbedingungen brauchen, die ihnen der Mensch vorenthält. Die schon zur Endzeit des Menschen ausgestorbenen Großtierarten, darunter wahrscheinlich Krokodile und Flußpferde, Nashörner, Elefanten, Giraffen und andere Huftiere, auch viele Großvögel wie Strauße und Greifvögel werden nicht wiederkehren, denn einmal ausgerottete Arten sind unwiederbringlich dahin.

Wahrscheinlich werden ausschließlich robuste Formen überleben, die hart sind im Hinnehmen karger Lebensumstände, oder die sich dank erblicher Anpassungen an die gestörte Umwelt gewöhnen konnten. Überleben werden viele Mikroben, zahlreiche Insekten, darunter einige Ameisenarten und die weltweit verbreitete Ratte. Ausgestorben dage-

gen werden jene sein, die als Parasiten auf solche Wirte angewiesen sind, die ihrerseits bereits nicht mehr existieren.

Flora und Fauna in einer Welt ohne Menschen werden
also auf jeden Fall ärmer an Arten sein. Wo aber Vielfalt dort
fehlt, wo sie aufgrund der Umweltgegebenheiten möglich
wäre und auch geherrscht hat, bevor der Mensch kam, da
werden solche Arten leichtes Spiel haben, die als Parasiten,
Schmarotzer, Schädlinge oder Nutznießer von den noch existierenden Pflanzen leben. Das demonstrieren heute schon
die Probleme der Schädlingsbekämpfung in den großen Monokulturen. In den verarmten Regionen wird es zumindest
anfangs immer wieder zu Kalamitäten und Zusammenbrü-
chen rasch aufgeblühter Populationen kommen, es wird ein
abnormes Wechselspiel von Gedeihen und Verderb geben,
von dem niemand weiß, zugunsten welcher Arten es schließlich ausgehen wird. Man könnte auch sagen: Anstelle eines
natürlich gewachsenen Gleichgewichts werden beschädigte
Artengemeinschaften ohne stabilen inneren Halt vorherr-
schen.

Die Übriggebliebenen werden in jedem Fall auch mit der
kulturellen Hinterlassenschaft des Menschen fertigwerden
müssen. Sie werden mit dem unverrotteten Zivilisationsplun-
der, den Kunststoffen, mit Radioaktivität und Rückständen
chemischer Produkte zu leben haben. Zahlreiche Chemikalien aus industriellen Fertigungsvorgängen werden noch existieren, die der Mensch in seinem hoffnungslosen Kampf
ums eigene Überleben erzeugt hat und deren Wirkung auf
Umwelt und Lebewesen auf längere Sicht nicht mehr ab-
schätzbar gewesen ist.

Ein weiteres Erbe wird möglicherweise eine stärkere Sonneneinstrahlung sein. Bekannt ist, daß bestimmte Treibgase,
wie sie etwa in Sprayflaschen verwendet werden, aber auch
die zunehmende Verkehrsdichte in der Stratosphäre die
schützende Ozonschicht über der Erde beeinträchtigen können und damit dem gefährlichen ultravioletten Sonnenlicht
leichteren Zugang zur Erde ermöglichen. Als Folge davon
sollen unter anderem die Hautkrebs-Erkrankungen zuneh-

men. Hinzu käme die noch viele Jahrhunderte andauernde Strahlung des radioaktiven Mülls, falls das Problem seiner sicheren Ablagerung nicht in der allernächsten Zukunft noch gelöst wird, was unwahrscheinlich ist.

Die erhöhte Radioaktivität und die noch existierenden erbschädigenden Chemikalien werden noch lange nach dem Menschen für eine erhöhte Mutationsrate sorgen. Das heißt, es werden bei den zukünftigen Lebewesen mehr Erbschäden auftreten. Mehr mißgebildete, mit erblich bedingten Stoffwechselstörungen und anderen Erbleiden belastete Tiere werden geboren werden. Auch erbgeschädigte Pflanzen wird es häufiger geben. Zwar werden die Betroffenen von der Auslese rasch wieder ausgemerzt, doch dürften noch für lange Zeit immer wieder neue auftreten. Alles in allem wird es viele Jahrhunderte, wenn nicht Jahrtausende dauern, bis die Natur die vom Menschen angerichteten Schäden überwunden und zu einem vergleichsweise natürlichen Gleichgewicht zurückgefunden hat.

Jahrtausende werden auch vergehen, bis sich neue Pflanzen- und Tierarten entwickelt haben werden, die an die veränderten Umweltbedingungen angepaßt sind. Vielleicht werden sich dann auch – über sehr lange Zeit gesehen – noch einmal Wesen mit einer der menschlichen vergleichbaren Intelligenz entwickeln, möglicherweise aus Meeressäugern wie den Delphinen. Vielleicht benehmen sich solche zukünftigen intelligenten Wesen dann erneut kurzsichtig, vielleicht aber bedachtsamer auf der Erde, so daß sie das Attribut »sapiens« tatsächlich verdienen, falls sie es beanspruchen sollten.

Anhang

Literaturhinweise

[1] Baade, F., Welternährungswirtschaft, Hamburg 1956

[2] Benesch, H., Der Ursprung des Geistes, Stuttgart 1977

[3] Bieri, E., Die Menschlichkeit der technischen Zivilisation, in: Schlaffke, W. und Vogel, O. (Herausg.), Industriegesellschaft und technologische Herausforderung, Köln 1981

[4] Bilz, R., Paläoanthropologie, Frankfurt/M. 1971

[5] Bordes, F., Faustkeil und Mammut, München 1968

[6] Brödner, P., Krüger, D., Senf, B., Der programmierte Kopf – Eine Sozialgeschichte der Datenverarbeitung, Berlin 1981

[7] Carrington, R., Dieses unser Leben. Die Geschichte des Menschen als Teil der Natur, München 1965

[8] Coles, J., Erlebte Steinzeit, München 1973

[9] Darwin, Ch., Die Entstehung der Arten, z. B. Reclam Universal Bibliothek Nr. 30, 71/80

[10] Dawkins, R., Das egoistische Gen, Berlin, Heidelberg, New York 1978

[11] Dobzhansky, Th., Die Entwicklung zum Menschen, Hamburg 1968

[12] Dörner, D., Anatomie von Denken und Handeln, Mitt. d. Deutschen Forschungsgemeinschaft 3/81

[13] Eccles, J. C., Das Gehirn des Menschen, München 1973

[14] Eccles, J. C., und Zeier, H., Gehirn und Geist, München 1980

[15] Eigen, M., und Winkler, R., Das Spiel, München 1975

[16] Erben, H. K., Leben heißt Sterben, Hamburg 1981

[17] Forrester, J. W., Der teuflische Regelkreis, Stuttgart 1972

[18] Forrester, J. W., Die Kirchen zwischen Wachstum und globalem Gleichgewicht, in: Meadows, D. L. und D. H., Das globale Gleichgewicht, Stuttgart 1974, und: Bild der Wissenschaft, Juni 1974, 82-96 (Diskussion)

[19] Forrester, J. W., World Dynamics, Cambridge Mass.: Wright-Allen (1971) 1-142

[20] Frese, W., Die Immunabwehr, MPG-Information Nr. 25/79 vom 21.12.1979

[21] Frese, W., Wie Nervennetze geknüpft werden, MPG-Information Nr. 2/82

[22] Friedrich, H., Kulturkatastrophe, Hamburg 1979

[23] Gehirn-Sonderheft, Spektrum der Wissenschaft, November 1979

[24] Global 2000, Deutsche Ausgabe im Verlag »2001«, Frankfurt/M. 1980

[25] Gruhl, H., Ein Planet wird geplündert, Frankfurt/M. 1975

[26] Hardin, G., Hilfe, die nicht hilft, Geo, September 1981, 143

[27] Heberer, G., Homo – unsere Ab- und Zukunft, Stuttgart 1968

[28] Heydemann, B., Streitgespräch mit Markl, H., in: Natur, November 1981, 24-31

[29] How did life begin, in: Newsweek, August 6th. 1979, 49-50

[30] Howells, W., Die Ahnen der Menschheit, Zürich 1959

[31] Kaplan, R. W., Der Ursprung des Lebens, Stuttgart 1972

[32] Kielholz, P., Pöldinger, W. und Walcher, W., Interview über eine Fragebogenaktion zu psychischen Störungen, Medical Tribune 1, 4. Januar 1974, 12

[33] Klages, L., Mensch und Erde, Stuttgart 1956

[34] Kleemann, G., Der Steinzeitmensch in uns, Berlin 1979

[35] Kleemann, G., Feig aber glücklich, Stuttgart 1974

[36] Linder, St., Das Linder-Axiom oder Warum wir keine Zeit mehr haben, Gütersloh-Wien 1971

[37] Löbsack, Th., Versuch und Irrtum. Der Mensch: Fehlschlag der Natur, München 1974

[38] Löbsack, Th., Wunder, Wahn und Wirklichkeit. Naturwissenschaft und Glaube, München 1976

[39] Luria, A. R., The Functional Organization of the Brain, Scientific American Vol. 222, 3, March 1970

[40] Manstein, B., Strahlen, Frankfurt/M. 1977

[41] Markl, H., Ökologische Grenzen und Evolutionsstrategie Forschung, in: Mitt. der Deutschen Forschungsgemeinschaft 3/1980, I-VIII

[42] Mayr, E., Artbegriff und Evolution, Hamburg 1967

[43] Mayr, E., Evolution und die Vielfalt des Lebens, Berlin, Heidelberg, New York 1979

[44] Meadows, D., Die Grenzen des Wachstums, Stuttgart 1972

[45] Meadows, D., Wachstum bis zur Katastrophe, Stuttgart 1974

[46] Mesarović, M., und Pestel, E., Menschheit am Wendepunkt, Stuttgart 1974

[47] Monod, J., Zufall und Notwendigkeit, München 1971

[48] Müller-Karpe, H., Geschichte der Steinzeit, München 1974

[49] Nature, Bd. 294, 125, ref. in Frankfurter Allg. Zeitg. 16.12.81, S. 27

[50] Oparin, A. J., Die Entstehung des Lebens auf der Erde, Berlin/Leipzig 1949

[51] Osche, G., Evolution, Freiburg i. Br. 1972

[52] Peccei, A., Die Zukunft in unserer Hand, Wien 1981

[53] Pfeiffer, J. E., The Emergence of Society, New York 1978, Deutsche Ausgabe (Aufbruch in die Gegenwart) Düsseldorf 1981

[54] Population Reports, Series M, No. 4 (1979), The John Hopkins University, Baltimore, ref. in: Medical Tribune vom 3. April 1980, 38

[55] Rahmann, H., Die Entstehung des Lebendigen, Stuttgart 1972

[56] Rechenberg, I., Evolutionsstrategie, Stuttgart-Bad Cannstatt 1973

[57] Rensch, B., Biophilosophie, Stuttgart 1968

[58] Rensch, B., Neuere Probleme der Abstammungslehre, Stuttgart 1972

[59] Rensch, B., Homo sapiens – Vom Tier zum Halbgott, Göttingen 1959

[60] Rohracher, H., Die Arbeitsweise des Gehirns, München 1967

[61] Russell, D. A., Der Untergang der Dinosaurier, in: Spektrum der Wissenschaft, März 1982, 17-24

[62] Rust, A., Werkzeuge des Frühmenschen in Europa, Neumünster 1971

[63] Rust, A., Über Waffen- und Werkzeugtechnik des Altmenschen, Neumünster 1965

[64] Selye, H., Streß – mein Leben, München 1981

[65] Simon, J. L., in: Science 208, (1431), 1980, ref. Simon, K., Statistische Lügen über Umwelt, Bevölkerung und Ernährung in: Naturw. Rdsch. 34. Jg. 6, 1981, 244-246 und: Statistische Lügen (Leserbriefe) in: Naturw. Rdsch. 34. Jg., 12, 1981, 508-512

[66] Simon, K., (ref.) Vom Affen zum Menschen, in: Naturw. Rdsch. 34. Jg., 11, 1981, 471-472

[67] Simon, K., Wieso lernte der Mensch sprechen? (ref.) Naturw. Rdsch. 33. Jg. 8, 1980, 337-339

[68] Steiner, G., Leserbrief zu »Statistische Lügen« an die Naturw. Rdsch. 34. Jg. 12, 1981, 508-510

[69] Stephenson, W., The Ecological Development of Man, Sydney 1972

[70] Thews, G., Informationsverarbeitung im ZNS, Deutsche Apotheker Zeitung 121. Jg., 5, vom 29.1.1981, 217-218

[71] Toffler, A., Der Zukunftsschock, Bern 1970

[72] Vogel, F., Interview zur Humangenetik, in: Medical Tribune 2, vom 11.1.1974, 6

[73] Vogel, F., Propping P., Ist unser Schicksal mitgeboren? Berlin 1981

[74] Vogt, H.-H., Saurer Regen, ein weltweites Problem (ref.), Naturw. Rdsch. 33. Jg., 8, 1980, 339

[75] Wild, R., Der Saurier mit dem Giraffenhals, Umschau i. Wiss. u. Techn. 77. Jg. 1977, 20, 674

Register

Erich Fromm

Die Seele
des Menschen

**Ihre Fähigkeit zum Guten
und zum Bösen**

Ullstein Buch 35076

Aus der Sorge, sagt Erich
Fromm, daß das Phänomen
der Gleichgültigkeit dem
Leben gegenüber in einer
immer stärker mechanisierten
Industriewelt überhand-
nehme und dies dazu führen
könne, daß wir dem Leben
mit Angst, wenn nicht gar mit
Haß gegenüberstehen, habe
er dieses Buch geschrieben.

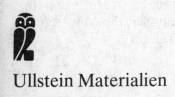

Ullstein Materialien

»Der Überlebenswille ist die Energiequelle für die Zukunft.«

Robert Jungk

Robert Jungk
Menschenbeben
Der Aufstand gegen das Unerträgliche
256 Seiten mit Register

Überall in der Welt wächst der Wille zum Überleben. Das Menschenbeben.

Sie ist mehr als eine Revolution. Sie ist eine weltweite Bewegung, die immer mächtiger wird. Sie erschüttert die Erde wie ein Beben.
Sie verläuft quer durch die Welt. Durch Industriestaaten und Entwicklungsländer. Durch Ost und West. Durch alle Klassen und Rassen.
Sie hat viele Namen und nur ein gemeinsames Ziel: Den Frieden in der Welt. Das Überleben der Menschheit. Die Bewohnbarkeit der Erde.

Menschenbeben. Mit diesem neuen Begriff charakterisiert Robert Jungk den weltweiten Aufstand gegen das Unerträgliche.
Er besuchte die Schauplätze des Geschehens. Er sprach mit den führenden Persönlichkeiten dieser Bewegung.

Sein Buch ergreift Partei. Es ist Hoffnung für die Ohnmächtigen, Mahnung für die Mächtigen, Warnung für die Schwerhörigen.

C. Bertelsmann